魚類比較生理学入門

空気の世界に挑戦する魚たち

岩田勝哉 著

海游舎

はじめに

　魚といえば，水を思い浮かべる人は多いだろうが，水から出て活動する魚が日本にも生息している．そう，ムツゴロウやトビハゼである．ムツゴロウのほうがトビハゼより知名度は高いと思われるが，空気中での活動能力からいうと，トビハゼのほうがずっと上である．

　トビハゼは，本州では4月の始め頃から10月の終わり頃まで，干潟で生活をしている．この間，干潮時に泥の上を動き回り，小さなカニやゴカイの仲間などを捕らえて食べる．ムツゴロウも干潟に出て，泥の表面に繁茂する微小な藻類 (珪藻など) を食べるが，満潮時には，巣穴に潜ってしまう．これに対して，トビハゼは潮が満ちてくると，まるでぬれるのが嫌かのように堤防や杭などに登り，ひたすら次の干潮を待つ．

　私は今からもう40年ほども前，和歌山大学に赴任した直後，和歌浦の干潟に座って，これから先のあれこれをモヤモヤと考えながら海を眺めていると，ちょうど水際から，こちらに向かってくる1尾のトビハゼと目と目が合い，しばらく見つめ合った．すると，彼女は「ピコッ」とウィンクをくれた．それ以来，そのエメラルドの瞳に恋して，彼女がどうして空気中で生活できるのか，空気中での呼吸や，タンパク質代謝の老廃物である有毒なアンモニアをどのように処理しているかなど，主にこの魚の空気中での生理的な能力について，調べるはめとなった．

　2010年1月7日発行のNatureに，デボン紀中期には，すでに四肢動物が出現し，ポーランドの海岸 (干潟) を歩いていたという論文が発表された[1]．この新しく発見された四肢動物の足跡の化石は，これまで知

られている最も古い四肢動物よりも 1,800 万年も前に，陸上を歩いた四肢動物がいたことを物語っている．この足跡の主が，ヒトと直結する動物であるのか，あるいは傍系で子孫を残さず消滅した種であるのか明らかでないが，干潟を歩いていたことは確かなようである．この干潟に足跡を残した主が，どこでどのようにして，この段階まで進化したのかは不明だが，もし，干潟で両生生活をしていた魚に起源するとすれば，現在のトビハゼとイメージが重なってくる．

　ヒトの遠い祖先にあたる魚も，かつては，この四肢動物のように水辺で，両生的な生活を行っていたに違いない．この大祖先の魚たちも，陸上に進出するに先立って，空気呼吸機能をどのように発達させ，体内で発生するアンモニアをいかに処理するか，という問題の解決にせまられたことであろう．

　太古の魚が，どのような解決法を編み出したかは，知るよしもないが，おそらく，ヒトが現在行っているような方向へと，一直線に進化したのではなく，多様な魚が，多彩な対処方法を編み出し，そのなかで，現行の対処法を選択したものが，何らかの理由で生き残り，ヒトへとつながったと思われる．

　このような生理的な試みの各過程は，化石に残らないので，祖先の魚たちが行ったであろう試みを直接，検証することはできない．しかし，現在，生存している魚のなかにも，トビハゼのように空気の世界に挑戦している多種多様な魚がいるので，これらの問題に対する魚たちのさまざまな解決法のそれぞれを比較しながら，検証することにより，祖先の魚たちが，採用した方法について思いを巡らすことは可能である．

　現在，生存している動物の生理機能から，化石となった動物の機能を推測したり，逆に，現在のある動物がもつ生理機能が，どのような動物に起源し，どのように発展してきたかを探ったりするのは，「比較生理学」と呼ばれる分野の大きなテーマの一つである．「比較生理学」がカバーする領域は，生理学の全域にわたる広大なもので，どのような学

問かを簡単に説明するのは難しい．もちろん，この分野の共通の視点は「比較」であるが，より重要なのは，各生物がもつ生理機能と生息環境の関係や，各生物が背負っている進化の歴史との関わりをより注視しようとする点だと，私は思っている．

　本書を『魚類比較生理学入門』と，おこがましくも題したが，入門書というのは，普通，ある研究分野を網羅的に概説した書物であろう．しかし，本書は，大所高所からの立場をとらず，対象を，主に空気呼吸を行う魚の呼吸機能や窒素代謝に絞り，それらの魚が，それぞれの生息環境で直面するさまざまな制約や障害をどのように克服するか，その生理的な試行の数々を紹介する内容となっている．このような内容となったのは，比較生理学という広大な森の面白さを，読者の方々に感じ取っていただくには，とにもかくにも森に入り，さまざまな樹木に触れたり，見あげたりすることが，より重要だと思ったからである．

　できるだけ平易な説明を心がけたつもりだが，まだ十分こなれていない部分が残っているかも知れない．しかし，それでも多様な魚が多様な生理機能を駆使してさまざまな環境に挑戦していること，そして，このような事柄を研究する比較生理学という分野に少しでも興味をもっていただければ，著者としてこのうえない幸せである．

2013年3月

岩田勝哉

目 次

はじめに ………………………………………………………………………… iii

1 空気の世界に挑戦する魚たち

1-1 魚とは ………………………………………………………………… 1
  1-1-1 硬骨魚類 ……………………………………………………… 2
  1-1-2 軟骨魚類 ……………………………………………………… 4
1-2 水と空気と呼吸器官 …………………………………………………… 4
  1-2-1 水中呼吸器官 (鰓) …………………………………………… 5
  1-2-2 空気呼吸器官 ………………………………………………… 7
1-3 空気呼吸魚の世界 ……………………………………………………… 8
1-4 ハゼ科の空気呼吸魚たち ……………………………………………… 15
  1-4-1 トビハゼの生活 ……………………………………………… 16
  1-4-2 トビハゼの繁殖行動 ………………………………………… 18
  1-4-3 雄による育卵 ………………………………………………… 19
  1-4-4 皮膚呼吸 ……………………………………………………… 21
  1-4-5 皮膚組織 ……………………………………………………… 25
1-5 空気呼吸の診断 ………………………………………………………… 31
  1-5-1 心拍数の変化と空気呼吸 …………………………………… 33
  1-5-2 皮膚の厚さの比較 …………………………………………… 37
  Box 1 鰓に関わる用語の解説 ……………………………………… 10
  Box 2 RER と RQ …………………………………………………… 26

2 窒素老廃物の処理－アンモニア

2-1 アンモニアの生成と排出 ……………………………………………… 39
  2-1-1 生成経路 ……………………………………………………… 39
  2-1-2 排出部位 ……………………………………………………… 41
  2-1-3 鰓への輸送 …………………………………………………… 43
2-2 排出機構 ………………………………………………………………… 45
  2-2-1 クローグの仮説と検証 ……………………………………… 46
  2-2-2 アンモニアガス (NH_3) …………………………………… 48
  2-2-3 境界層の役割 ………………………………………………… 49
  2-2-4 海水魚のアンモニア排出 …………………………………… 51

　　　　2-2-5　アンモニア輸送体 (Rh タンパク質) ･････････････････　53
　Box 3　アウグスト・クローグ (August Krogh；1874-1949) ･･････････　44
　Box 4　Rh タンパク質 ･･････････････････････････････････････　54
　Box 5　遺伝子の発現 ･･････････････････････････････････････　56

3　窒素老廃物の処理－尿素

　3-1　尿素生成経路 ･･････････････････････････････････････　59
　3-2　軟骨魚 ･･　62
　　3-2-1　カルバモイルリン酸合成酵素 (CPS) の特性 ･･････････････　62
　　3-2-2　グルタミン合成酵素 (GS) ････････････････････････････　64
　　3-2-3　筋肉での尿素合成 ････････････････････････････････　65
　　3-2-4　窒素排出様式と排出部位 ･･･････････････････････････　66
　　3-2-5　尿素輸送体 ････････････････････････････････････　67
　3-3　硬骨魚：シーラカンスとハイギョ ････････････････････････････　69
　　3-3-1　シーラカンス ････････････････････････････････････　69
　　3-3-2　ハイギョ ･･･　70
　　3-3-3　ハイギョの CPS 活性と夏眠 ････････････････････････････　71

4　真骨魚のアンモニアとの闘い

　4-1　研究経緯 ･･･　76
　　4-1-1　遺伝子欠失説 ･･････････････････････････････････　76
　　4-1-2　ハギンスたちの反論 ････････････････････････････････　77
　4-2　個体発生と *CPS III* 遺伝子 ･･････････････････････････････　79
　　4-2-1　*CPS III* 遺伝子の発現 ･･････････････････････････････　79
　　4-2-2　CPS III 活性の再検討 ････････････････････････････････　80
　4-3　尿素合成能を求めて ･･････････････････････････････････　81
　　4-3-1　トビハゼ ･･･　82
　　4-3-2　オオトビハゼ ･･･････････････････････････････････････　87
　　4-3-3　キノボリウオ ･･･････････････････････････････････････　90
　　4-3-4　マングローブメダカ ･･････････････････････････････････　93
　　4-3-5　タウナギ ･･･････････････････････････････････････　98
　4-4　ついに発見！ ･･　104
　　4-4-1　マガディティラピア ･･･････････････････････････････････　104
　　4-4-2　アベハゼ ･･･････････････････････････････････････　109
　　4-4-3　ガマアンコウ ･･･････････････････････････････････････　122
　　4-4-4　レッドキャット ･･････････････････････････････････････　126
　　4-4-5　クララ ･･　129
　Box 6　気化によるカニのアンモニア排出 ･････････････････････････　97

目 次　　　　　　　　　　　　　　　　　　　　　　　　　　　　　　　　ix

5 尿素排出の周期性

- 5-1 尿素排出の日周性 ………………………………………………… 135
  - 5-1-1 アベハゼ …………………………………………………… 135
  - 5-1-2 O-UC 機能をもたないハゼの尿素排出 ………………… 137
  - 5-1-3 不規則な尿素排出を示すハゼたち ……………………… 139
- 5-2 周期的尿素排出の機構 …………………………………………… 141
  - 5-2-1 真骨魚の尿素輸送体 ……………………………………… 141
  - 5-2-2 周期的排出機構 …………………………………………… 142
  - 5-2-3 バソトシン (VT) それともセロトニン (HT)? ………… 142
  - 5-2-4 尿素排出周期の意義 ……………………………………… 145

6 窒素老廃物とオズモライト

- 6-1 脊椎動物の血液組成と濃度 ……………………………………… 148
  - 6-1-1 淡水起源説 ………………………………………………… 150
  - 6-1-2 浸透調節様式 ……………………………………………… 151
- 6-2 軟骨魚 ……………………………………………………………… 153
  - 6-2-1 尿素浸透性 ………………………………………………… 153
  - 6-2-2 尿素/TMAO 比 …………………………………………… 156
  - 6-2-3 尿素浸透性の由来 ………………………………………… 157
- 6-3 真骨魚 ……………………………………………………………… 158
  - 6-3-1 TMAO の由来 ……………………………………………… 158
  - 6-3-2 TMAO の生理機能 ………………………………………… 160
  - 6-3-3 尿素 ………………………………………………………… 162
- Box 7　ボーディル・シュミット-ニールセン ………………………… 155

7 酸素不足に対する闘い

- 7-1 一時的酸素不足 …………………………………………………… 165
  - 7-1-1 高速遊泳魚 ………………………………………………… 165
  - 7-1-2 白筋 (普通筋) と赤筋 (血合筋) ………………………… 168
  - 7-1-3 エキス成分と緩衝能 ……………………………………… 169
- 7-2 長期的酸素不足 …………………………………………………… 174
  - 7-2-1 脂肪酸生成説 ……………………………………………… 174
  - 7-2-2 ティラルトたちの検証 …………………………………… 175
  - 7-2-3 アルコールの生成とその経路 …………………………… 176
  - 7-2-4 フナの筋肉の特異性 ……………………………………… 179
  - 7-2-5 無酸素下でのアンモニア生成 …………………………… 182
  - 7-2-6 解糖とアミノ酸代謝の連関 ……………………………… 184
  - 7-2-7 無酸素下でのクエン酸 (TCA) サイクルの回転 ……… 185
  - 7-2-8 無酸素下での水素 (電子) 受容体 ……………………… 187

Box 8　内温動物と外温動物 ……………………………………… 166
　　　Box 9　エキス成分 ……………………………………………… 170
　　　Box 10　血中アルコール濃度 ………………………………… 177

あとがき ……………………………………………………………… 189
引用文献 ……………………………………………………………… 193
索　引 ………………………………………………………………… 205

空気の世界に挑戦する魚たち

1-1 魚とは

　魚類は現在，高度5,000mを超える高地の水域から，深さ10,000m以上の深海まで分布している．地球の面積の約70％は海であることから，その種類数やバイオマスも脊椎動物最大である．この膨大な数の魚類のなかには，水から出て生活をするものがいても不思議ではない．

　本書の主題である魚の空気呼吸機能や窒素代謝など，具体的な話に入る前に，まず「魚類とは何か」を明らかにする必要がある．それは，奇異に思うかもしれないが，一般に魚類と言われている動物は，生物学的には一つのまとまったグループとして存在しないからである．

　「魚類とは何か」にあえて答えるとすれば，水生生活を行う脊椎動物で，哺乳類，鳥類，爬虫類，両生類以外の動物であると，回りくどく言うか，あるいは，もっと簡単に，終生，鰭と鰓を備え，四肢を欠く脊椎動物と言わなければならない．

　本書では，現世の魚類に限定して話を進めるが，このような限定を加えても，魚類という括りではあまりにも茫洋として，方位も定まらぬまま大海に船を進めるような状態となるので，どうしても魚類の世界の輪郭を明確にしておく必要がある．

　上記の魚類の定義で，脊椎動物という生物学用語を何度も用いたが，脊椎動物は，無顎類と顎口類に大きく分けることができる．無顎類は顎のない魚で，今から4〜5億年前には栄えたが，顎口類の出現と

ともに，急速に滅びて，現在では，ヌタウナギやヤツメウナギの仲間が属する円口綱を残すのみとなっている (表 1-1, 図 1-1).

一方，顎口類は，魚からヒトなど顎をもつ全ての脊椎動物が属する大きなグループである．このなかで，上記の魚類の定義に当てはまる動物を，その特徴から鳥類，哺乳類といったようなレベル (正確には綱) で分けると，表 1-1 のように，硬骨魚類と軟骨魚類の二つのグループに大きく分けられる．

1-1-1 硬骨魚類

硬骨魚類はさらに，肉鰭類 (亜綱) と条鰭類 (亜綱) に分けられる．硬骨魚類の祖先は，軟骨魚類よりも長く淡水域での生活を経て，デボン紀の終わり頃の乾燥気候と対応して，さまざまな環境へと生活圏を拡大したと言われている．このうち，肉鰭類に属する魚の一部は陸上へと進出し，それらはやがて四肢動物へと進化した．

肉鰭類の祖先たちは，生息域の低酸素環境を克服するために肺を発達させ，水生生活をしていたにもかかわらず，頑丈な内骨格を保持していたことが，陸生への進化の道を開いた要因の一つと考えられている．しかし，この肉鰭類は，白亜紀頃までにほとんど絶滅してしまい，現存する種は，アフリカ，南米，オーストラリアの淡水域に生息しているハ

表 1-1　魚類の分類*.

門	亜門	上綱	綱	亜綱	下綱	種
脊索動物	脊椎動物					
		無顎	円口			ホソヌタウナギ，カワヤツメなど
		顎口	軟骨魚	真軟頭		ギンザメ，テングギンザメなど
				板鰓		アブラツノザメ，オニイトマキエイなど
			硬骨魚	条鰭	腕鰭	ポリプテルス
					軟質	シロチョウザメ，ヘラチョウザメなど
					新鰭	アミア，アリゲーターガーなど
					真骨区	アミアやガーの仲間を除く新鰭下綱の魚．トビハゼなど多数
				肉鰭		アフリカハイギョ，シーラカンスなど

＊『岩波 生物学辞典 (第 5 版)』に準拠．

1-1 魚とは

イギョと,水深 200～300 m もの深い海に生息するシーラカンスのみとなっている (表 1-1,図 1-1).

これに対して条鰭類は,いわば水生生活のエキスパートとして登場してきた魚たちである.この子孫のなかで,現在,最も繁栄しているのが,表 1-1 に示す新鰭下綱,真骨区に属する魚である.本書では,この分類群の魚を,今後,真骨魚と呼ぶことにする.

真骨魚はジュラ紀中期に,硬骨魚類のなかで最も新しく登場してきたグループである (図 1-1).この魚群は,古いタイプの魚が備えていた肺を浮力調節器官としての鰾(うきぶくろ)に,また,体表を覆う鱗をより軽い材質に変えるなど,水中でのより素早い動きに対応した形態に変化を遂げ,現在ではあらゆる水域に生活圏を拡大している.

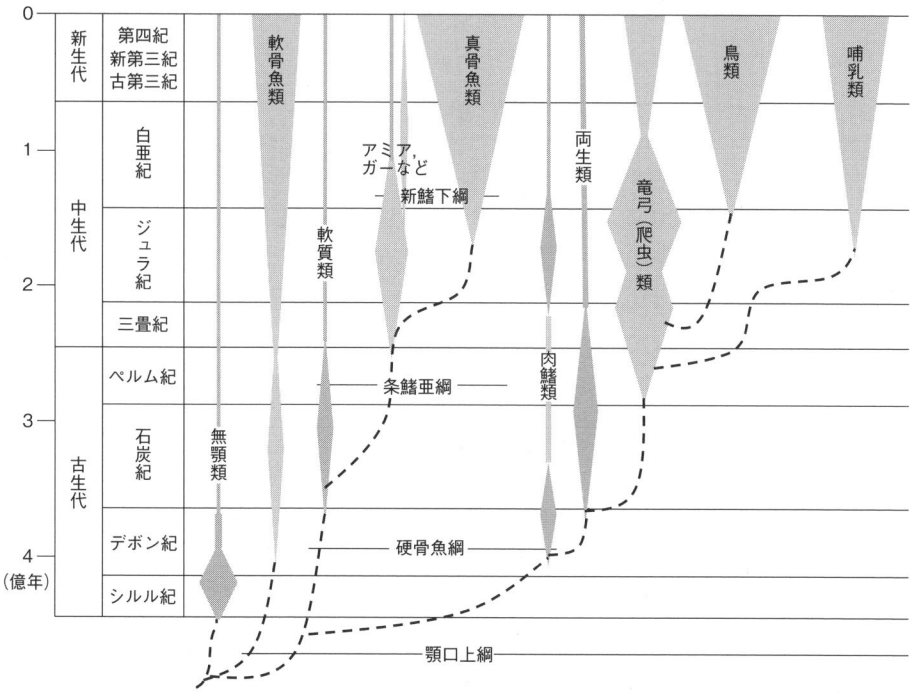

図 1-1 脊椎動物の諸綱の系統図 (文献 2, 3 を改変して引用).

1-1-2 軟骨魚類

サメやエイなど軟骨魚類の祖先は，今から4億年ほど前，シルル紀後期に硬骨魚類の祖先よりやや遅れて出現したと言われている[2,3]．そして，軟骨魚類の祖先種たちは，デボン紀後期に，硬骨魚類に先立って海に進出し，そこで勢力を拡大し，多様なタイプへと適応放散した(図 1-1)．

現存する軟骨魚類は，深海に住むギンザメなどの真軟頭類 (亜綱) と，サメやエイなどの板鰓類 (亜綱) に分けられる (表 1-1)．軟骨魚類の骨格は，全て軽くて柔軟な軟骨からなり，肺や鰾をもたない．軟骨魚類のこのような属性は，二次的に獲得したものとされており[3]，おそらく，軟骨魚類の祖先たちは，溶存酸素が豊富で，広くて深い海洋に進出したことにより，肺のような呼吸補助器官や重力に抗するための頑丈な硬い骨格を早々に喪失させたのだろう．

1-2　水と空気と呼吸器官

ヒトは，空気中で呼吸をして体に必要な酸素を摂取し，二酸化炭素を排出している．魚も呼吸を行っているが，大気圧が1気圧のとき，空気で飽和された水中の酸素濃度は空気の1/30しかないので，一定量の酸素を摂取するには，多量の水が必要となる．

しかも，酸素の水中での拡散速度は空気中の1/8,000しかなく，酸素分子の水中での動きは遅いので，鰓などの表面 (呼吸上皮) で，酸素が奪われると，その面に接した酸素は，たちまち無くなる．このとき，水が静止していれば，酸素の無くなった部位に再び酸素を補給するのに，非常に時間がかかることになる．

このために水生生活を行う魚は，呼吸上皮に絶えず酸素を含んだ水を流す必要にせまられている．ところが，水は同じ容積の空気に比べて800倍も重く，粘性も空気に比べて50倍も高い．この重くてねばっこい水を多量に流すには，多大のエネルギーが必要となる．

ヒトは空気を鼻から「スーハー，スーハー」と，吸ったり，吐いたり

しているが，重い水を吸い込んだり吐き出したりすると，それこそ膨大なエネルギーが必要となる．そのために魚は，口から取り入れた水を鰓へと，一方向にのみ流している．空気の世界に挑戦している魚について述べる前に，水生生活を行う魚の呼吸器官である鰓について，少し解説しておきたい．

1-2-1　水中呼吸器官 (鰓)

鰓を支える骨として鰓弓と呼ばれる5対の骨が咽頭にあり，多くの場合，前の4列のおのおのに図1-2Aのような鰓弁 (鰓葉) が並ぶ．硬骨魚では，各鰓弁はその基部で二葉に分かれ，その先端は隣接する鰓弁の先端と，図1-2Bに示すように互いに接する．

軟骨魚では，各鰓弓に並ぶ二葉の鰓弁が体表まで伸びる鰓隔膜によって完全に分離されている．ただし，隣接する片側の各鰓弁の先端が互いに接して，鰓弁への水の流れの調整をはかるのは硬骨魚と同じである．以下では，本書の主役である真骨魚の鰓について，もう少し詳しく見ていこう．

図1-2Bに示すように，魚が口から取り入れた水は，この隣接する鰓弁の間を通って，鰓腔と呼ばれる鰓を格納する部屋に流れ，鰓腔を保護する鰓蓋の隙間を通って，外に押し出される．

各鰓弓に存在する1対の鰓弁の基部には，筋肉 (外転筋と内転筋) があり，これにより鰓弁を広げたり閉じたりして，鰓弁を流れる水の流量を調節している．

各鰓弁の両面に二次鰓弁と呼ばれる，赤血球がやっと通る程度の厚さの膜が，突き出ており (図1-2C)，口から鰓弁を経て鰓腔へと流れる水は，この二次鰓弁間をすり抜けて通らなければならない．この間隔は魚種により異なるが30〜50 μm で，1 mm の間に20〜30 枚も並んでいる．

二次鰓弁の各膜は，ちょうどヨットの帆を横に倒したような形で，膜には毛細血管が分布している．図1-2Dには，血管に樹脂を注入して固めた後，周囲の組織を溶かして作製した二次鰓弁内の血管の鋳型 (模写) を示したが，図のように網目状の血管が薄い膜内に広がっている．また，

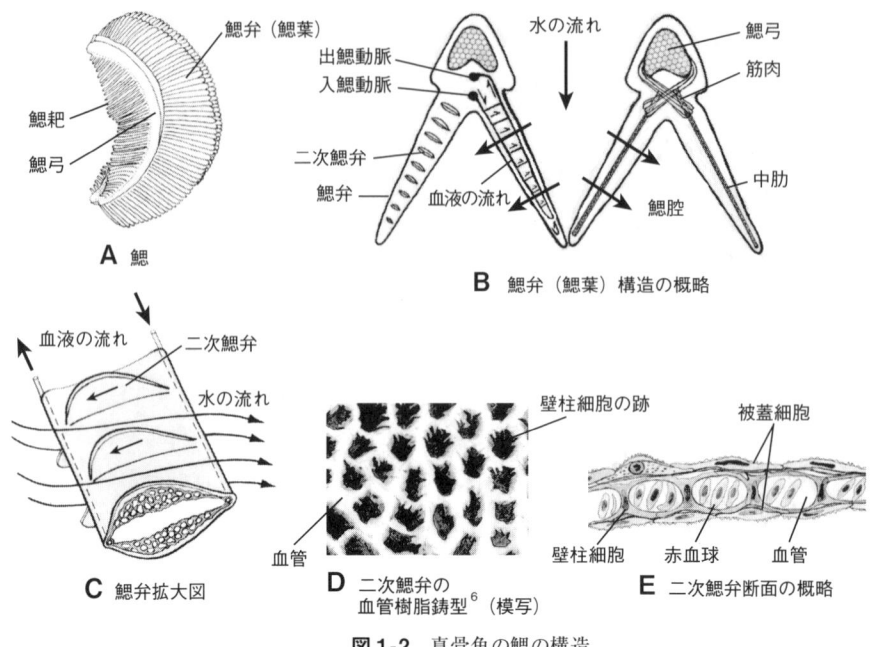

図1-2 真骨魚の鰓の構造.

図1-2 E に示したように血液は壁柱細胞間を流れるので，図1-2 D では，この壁柱細胞の跡が黒く抜けている．

なお，二次鰓弁の最外層には，扁平な被蓋細胞 (Box 1 参照) があり，この細胞によって鰓のほぼ全面が覆われ (図1-2 E)，酸素や二酸化炭素など，さまざまな物質の授受が行われている．

対向流

二次鰓弁内を流れる血液は，ちょうど二次鰓弁間を流れる水とは，逆向き (対向流) に流れている (図1-2 C). 魚の心臓は，1心房1心室であるため，酸素濃度の最も低い血液が，心室から鰓へと送られる．そして，鰓入動脈から二次鰓弁に入った血液は，まず，最初に二次鰓弁間を流れ下って，酸素濃度の低下した水と出会うこととなり (図1-2 C)，この水から酸素を血液へと取り込む．

こうして酸素を取り込んだ血液は，二次鰓弁を流れるにつれ，順次，

高酸素の水と出会うので，酸素を血液に取り込む効率が著しく高くなる．このため，一度，鰓を通過するだけで，そこに含まれる酸素の70〜80％が，取り除かれると言われている．このような対向流の仕組みは，鰓以外にも，効率よく物質や熱 (図7-1参照) を交換しなければならない組織・器官で多く見られる．

　魚を釣り上げてバケツのような狭い容器に入れておくと，魚は効率よく水中の酸素を奪うので，瞬く間にバケツ内の酸素濃度が低下し，魚は酸素不足で死亡する．このような場合，空気を送り込むポンプがあればよいが，それが無い場合には，水を可能な限り浅くし，水の容積に対する空気の接触面を広げるとよい．

　上に述べたように空気中には，多量の酸素があり，酸素分子の拡散するスピードも速いが，水中の酸素量は少なく，しかも水中での酸素分子の動きは遅い．そのために，水の容量を増やすと，魚が呼吸により消費する酸素は，空気から水に溶け込む量よりはるかに多くなり，バケツ内はたちまち酸素不足に陥る．

1-2-2　空気呼吸器官

　水中での酸素は空気中の1/30しかなく，乾燥や重力などを無視すると，水中より空気中のほうが，呼吸にはより好適な環境と言える．実際，酸素が乏しい環境に住む魚たちは，7章で述べるように低酸素環境に耐える能力を発達させるか，あるいは，酸素濃度の高い空気をさまざまな形で利用するかのいずれかとなる．

　夜店の「金魚すくい」のキンギョは，水面でよく口をパクパクさせているが，これはキンギョが空気中の酸素を表面の水とともに鰓に送っているのだ．キンギョは空気呼吸のための特別な器官をもたない代わりに，7章で述べるように驚くほど低酸素に対する高い耐性をもっている．

　一方，低酸素環境に対応して，空気を利用するための組織や器官をさまざまに発達させている魚たちがいる．魚が空気から酸素を摂取する部位は，図1-3に示したように，皮膚，鰓とその周辺組織，消化器官や鰾などである．また，これらの空気呼吸器官を発達させている魚

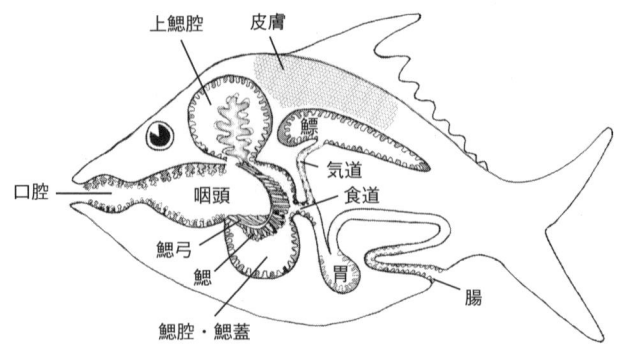

図1-3 真骨魚が空気呼吸に用いる器官・組織の概略.

の鰓は，二次鰓弁数の減少など空気呼吸にも耐え得るようになっている関係で，その表面積は水生呼吸魚に比べて，大幅に減少している．

　空気中の酸素濃度は高く，また，空気中での酸素の拡散速度が速いので，呼吸上皮の保湿さえ十分であれば，空気呼吸を行うために鰓のような精巧な器官は必要なく，湿った上皮の表面の近くに毛細血管を密に分布させるだけでよい．

1-3　空気呼吸魚の世界

　California 大学 SanDiego 校，Scrips 海洋研究所のグラハム (J.B. Graham) 教授によると，現在，世界に生息する空気呼吸魚は374種ほど存在し，これらは水生空気呼吸魚 (aquatic air breather) と，両生空気呼吸魚 (amphibious air breather) に大きく分けられるとしている[2]．

　水生空気呼吸魚は，空気から酸素を摂取するが，終生，水から出ることのない魚で，これはさらに，空気呼吸ができなければ酸素不足に陥る絶対空気呼吸魚 (obligate air breather) と，水中での酸素が乏しいときにのみ空気呼吸に依存する条件的空気呼吸魚 (facultative air breather) に分けられる．

　一方，両生空気呼吸魚は，生活史のいずれかの側面において，水から離れて長時間，過ごすことのできる魚をさす．両生空気呼吸魚には，

乾期や干潮などによって生息場所が干上がり，余儀なく陸上に取り残される残留型 (stranded type) と，餌など好適な環境を求めて自発的，積極的に陸上に進出する自発型 (volitional type) の二型が存在する．ただし，キノボリウオやタウナギのように，どちらのタイプにも当てはまる魚も少数ながら存在する．この自発型両生魚は，まさに「魚のなかのカエル」とも言える存在である．

　水生および両生空気呼吸魚の大部分は，淡水域に生息する魚で，残りは潮間帯もしくは汽水域に住んでいる．これは淡水域の水体が一般に小さく，乾期などに干上がってしまうような水域が多いことや，池や沼などの小さな水域はもちろんのこと，大きな河川でも，その流域に森林や湿原など植物が多量に繁茂する場所があると，そこから流入する有機物が分解される過程で水中の酸素が奪われ，低酸素環境が出現しやすくなるからである．広大な熱帯雨林を流れるアマゾン河流域には，水生空気呼吸魚の種類が非常に多いのもこの理由による．

　本書の主題であるトビハゼなどハゼ科の空気呼吸魚について詳しく述べる前に，水生空気呼吸魚と，その呼吸器官のいくつかについて，簡単に紹介しておこう．

a. 口腔：デンキウナギ

　アマゾン河流域に生息するデンキウナギ (*Electrophorus electricus*) は，水生の絶対空気呼吸魚である．この魚の口腔 (図 1-3 参照) と咽頭にかけて，毛細血管に富んだカリフラワーのような突起が，多数垂れ下がっている．これらの突起がこの魚の空気呼吸器官である．デンキウナギは魚食性であるが，一般の魚がこのような突起を口腔に発達させれば，小魚を捕らえたとき魚が暴れでもすれば，口内が血だらけとなるはずである．しかし，デンキウナギの場合は，放電により獲物をまず気絶させてから食べるのでその心配はない．

b. 上鰓内器官：ベタ，レッドキャット

　東南アジアに生息するベタ (*Betta splendens*)，4 章に登場するキノボリウオ (*Anabas testudineus*) などは，これらの魚の上鰓腔 (図 1-3) に，図 1-4 A に示すような迷路器官があり，そこに空気を保持して空気呼吸を行っている (Box 1 参照)．ベタは闘魚とも呼ばれ，美しい大きな鰭を

ユラユラと艶やかに動かす容姿とは裏腹に激しい闘争心をもち，雄同士を同じ水槽に入れると，片方が再起不能に陥るまで攻撃を行う．このために，タイなどでは，雄同士の闘いが賭博の対象とされる．

ベタは空気呼吸ができるので，ワイングラスのような小さな容器でも飼育可能である．ペットショップなどで，いつも小さな容器に単独で飼育されているのは，空気呼吸ができるからこそ可能なのであるが，それ以外に，このような激しい気性をもっているからでもある．飼育下では，雄は雌を攻撃して死なせてしまう場合もあるが，繁殖期になると，雄は泡巣をつくり，雌が産み落とした卵を口に含んで泡巣に運び，卵が孵化し，仔魚が遊泳するまで巣の維持管理・保護を行う．

また，4章で述べるレッドキャット (*Heteropneustes fossilis*) や，クラ

Box 1　鰓に関わる用語の解説

鰓葉・鰓弁（さいよう・さいべん）　花びらを花弁というのと同様に，1枚1枚の鰓を指す (鰓葉もこれと同じ発想)．日本語でなぜ，弁 (lamella) というかは鰓の発生とも関わるが，英語では gill filament，あえて訳せば「鰓の単一繊維」と呼び，こちらのほうが名称と形とが一致しているように思われる．二次鰓弁 (secondary lamella) (図 1-2 C) は，鰓弁の上にさらに生じた薄膜であることから二次と名付けられている．

被蓋細胞（ひがい）　鰓のほぼ全ての表面を覆う細胞で (図 1-2 E)，英語では pavement cell，「敷石細胞」と呼び，これも英語のほうが名称と形がイメージしやすい．

壁柱細胞　二次鰓弁を構成する細胞の一つで，上下の細胞の間に位置することから英語では pillar cell，「柱 (状) 細胞」と呼ばれている (図 1-2 E)．この細胞のへりが薄く伸びて内皮 (血管内面を覆う薄膜) を構成し，隣接する同細胞との間に血液を流すための腔所を形作る．

上鰓腔 (suprabranchial chamber)　カムルチーやキノボリウオなどの空気呼吸魚では，口腔と鰓腔に加えて上鰓腔 (咽頭嚢と同義) を発達させている．上鰓腔 (図 1-3) は，咽頭の天井部が背部に膨らむことによって生じた腔所で，この前端は頭骨の近くまで達し，後端で鰓腔と

ラ (*Clarias batrachus*) などのナマズの仲間も上鰓内器官を発達させて空気呼吸を行っている[2,4]. レッドキャットでは, 図 1-4 B に示すように, 1 対の気囊が, 鰓腔の上部から背側の筋層の中を真っすぐ尾部に向かって伸びており, この中に空気を溜めて空気呼吸を行っている. この気囊には, 鰓動脈から分岐した血管が分布し, その内壁には, その内部構造が二次鰓弁に似た微小な隆起が多数存在している. また, クララでは, 呼吸樹と呼ばれる鰓弓の基部から伸びる樹状の突起に, 毛細血管網を発達させて空気呼吸を行っている.

c. 鰾：ピラルク

ダーウィン (C.R. Darwin) は『種の起源』のなかで,「…魚の鰾が肺に, すなわち呼吸専用の器官に事実上変わってきたことを疑う理由は

つながっている. マイワシやハクレンなどのプランクトン食性魚にも上鰓腔が見られるが, これは呼吸器官ではなく, 鰓耙(さいは)で集めた微小な食物を集積させる装置だと考えられている.

上鰓内器官　レッドキャットの空気呼吸器官である気囊 (図 1-4 B) は, 上鰓腔の組織が袋状に長く伸びたものであり, 上鰓器官の一つとされている. 一方, キノボリウオの迷路器官も上鰓腔に位置するが (図 1-4 A), これは上鰓由来の組織ではなく, 鰓弓を起源とする組織から作られているために上鰓器官とは見なされない. しかし, 気囊であれ迷路器官であれ, これらの機能を担う呼吸上皮は, ともに二次鰓弁の細胞に由来する組織を基本として構成されており[2,4], 機能面から見れば, それぞれの器官をその骨組みの材質から区別することに意味があるとは思えない. 重要なのは骨組みでなく, 空気呼吸に適したどのような場所に, 呼吸上皮を空気呼吸に利するよう効率よく広げるかであり, その方法が気囊, 迷路器官, 呼吸樹などと呼ばれているにすぎない. そのため本書では, これら上鰓腔に位置する器官をその骨組みの材質に基づいて個々に分けるのではなく, 上鰓内器官と一括して呼ぶことにする.

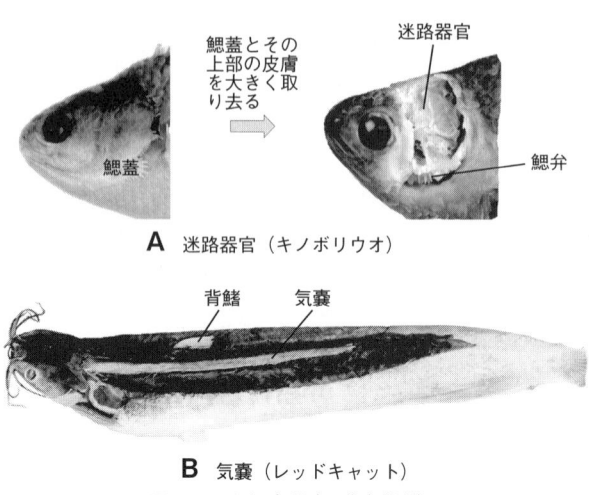

A 迷路器官（キノボリウオ）

B 気嚢（レッドキャット）

図 1-4　上鰓内器官 (著者撮影).

何もない」と述べており，四肢動物の肺は，自然選択によって，魚類の鰾から変化したと考えていた．しかし，その後，古生物学者ローマー (A.S. Romer) などさまざまな研究者たちによって，肺は鰾よりも原始的な形質であり，図 1-5 に示すような過程を経て，鰾は肺から進化したとする説が主流となってきた[2,5]．

　この説では，最初の段階は，腹側に位置する二葉の肺が，食道の腹側から出た気道と連結するタイプの肺で，これは現存するアフリカ産や南米産ハイギョ，さらには，四肢動物の肺に見られる構造と基本的に同じである (図 1-5 A)．

　第 2 の段階は，肺および気道は腹位に位置するが，二葉の肺，特に右葉が背側に伸びてくるポリプテルス (腕鰭類) に見られる肺．

　第 3 段階は，オーストラリア産ハイギョなどに見られる肺で，二葉の肺が一つに合体して背側に位置するとともに，気道の起点も背側に約 90°回転する (図 1-5 B)．

　第 4 段階は，北米に生息するアミアやガーなどに見られる肺で，背側に位置する単一の肺が，食道の背側から出た気道と連結する．

　最後に，コイ，サケ，ウナギなどに見られるように空気呼吸機能が

失われ，もっぱら浮力調節を担う鰾 (有管鰾) へと移行する (図1-5 C)．また，スズキ，マダイ，マダラなどでは，胚期もしくは仔魚期に気道が消失して鰾 (無管鰾) のみが独立して存在するようになる (図1-5 D)[2]．この無管鰾の場合，鰾に付属するガス腺 (赤腺) から放出されるガス (通常は酸素) によって鰾が満たされている．

　ダーウインは，おそらく四肢動物のほうが魚類よりも高等で進化した存在であるとの思い込みが強く，鰾から肺が進化したと考えたのだろうが，新しく出現してきた魚が生活圏を拡大し，水生生活へとより特化・適応するに従って，古代の魚が有していた肺を鰾に，すなわち浮力調節器官へと進化させたのだ．

　アマゾン河流域に生息する世界最大の淡水魚，ピラルク (*Arapaima gigas*) は，水生の絶対空気呼吸魚である．この魚の空気呼吸器官は鰾で，内面の上皮に毛細血管網を発達させ，これを再度，肺として機能

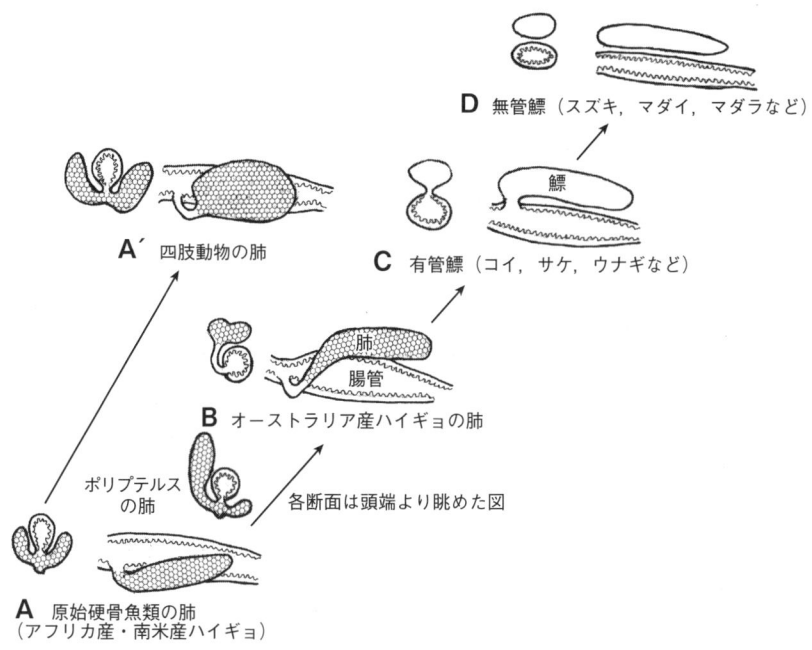

図1-5 肺から鰾への進化 (文献2, 5を改変して引用)．

させている.

　ヒトでは1分間に12回程度の換気を行っているが，ピラルクなどでは1〜2時間に1回程度しか換気しない[6]．これは一度，肺に取り入れた空気で，十分にこの時間の呼吸をまかなう酸素が摂取できることを意味している．また，換気の間隔が長いのは，水面に出ると捕食者にねらわれやすいので，それを避けるという意味合いもある．

　事実，ピラルクは非常に堅い鱗で全身が覆われており，とりわけその頭部が光沢のある堅い外皮で覆われている．このような堅い外皮は，空気中の捕食者から身を守るために役立つと考えられている．

　南米産やアフリカ産ハイギョの心臓は，他の魚類と同様，基本的には1心房1心室である．しかし，ハイギョの心臓には，部分的な隔壁(肉柱)が存在し，これによって，肺からの血液が他の静脈血と一様に混ざり合うことが妨げられている[2,6]．

　これに対し，ピラルクなど条鰭類の心臓は，肺静脈の血液を一般の静脈血と分離するための仕組みをもたない．そのためにピラルクなどの肺から出る酸素に富んだ血液は，一般血流に混ざって全身を循環する．

　ピラルクの鰓には，一般の魚の二次鰓弁に見られるような毛細血管網(図1-2 D)がなく，10本ほどの太い血管が，二次鰓弁内をほぼ平行して走っているにすぎない[6]．これは肺からの酸素に富んだ血液が，毛細血管網の発達した二次鰓弁に入ると，ピラルクが生息する環境の酸素濃度は，血液よりはるかに低いので，酸素は血液から環境へと，逆に逃げていくことになる．ピラルクの二次鰓弁に見られる太いバイパス血管は，これを避けるための適応と考えられている．

d. 腸：ドジョウ

　柳川鍋などで賞味されるドジョウ (*Misgurnus anguillicaudatus*) では，腸管後部の上皮に毛細血管に富んだ組織を発達させており，水面で飲み込んだ空気を肛門から「おなら」のように出すときに腸上皮から酸素を取り込む(図1-3)．ドジョウは鰓呼吸も可能なので，水中酸素が豊富なときは底にいるが，酸素濃度の低下につれて，空気を飲み込む回数が増し，頻繁に，底と水面を往復するようになる．

　この場合，腸管に食物が入っているときはどうなのか，という疑問が

湧くが，ドジョウは酸素不足に耐える能力が高いことや，食物が腸管内を通過するスピードが速いので，何とか対処が可能と考えられている．

e. 卵：コペラ

ここで卵を取り上げるのは奇異に思うかもしれないが，非常に変わった習性をもつ魚，コペラアーノルディ (*Copella arnoldi*) を紹介したい．この魚は南米に生息するカラシン科の魚で，繁殖期には，ペアで水面から飛び上がり，水面から10 cmほど上に垂れ下がっている葉の裏などに卵を付着させる．その後，卵が孵化する3〜4日の間，雄親が1分間に1回ほど，尾鰭で水面を弾いて卵に水をかけ，乾燥しないように守る[7]．

コペラの住む環境の溶存酸素濃度が低いうえに，補食圧が高いので，水中で産卵すれば，卵が酸素不足で死亡したり，他の魚に食べられたりする危険がある．酸素不足による卵の死亡を防ぐとともに，捕食者から卵を守るために，コペラの親魚は，卵を空気中に産みつけると考えられている．

1-4　ハゼ科の空気呼吸魚たち

一般に「ハゼ」と呼ばれる魚は，ハゼ亜目に属する魚をさす．ハゼ亜目は，脊椎動物のなかで最大のグループであるスズキ目に属しており，スズキ目は，最も新しく水生生活のエキスパートとして出現してきた魚たちで，現在の地球上での水域の覇者として君臨している．

ハゼ亜目は9科に分類されるが，このなかでハゼ科が最も典型的なハゼで，そのほとんどは底生生活を行っている．ハゼ科の特徴として，左右の腹鰭が合体して吸盤状 (実際，吸盤として機能する種も多い) となっており，これを用いて体を底に定位させる．ハゼ科の魚は，体長が10 cmに満たないものが多く，その生息場所は，岩礁，珊瑚礁，砂底，干潟，マングローブ林など，主に沿岸域や汽水域であるが，河川や湖沼など淡水域にも進出している．このように生息場所が多様なことから，その形態も多様性に富み，種類数も多い．

現在，魚類全体で 28,500 種ほどの魚種が世界で知られているが，このなかでハゼ科の魚は 1,875 種にものぼり，科という単位では，淡水魚のコイ科に次いで種類数の多い魚である[8]．特に日本沿岸には，多種類のハゼ科魚類が生息しており，この多様性に富んだハゼ科魚類の分類は，明仁天皇の専門分野で，多数の論文を発表しておられる．

種類数が多く，多様なハゼ科のなかでも，泥性の干潟に主に生息するオクスデルクス亜科 (約 35 種) の魚たちは，特異な生活をするものが多い．これらのなかでもマッドスキッパー (mudskipper) と総称される魚は，自発型両生魚の典型で，陸生生活によく適応しており，まさに「カエルになりたかった魚たち」と言える存在である．

現在までに，このグループの魚は，トビハゼ属 (*Periophthalmus*) 12 種，ムツゴロウ属 (*Boleophthalmus*) 5 種，*Periophthalmodon* 属 3 種，トカゲハゼ属 (*Scartelaos*) 4 種の計 24 種が知られている[9]．これらのほとんどは東南アジアおよびオーストラリア北部に生息しているが，日本に生息するのはこのうちの 4 種，トビハゼ (*Periophthalmus modestus*)，ムツゴロウ (*Boleophthalmus pectinirostris*)，ミナミトビハゼ (*Periophthalmus argentilineatus*)，トカゲハゼ (*Scartelaos histophorus*) である．

ハゼ科の空気呼吸魚の体のつくりは，スズキ型の魚と基本的に同じである．それゆえ，これらの空気呼吸魚は，水生生活への特化の度合いを高めた体制の枠内で，さまざまな修正を加えながら，空気の世界に挑戦している魚と言える．

以下に，これらの魚の空気呼吸機能，特に私たちが研究の対象としてよく用いたトビハゼを中心に述べる．

1-4-1 トビハゼの生活

トビハゼの空気呼吸機能の詳細について述べる前に，この魚がどのような魚かを，まず，明らかにしておく必要があろう．

本州では，トビハゼは 4 月から 10 月末頃まで，干潮時の泥上で活動し，そこで摂餌や求愛などを行う．この活動期では，潮が満ちると，まるで水を嫌うかのように岸に向かって移動して，満潮の間，堤防のコンクリート壁や杭などに登って，潮が引くのを待つ．このときに魚を驚か

すと，水中を泳ぐのではなく，水面を蹴って逃げる．

トビハゼなどは上記したピラルクなどと違い，カエルのように空気中に全身を露出させて活動する．このように空気中で活動するためには，空気呼吸機能を発達させるだけでなく，重力に抗して，陸上で活動するための頑丈な骨格と，それを支える強力な筋肉が必要で，トビハゼやムツゴロウなどは，胸鰭を支える骨（肩帯と担鰭骨）とそれに付随する筋肉を，他の魚よりもよく発達させている．

トビハゼは泥の上をゆっくり移動するときには，ヒトが，腕立て伏せで歩くように胸鰭を使い，腹を地面につけずに歩く（図 1-6 A）．ただし，陸上を早く移動するときは，尾鰭を地面に打ちつけ，飛び跳ねて移動する．

空気中でのトビハゼは後述するように，主に皮膚呼吸を行うが，口腔や鰓腔，鰓なども空気中で生活するうえで，重要な役割を果たしている．トビハゼの鰓蓋は，一般の魚とは少し違い，皮膚で広く覆われ，小さな鰓孔はやや下方に開く．また，鰓孔を縁取る膜（鰓腔弁）がよく発達しており，鰓袋とでも形容すべき形状をしている．トビハゼ（ムツ

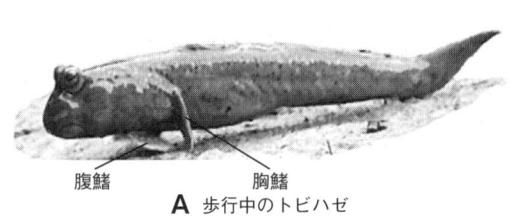

A 歩行中のトビハゼ

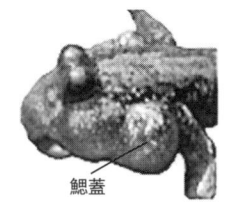

B 鰓腔に空気を溜め，鰓蓋を膨らませる

C 雌に対して誇示ポーズをとる雄

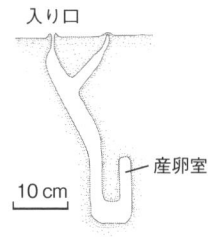

D トビハゼの巣穴[10]

図 1-6 トビハゼ（著者撮影）とその巣穴[10]．

ゴロウなども同様) が，図 1-6 B のように鰓腔に空気を入れて，「頬 (鰓蓋)」を膨らませることができるのはこのためである．

　太陽の照りつける干潟で，トビハゼは「ゴロン」とひっくり返って，背中を湿った泥に擦り付ける動作を頻繁に行う．これは皮膚を湿らせると同時に，日光で熱せられた皮膚を冷やすために行っていると考えられている．

　また，トビハゼはよくウィンクするかのように，目をパチクリさせる．これは眼を眼窩に引き込む動作が，「まばたき」のように見えるためだが，この動作により角膜の乾燥を防いでいる．なお，トビハゼの眼は，空気中での視覚を確保するために，角膜を強く湾曲させる一方，レンズの曲率を水生魚より小さくしている[7]．

1-4-2　トビハゼの繁殖行動

　繁殖期のトビハゼは求愛行動も陸上で行う．繁殖期になると，まず，雄は巣穴をつくる．最も一般的な巣穴は，Y の下に J を接着したような形状である (図 1-6 D)．Y 字状の穴 (径 2〜3 cm) が干潟表面から地下に 30 cm ほど伸び，その末端は J 字状に終わる．巣穴の最底部の直径は 7〜8 cm と大きくなり，それに続く J 字の末端が産卵室 (径 3〜5 cm) となる[10]．

　繁殖の準備が完了した雄は，普段の地味な体色から肌色の婚姻色を示すようになる (図 1-6 C)．婚姻色になった雄を驚かせると，もとの地味な体色に急速に戻る．また，雌が雄の近くにくると，体色は頬をポッと赤く染めるように，より赤っぽい肌色，やや橙色に近い色となる．

　雄は，雌を自分の巣内へと導くためのさまざまな求愛行動を行う．まず，雌が近くにいないときには，自分の巣の近くでほぼ垂直に飛び跳ねる．白っぽい肌色の雄のこの跳躍は，干潟でよく目立つ．雌が，雄に近づくと，橙色の婚姻色を示しながら，図 1-6 C のように背鰭を立てて，腹を地面から持ち上げ，背中をやや丸めた弓状のポーズをとり，雌の前を歩く．時折，このポーズに尾をクネクネと振る動作が加わる．雄はこのような誇示 (ディスプレイ) をしながら，雌を自分の巣へと誘う．

　雌が巣の近くにくると，雄は頭を上に反らせて，雌と向かい合う．時

には，雌もこれに応じて，背鰭を立ててながら頭を反らせる[11]．このような一連の行動の後，雄が巣へと入り，その後を追って，雌が巣に入ると婚姻成立となる．雄と雌が出会ってから婚姻が成立するまでの時間は，個体によって差はあるが3〜5時間もかかるそうである[11]．

雌は巣のJ字末端部に産卵し，その後，雄は孵化するまで保護を行う．上記のように活動期のトビハゼは，満潮時に水を避けて護岸などの壁や杭などに登り，次の干潮を待つ．しかし，卵の保護を行う雄は，満潮時も巣に止まるので，繁殖最盛期では，満潮時に潮 (干潮) 待ちする個体のほとんどは雌となる[11]．

1-4-3　雄による育卵

トビハゼの生息する場所は，細かな泥が堆積している干潟で，泥の表面は黄土色であるが，その数センチ下部は一般に黒色である．表層の色は，泥に多く含まれる鉄が酸化して生じたものであるが，黒色の泥は，海水に含まれる硫酸イオンが無酸素状態で還元されて硫化水素となり，これが鉄と反応して硫化鉄が生じたことによる．このため黒色の泥は，環境が無酸素に近い状態であることの指標となる．

トビハゼの雄は孵化するまで卵を保護するが，この間 (約1週間)，狭い巣穴の黒色の泥中でどのように卵を保護し，また，どのようにして自分自身の呼吸を確保するのだろうか．この問題を明らかにしたのは，長崎大学の石松教授たちである．石松教授たちは，自然状態で卵を保護しているトビハゼの産卵室 (育卵室) に内視鏡，酸素濃度計などを挿入して，卵が孵化するまで，連続して巣穴内部の様子を観察し，興味深い結果を報告している[12]．

a. 育卵室への新鮮な空気の補給

石松たちの報告によると，育卵室は空気で満たされているが，これはトビハゼの雄が，干潮時に新鮮な空気を，鰓腔に入れて巣穴に潜り，それを育卵室に何度も吐き出し，溜めたものである．石松たちは産卵の形跡のない育卵室の壁が，すでに黄土色に変化していることから，雄は産卵が行われる前から育卵室に空気を溜めていると考えている．

満潮の間は，新鮮な空気を補給できないので，育卵室の酸素濃度は

卵の呼吸などにより低下する．そのため，育卵室の酸素濃度は，干潮ごとに増加し，巣穴が水没する満潮ごとに低下する．

実験室内での測定では，巣穴が水没する期間 (干潟での巣穴の位置によって異なるが約7時間) に生じる程度の酸素濃度の低下は，卵の発育に影響はない．しかし，この低下が連続して2回続けば卵の発育に危機的な影響を及ぼす．

それゆえ，干潮時にも坑道に水の溜まる巣穴では，雄が干潮時に，一度でも育卵室に新鮮な空気の補給を怠ると，重大な結果を招くことになる．なお，満潮時，雄は巣にとどまるが，おそらく育卵室内ではなく，巣の入り口付近で水中呼吸を行っていると推察されている[12]．

潮が引いて巣穴の入り口が空気に触れる直前の育卵室の酸素濃度が，通常，最も低い．そして，雄による空気の補給により，この濃度は上昇して行き，潮が満ち，巣穴が水没する直前の濃度が最も高くなる．雄は，巣の補修など干潮時に果たすべき用事が多いのか，育卵室の酸素濃度を，通常は6時間ほどかけて，ゆっくりと最低値から最高レベルに上げる．

石松たちは，育卵室の酸素濃度が最高レベルに達した頃を見計らって(潮が引いて6時間以上経過し，次の潮が迫っている時点)，育卵室に最低レベルの酸素濃度の空気を注入し，育卵室の酸素濃度を「ふりだし」に戻すという，意地の悪い実験を行っている[12]．驚くべきことに，この状況で雄は，たった1時間足らずで育卵室の酸素濃度を元のレベルに戻したのだ．

b. 育卵室の空気を抜く

このほかにも石松たちは，トビハゼの雄の驚くべき能力について報告している．実験室内の観察では，トビハゼの卵は受精後，5～6日までは湿った空気中で順調に発生を続けるが，これ以上長く空気中に放置すると，孵化できずに死亡する卵が激増してくる．同様なことが野外で起こると，空気中で発生を始めた卵は，最も好適な時期に水に漬からなければ，うまく孵化できないことになる．空気で満たされた育卵室にある数千粒もの卵を，雄はどのようにして無事，孵化させるのだろうか．

雄は卵の保護を始めてから，5～6日後に，なんと！ 育卵室の空気を

抜き始めるのだ．それも夜の満潮時に．一度に口に含める空気は 0.5 ml，育卵室の空気は 50 ml ほどあるので，100 回ほど育卵室の空気を口に入れては坑道に吐き出す動作を繰り返して，育卵室を水没させる[12]．しかも，この孵化のタイミングは，遅くとも夜の最満潮時の 30 分前に終わらせなければならない．そうしないと孵化した仔魚がうまく引き潮に乗って，沖合に出て行けない．

雄はどのようにして，孵化のベストタイミングを知るのだろうか．また，夜の最満潮時をどのようにして巣穴の中で知るのだろうか．これらについてはまだ，全く不明である．

そのうえ，孵化した 3 mm ほどの遊泳力の乏しい仔魚が，どうして酸素の乏しく，狭い巣穴の坑道を抜けて，外界へと出るのだろうか．とても雄が「俺についてこい」と，一度に数千尾もの仔魚を誘導できるとは思えない．私は，育卵室を水没させるときに雄の口から出る「あぶく」が，仔魚の外界への誘導に役立ってほしいと願っている．なにしろあのビーナスも，海の泡から生まれたのだから．

このように雄は懸命に育卵を行うが，雌はというと，ただ産卵するだけで，後は完全に雄任せである．この結果，雄のほとんどは繁殖後，死亡するのに対し，雌のなかには翌年も繁殖に参加する個体が出てくる．4 月末頃の干潟を観察すると，昨年生まれの小さなトビハゼに混ざって，その 2〜3 倍も大きな個体を見かけることがある．これらの大きな個体は例外なく雌で，繁殖後も越冬に成功し，生き残ったのである[19a]．

1-4-4 皮膚呼吸

魚が空気中に飛び出すと，真っ先に触れるのが皮膚である．空気中は酸素が豊富で，しかも酸素分子の拡散速度が速いので，特別な呼吸器官がなくても皮膚から十分な酸素を取り入れることが可能である．ただし，皮膚呼吸により十分な酸素を取り入れるには，その表層に毛細血管網を発達させ，絶えず皮膚表面を湿らせておく必要がある．

なお，ハゼ科の仲間は小型種が多いこともあって，空気呼吸器官 (組織) として，これまで知られているのは皮膚，鰓 (口腔，鰓腔を含む) のみであり，このなかでも皮膚が特に重要である．

a. 空気中での酸素の取り込み

　フナのような水生魚の鰓の表面積は，体表面積の 2〜3 倍，マグロのような高速遊泳魚では，なんと 48 倍もある[2]．このように表面積の大きな鰓をもつ魚を空気中に出すと，繊細な鰓の構造が押しつぶされ，酸素が十分に取り込めなくなる．これに対し，トビハゼやムツゴロウの鰓の表面積は，体表面積のそれぞれ 0.38 と 0.56 倍しかなく，これらの魚の鰓は空気呼吸と対応して，その表面積を大幅に縮小させている[2]．

　ウナギは空気中でも長期間生きるので，空気呼吸機能をよく発達させていると思われている．確かに，ウナギの鰓表面積は体表面積の 1.45 倍で，水生魚としては比較的小さい．それにもかかわらず，水中での酸素の取り込みの約 90% は鰓が担い，残りを皮膚が補っている．

　一方，ウナギを空気中に出すと，呼吸器官としての鰓の機能は大幅に減少し，酸素の 2/3 は皮膚から取り入れられ，残りを鰓が担うことになる[13]．ただし，この場合の酸素の取り込み速度 (呼吸速度，酸素消費速度と同義) は，同温度の水中での値の 40% 程度に低下する．

　トビハゼやムツゴロウが，どの部位で空気から酸素を取り込むかについての具体的な測定は，長崎大学の田村教授たちによって行われている[14]．

　田村たちは，薄いゴム膜で魚の頭部と胴部を分離し，それぞれの部位の空気中での酸素の取り込み速度を測定した．その結果，トビハゼが空気中で摂取する酸素の約 76% は皮膚から，24% は鰓 (口腔，鰓腔を含む) によることがわかった．同様な測定を，鰓の表面積がトビハゼより大きなムツゴロウで行うと，皮膚が 44%，鰓が 56% となる．トビハゼやムツゴロウは，よく鰓蓋を「プゥー」と膨らませることから (図 1-6 B)，陸上での呼吸は，鰓腔に空気と水をもち運んで行うと，かつては考えられていた．この推察は，ムツゴロウの場合は当たっていなくもないが，トビハゼでは鰓腔より皮膚呼吸が卓越している．

　トビハゼとムツゴロウの行動を干潟で観察すると，ムツゴロウは，汀線近くの湿った場所で行動するのに対して，トビハゼは，干潟上部のかなり乾燥した場所にも進出する．この行動の違いは呼吸機能の違いに

よって生じるというよりは，ムツゴロウは干潟表面に繁殖する珪藻類を主食としているのに対して，トビハゼは肉食性で，餌を求めて干潟を広く探索しなければならないことによる．

田村たちは，トビハゼとムツゴロウの空気中と水中での酸素の取り込み速度(呼吸速度)を比較し，トビハゼの空気中での呼吸速度は，水中呼吸速度の約60％，ムツゴロウでは65％であるとしている[14]．

しかし，私たちは同様な測定を何度も試みたが，トビハゼの空気中での呼吸速度は，水中での値の120〜130％と水中よりも常に大きくなった．私たちと同様な結果は，4章で述べるゴードン (M.S. Gordon) たちも報告している[86,87]．また，ムツゴロウにおいても空気中での呼吸速度は，水中の137％であるとする報告もある[2]．

トビハゼやムツゴロウに限らず，呼吸速度は，魚の状態や測定条件の違いによって大きく変動するので，どの値が正しく，どの値が誤りであるとは容易に言えない．しかし，トビハゼやムツゴロウの空気中での酸素の取り込みが，水中より劣ると言えないことは確かである．

Periophthalmodon schlosseri は世界最大のトビハゼで，大きなものでは全長30 cmを超える(図1-7)．英名ではGiant mudskipperと呼ばれており，本書でもこれをオオトビハゼと呼ぶことにする．東南アジアからオーストラリア北部の干潟に生息し，肉食性の泥性干潟のハンターである．オオトビハゼ(全長30 cm)と，ほぼ最大サイズ(全長約10 cm)の本州産のトビハゼを同じ画面に写すと図1-7のようになる．図からもわかるように，体型はトビハゼをあたかもコピー機で拡大したようであるが，トビハゼと違って大きな鱗が体表を覆い，上下の顎には鋭い歯を備えている．オオトビハゼの属名の語尾が，–odon (歯を備えるの意)となっているのは，このためである．

図1-7 オオトビハゼ (*Periophthalmodon schlosseri*) とトビハゼ (著者撮影).

オオトビハゼを強制的に激しい運動をさせ，その直後に酸素の取り込み速度を測定すると，水中では，最大 2.5 μmol-O_2/g/h[★1] までしか取り込み速度を上げることができないが，同条件の空気中では，この 4 倍も高くすることが可能である[15,16]．

オオトビハゼの鰓は，鰓弁が複雑に枝分かれしていることに加えて，隣接する二次鰓弁の所々で融合 (架橋) が生じ，鰓が空気に露出しても隣接する二次鰓弁同士が密着しないような構造となっている．このように鰓を特殊な構造に改変しているためか，酸素の取り込みにおける鰓 (口腔，鰓腔を含む) の分担率は，トビハゼより大きく約 50%で，残りを皮膚が担っている[16]．

b. 空気中での二酸化炭素の排出

二酸化炭素 (CO_2) は，酸素に比べて約 30 倍も水に溶けやすく，魚が水中で呼吸しているときには，鰓から CO_2 は速やかに排出される．そのために，水中呼吸をしている魚の血液の CO_2 分圧は低く (約 4 mmHg)，ヒトの動脈血の 1/10～1/20 ほどで，血液の HCO_3^- 濃度も，魚ではヒト (24 mmol/l) の 1/2～1/8 程度しかない．水中呼吸を行っている魚は，このように血液の CO_2 濃度が低いので，血液の pH は陸上動物 (pH 7.4) に比べて高く，通常 8.0 近くもある．

これに対して，魚が空気中に出ると，鰓からの CO_2 排出が水中のようには速やかにいかず，CO_2 が体内に蓄積する．CO_2 が蓄積すると，式 (1) の反応が右に進み，プロトン (H^+) が生成して血液の pH が低下する．

$$CO_2 + H_2O \rightleftharpoons H^+ + HCO_3^- \tag{1}$$

例えば，ウナギを 6 時間，空気中に出すと，血液の CO_2 分圧が水中の 2.68 から 5.06 mmHg に増え，それに伴って血液の pH が 8.15 から 7.89 に低下する[17]．この測定は，細いチューブを血管に挿入し (カニュレーション)，血液を連続して採取しなければならないので，トビハゼのような小さな魚では不可能である．しかし，前記のオオトビハゼでは，このような測定が可能である．

[★1] **モル濃度**　モルの表記には M (Mol) と mol がある．M (Mol) は通常，水 1 l (質量モルでは 1 kg) 中の溶質のモル数を示す．一方，mol は，例えば一尾の魚 (試料) に含まれる物質やその魚が一定の時間に排出したり，吸収したりする物質の絶対量を表す際に用いられ，単位試料当たりのモル数 [mol/試料の量 (g や l など)] と表記する．

長崎大学の石松教授たちによってなされた測定例では，腹部の約半分を水中，背部を空気中に出したオオトビハゼ (対照) を水から完全に上げ，空気中に6時間放置しても血液の CO_2 分圧は上昇するどころか，対照よりもやや低下し (9.4 から 9.0 mmHg)，pH も 7.6 から 7.7 とわずかに上昇した[18]．この結果から，オオトビハゼはウナギと違って，空気中においても CO_2 を問題なく排出することができると言える．

空気中における CO_2 の排出部位を調べるために，上記の酸素の分担率の測定と同様，薄いゴム膜でトビハゼの頭部と胴部を分離し，皮膚と鰓における CO_2 排出の分担率を求めたところ，皮膚と鰓 (口腔，鰓腔を含む) からの排出が，それぞれ 43％と 57％となり，CO_2 排出では，鰓の役割が酸素吸収の場合よりもやや高くなる[19]．この結果を見て，鰓組織には，上記の式 (1) の反応を促進させる酵素 (この場合，HCO_3^- を分解して CO_2 を発生させる) である炭酸脱水酵素 (CA：carbonic anhydrase) が多く含まれているので，二酸化炭素の分担率が高くなるのは当然と思ったが，皮膚の分担率が結構高いことは意外であった．

石松たちもオオトビハゼを用いて，CO_2 排出における皮膚と鰓の分担率を求めているが，興味深いことに，オオトビハゼの分担率は，魚体サイズが大きく異なるにもかかわらずトビハゼとほぼ同じである[16]．

トビハゼの空気中での二酸化炭素排出速度と酸素消費 (呼吸) 速度との比 (CO_2/O_2)，呼吸交換比 (RER：respiratory exchange ratio．Box 2 参照) を求めると，約 0.8 となった．この値は，オオトビハゼ，ミナミトビハゼ，*Periophthalmus barbarous* で報告されている値と同じである[20, 21]．

1-4-5 皮膚組織

a. トビハゼの上皮の構造

トビハゼは空気中で主に皮膚呼吸を行っているが，トビハゼなどの皮膚について説明する前にまず，ヒトの皮膚から話を進めよう．皮膚は上皮と真皮という発生の経緯の異なる 2 層の細胞層から構成されている．上皮は外胚葉から形成されるのに対し，真皮は中胚葉性の組織で，体の内側から上皮を支え，上皮に必要な栄養などを供給する役割を担っている．

Box 2 RER と RQ

呼吸交換比 (RER) と呼吸商 (RQ : respiratory quotient) は,どちらも二酸化炭素と酸素との mol (体積) 比 (CO_2/O_2) であるが,RER は一定時間に排出された CO_2 とその間に消費された O_2 との比で,RQ は一定時間に生成された CO_2 とその間に消費された O_2 との比である.もし,好気的呼吸によって生成された CO_2 が,直ちに何の支障もなく排出される場合には RER = RQ となる.しかし CO_2 の排出に何らかの障害が生じると,RER < RQ となる.例えば,ドジョウの腸による空気呼吸の場合,その RER は 0.08 となる[22].これはドジョウの腸上皮での酸素の取り込み速度に比べて,CO_2 の排出速度が非常に遅いことを意味する.ドジョウの場合,酸素は腸から摂取できるが,CO_2 の排出は鰓に頼らざるを得ないのだ.

さまざまな動物や組織の呼吸機能を比較する場合には,RQ ではなく RER を用いる.それは RQ が,動物の種類や組織の違いと関係なく,代謝された栄養素の質によって決まる値であるのに対し,RER は,さまざまな要因によって大きく変化するからである.

　ヒトの上皮では,分裂細胞は真皮との境界 (基底層) に存在し,分裂したこの基底層の細胞は,次々と押し上げられながら形を変えて,扁平な角質化した死んだ細胞 (角質層) となって皮膚表面を覆い,最終的には,表面からはがれ落ちていく.この角質層の厚さは,足の裏や手のひらを除いて,1/50〜1/100 mm ほどしかないが,これによってほぼ完璧な防水,防菌機能を果たすなど,さまざまな外界の刺激から身を守っている.

　魚の皮膚も基本的にヒトと同じで,上皮と真皮から構成されており,真皮には皮膚に弾力性などを与えるコラーゲン繊維や平滑筋,栄養を補給するための毛細血管網などが存在する.このほか,魚では鱗が真皮から形成される.

　図 1-8 A には,トビハゼの皮膚組織を,また,図 1-9 には,比較のために,水生ハゼの典型として,アゴハゼの皮膚組織を示した.図のように

魚の上皮は表皮細胞，中層細胞，基底層の3層から構成されており，ヒトと同様に基底層の細胞が分裂して，上部2層の細胞を更新している．ただし，魚ではヒトと違って，この上皮を構成する細胞は全て生きている．扁平な表皮細胞の表面には，指紋のような微小な隆起 (リッジ) が存在するが (図 1-8 B)，ヒトのような角質層はトビハゼなどの皮膚に存在しない．

b. 上皮内血管

図 1-8 A には，トビハゼ背側上部の皮膚組織を示したが，この魚の上皮表層には，真皮に存在するはずの毛細血管が多数分布していることや，中層に巨大な細胞が存在することが，一般的な魚の皮膚 (図 1-9) とは著しく異なっている．

トビハゼの上皮内に存在する，この場違いな毛細血管は，部位によって多少の違いがあるものの，皮膚表面からわずか，5 μm (1/200 mm) 直下に存在する[19] (図 1-8 C)．トビハゼの皮膚表面と毛細血管の距離は，ヒトの肺の肺胞表面とその直下にある毛細血管との距離の約 10 倍長いが，この距離が短ければ短いほど，空気から酸素を効率よく血液に取り込むことができる．

しかし，ヒトの肺胞のように，保護され，高湿度の空気に絶えず保たれていればよいが，トビハゼのように外気と，直に接する状態では，皮膚表面と血管との距離が近いと，血液から水分の喪失を招く危険が増大する．また，この距離が近いと，少しの衝撃で血管が破れ出血する危険も増す．トビハゼの 1/200 mm というのは，これらの危険の回避と皮膚呼吸の効率を上げるという相対立する問題を両立させるのに必要な距離と言えるかもしれない．なお，ヒトでは，皮膚表面から血管までの距離は，短い所で 1/10〜1/20 mm ほどあり，皮膚からの酸素の吸収はほとんどないと言ってよい．

毛細血管が分布する層の下部には，大型の細胞からなる中層細胞層が存在する (図 1-8 D)．この大型の中層細胞は，複数の細胞が融合して生じた細胞で[23]，細胞内には，図 1-8 D に示すように液胞が大きな容積を占めており，細胞本来の原形質は核を除いて，細く圧縮されてしまっている．この大型細胞の機能の詳細は解明されていないが，長期にわ

たって皮膚呼吸を持続するには，皮膚表面を絶えず湿らせておく必要があるので，おそらく，この皮膚の保湿に重要な役割を果たしていると思われる．

また，トビハゼの皮膚には，一般の魚の皮膚に見られる粘液細胞 (図1-9) が全く見られないのも特徴の一つである．ただし，これは皮膚に粘液分泌細胞がないからではなく，トビハゼの細胞では，つくられた粘液物質が細胞内に溜まる間もなく分泌されるので，通常の組織の固定・染色では検出できないことによる．

トビハゼの粘液は，通常の粘液細胞とは違った種類の細胞からつくられるものと思われるが，粘りけが少なくサラッとしており，トビハゼを触っても，ウナギやドジョウのようなヌルヌルとした感触はない．なお，オオトビハゼの上皮組織の構造はトビハゼと類似するが，トビハゼと違って通常の形態の粘液細胞が少数存在する．

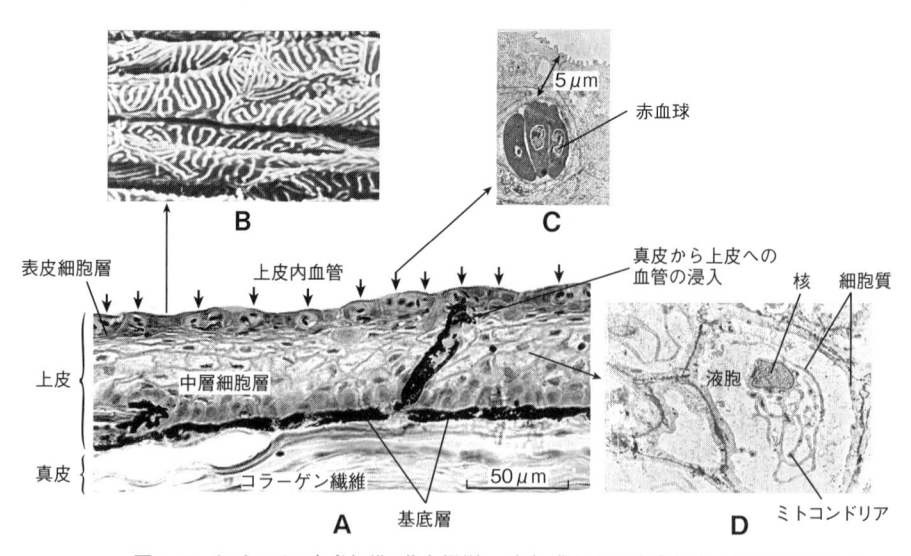

図1-8 トビハゼの皮膚組織 (著者撮影)．(A) 背側部の皮膚組織 (光顕写真) (上皮表層に多数の血管が侵入)．↓：上皮内血管の位置．(B) 上皮表面の指紋状のリッジ (隆起) (走査電顕写真)．(C) 上皮内血管 (透過電顕写真) (血管から外界までの距離は赤血球の径よりも短い)．(D) 中層細胞 (透過電顕写真) (細胞質が大きな液胞に圧迫されて紐状となる)．

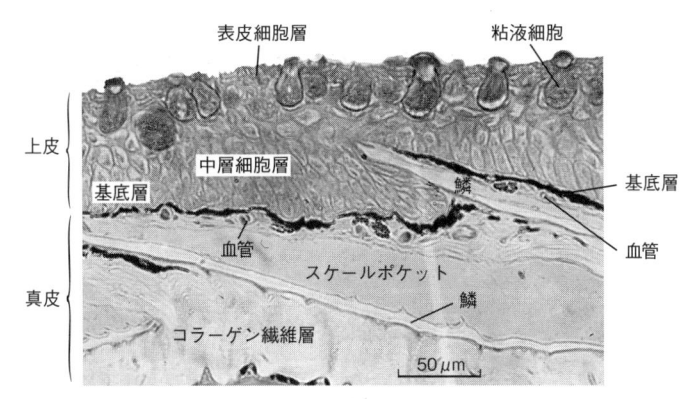

図1-9 水生のハゼ科魚類 (アゴハゼ) の皮膚組織 (光顕写真) (著者撮影) (スケールポケットの上部に多数の血管が見える).

c. ムツゴロウの上皮

皮膚による空気呼吸機能がトビハゼよりも劣るムツゴロウの皮膚の組織像 (図1-10) を見ると, 基本的構造はトビハゼと同じであるが, 毛細血管の上皮最外層への進出方法がトビハゼとは異なっている.

図1-10に示したように, ムツゴロウの皮膚では, 鱗の先端を覆う真皮が丸く膨らんで, これが上皮内に突出して空洞となり, その中に毛細血管を進入させている. 鱗は真皮性の組織であり, どの魚でも毛細血管に富んだ真皮性組織が鱗を取り囲み (図1-9), ちょうど鱗を入れる袋のようになっている. この袋をスケールポケット (scale pocket) と呼ぶ.

ムツゴロウの皮膚には, 肉眼でも観察できる小さな突起が多数存在している. この小突起はスケールポケットの先端が膨らんで生じたものである. ムツゴロウと同様な皮膚の構造は, 日本では沖縄の泡瀬干潟に, ほんの少数のみ生き残っているトカゲハゼにも見られる. また, トビハゼも非常に小さいながらスケールポケットの先端が上皮内に入り込んでおり, 上皮内の血管をその基部までたどっていくと, このスケールポケットの先端に行き着く.

d. 塩分の排出

トビハゼのように海水が流入する環境に生息する真骨魚では, 血液の塩分濃度が海水よりも低いので, 海水中のナトリウムイオン Na^+ や

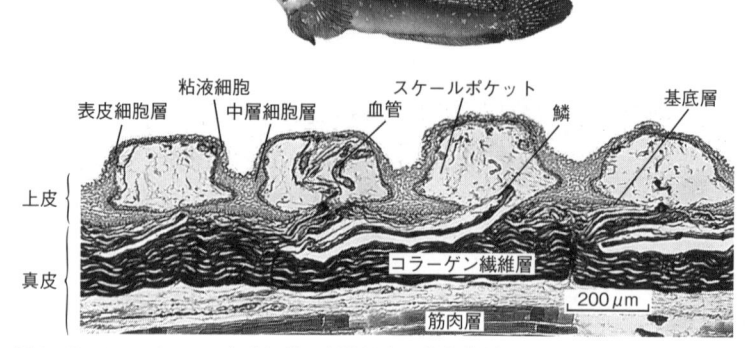

図 1-10 ムツゴロウの皮膚組織 (光顕写真) (著者撮影) (鱗の先端がニキビ状に膨らみ，そこに血管が侵入する).

塩化物イオン Cl⁻ が体内に流入する．このために海水魚では，鰓に塩類細胞★2 という大型の特殊な細胞を発達させ (図 2-4 参照)，この細胞から能動的に Cl⁻ を排出し，それによって生じた電気勾配に従って Na⁺ を排出している．海水魚による塩類の排出量は膨大で，海水中のカレイの場合，魚体に含まれる全 Na⁺ の約 45％が，1 時間で新しく入れ替わっている[24]．

トビハゼの鰓にも多数の塩類細胞があるが，この魚には皮膚にも塩類細胞が存在する．広島大学の安藤教授たちは，トビハゼの胸鰭の裏面，胸鰭はちょうど前肢のような働きをするので，いわば腋の下の皮膚とでも言える部位に多くの塩類細胞が存在し，鰓と同様，能動的に塩化物イオン Cl⁻ を排出していることを発見している[25]．

皮膚の塩類細胞は，鰓にある細胞と同じく，扁平な表層細胞の直下に位置し (図 1-11 A)，塩類細胞の真上に開いた表層細胞間の隙間を通して，環境と接している．そのため，塩類細胞が存在する部位の表面

★2 **塩類細胞** 塩類細胞の名の由来は，海水魚のこの細胞が硝酸銀により黒く染色されることによる．このような大型のミトコンドリアに富んだ細胞は，機能は異なるが淡水魚の鰓にも存在し，さまざまなイオンの吸収・排出など重要な機能を担うことが明らかになってきている．そして，塩類細胞を含めてこれらの細胞を MR 細胞 (MRC: mitochondria rich cell) と総称するようになり，最近では塩類細胞という名称はあまり使われなくなっている．

1-5 空気呼吸の診断

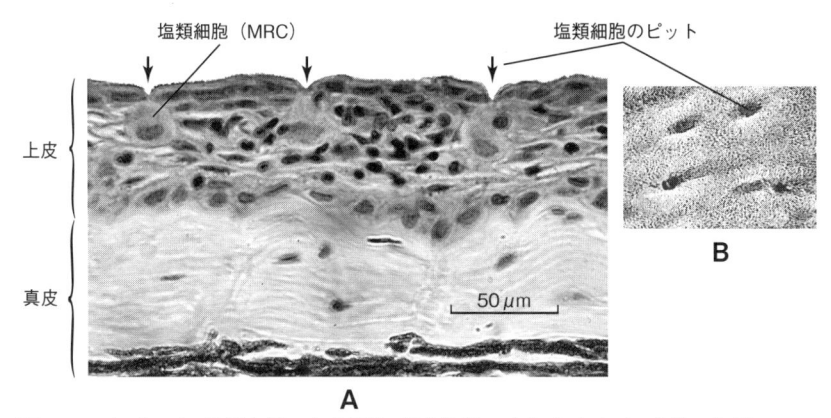

図1-11 トビハゼの胸鰭内側の皮膚組織 (著者撮影). (A) 上皮直下に多数の塩類細胞が存在 (光顕写真). (B) 上皮の表面には多数の塩類細胞のピット (くぼみ) が見える (走査電顕写真).

を走査電子顕微鏡で観察すると, 図1-11 B のように多数の穴 (ピット) が見える.

　塩類の排出を行うには組織の表面がぬれていて, しかもそれが絶えず新しく交換される必要がある. トビハゼは空気中で過ごす時間が長く, 空気中では鰓から塩類を十分排出できないので, 胸鰭の裏面の皮膚に多くの塩類細胞を発達させたのだろう.

1-5 空気呼吸の診断

　トビハゼやムツゴロウのように空気中で活動する魚の場合は, これらが空気呼吸を行っていることは一目瞭然である. しかし, 魚がほんとうに楽しく空気呼吸を行っているのかどうかを確かめることは難しい. 例えばトビウオの場合, 捕食者に追われて空気中に飛び出している間は, 空気を呼吸しているのだろうか. また, ハゼ科の魚で, 魚のアルピニストと呼ばれるボウズハゼは, 口と腹鰭を吸盤として用い, これを交互に働かせて, 垂直な岩壁 (滝) をものともせず登っていくが, この場合, 空気を呼吸しながら登るのだろうか. これらの疑問に関してガーレイ (W.F. Garey) は, 興味深い実験を行っている[26].

ガーレイの実験を紹介する前に、まず、潜水反射もしくは心拍徐脈(bradycardia)と呼ばれている現象について説明する必要がある。アザラシやイルカ、ペンギンなどの潜水動物では、図1-12 Aに示した例(アザラシ)のように、水に潜った瞬間、反射的に心拍数が空気中の値の1/10ほどに低下する[27]。

この現象を一般に、潜水反射と呼び、これは窒息状態での心臓の負担を軽減する意義があると考えられている。また、アザラシ、イルカ、クジラなどでは、この心拍数の低下と連動して、下半身への血流を著しく減少させる一方、上半身、特に脳や心臓(冠動脈)への血流を確保し、これらの器官が酸素不足に陥らないようにしている。

ガーレイはこの潜水反射を魚に応用し、魚を水中から空気中に出すと、心拍数の低下が起こるかどうかを調べた。図1-12 Bに示したよう

A アザラシ[27]

B トビウオ[26]

C オオトビハゼの一種[26]

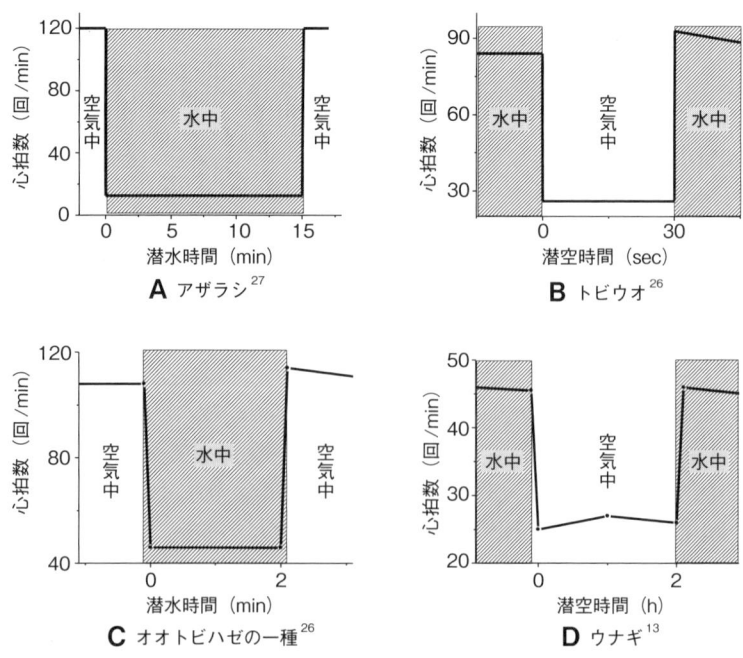

D ウナギ[13]

図1-12 哺乳類と魚類の水中および空気中での心拍数の変化(各文献のデータに基づき著者作図)。

に，トビウオを水中から空気中に出すと，心拍数は著しく低下し，いわゆる潜水反射，いやこの場合は「潜空反射」と呼ぶべきだろう，が起こることが確かめられた[26]．

グルニオンというカリフォルニア沿岸などに生息するトウゴロウイワシの仲間は，毎年春の大潮の満潮時に，大群が砂浜に押し寄せ，そこで産卵する．多数の魚が産卵・放精する間に，潮はどんどん引いて行き，多くの魚が砂浜に取り残される．このような習性をもつグルニオンも，空気中ではトビウオと同様，潜空反射が起こる[26]ということは，これらの魚は空気中では息を止めているのだ！　ちょうどヒトが水に潜るときのように．

これと同様な例は，空気中に出しても長期間，生きているウナギでも知られている．ウナギを水から空気中に出すと，心拍数が約 1/2 に低下し，この状態が水に戻るまで続く (図 1-12 D)[13]．また，ウナギを空気中に出すと，酸素の取り込み速度が，水中の 40％にまで低下する一方，乳酸が筋肉に蓄積するので，ウナギが空気中で長期間生きるからといって，空気中での生活を楽しんでいるわけではなく，息をつめて，ただ耐えているだけと言える．

これと正反対なのがオオトビハゼなどである．ガーレイは，典型的な空気呼吸魚，オオトビハゼの一種 (*Periophthalmodon freycineti*) の心拍数の変化を比較のために調べている．このオオトビハゼを水中から空気中に出すと，心拍数は増加し，再び，水に浸けると低下した (図 1-12 C)[26]．水から出されたこのハゼは，空気中で「ホッ！」と息をついていたのだ．これと同様な例は，前記のオオトビハゼ (*P. schlosseri*)[18] や 4 章で述べるタウナギ (*Monopterus albus*) および南米産のタウナギの仲間 (*Synbranchus marumoratus*) でも知られている[28,29]．

1-5-1　心拍数の変化と空気呼吸

私たちはガーレイの研究にならって，和歌山に生息するさまざまなハゼ科の魚の水中と空気中での心拍数の変化を片っ端から調べてみた．

a. 両生空気呼吸魚

まず，和歌山産トビハゼの心拍数は，水から出したり入れたりする刺

激に反応して，少し変化するが，空気中でも水中でも，心拍数に大きな違いは認められない (図 1-13)．ただし，トビハゼを無酸素の海水に入れると，心拍数は直ちに低下する (図 1-13，破線)．しかし，空気から窒素ガス中に移すと，移行後すぐには心拍数が低下せず，7 分あまり経過してから無酸素海水のレベルにまで低下する．このように気体の中では，心拍数が低下するまでにタイムラグが生じる．

　図 1-14 のようにゴムの薄膜で，トビハゼの頭部と胴部を分離し，そのいずれかの区画に無酸素の海水を注入すると，頭部に注入したときのみ心拍数が低下した．トビハゼの空気中の酸素の摂取では，胴部の皮膚が主要な役割を果たすが，この実験結果から，どうやら酸素濃

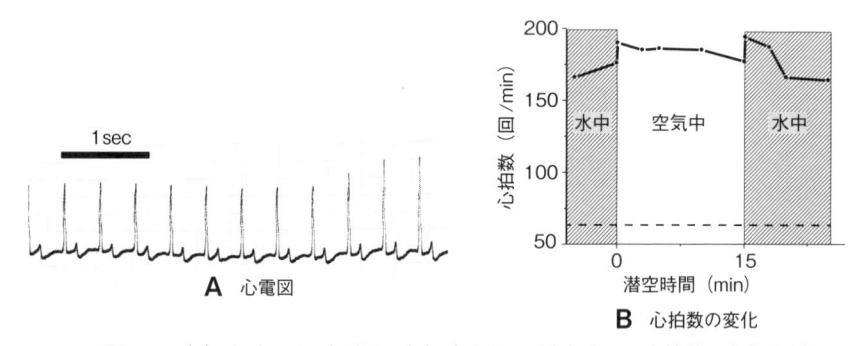

図 1-13 (A) トビハゼの心電図．(B) 水中および空気中での心拍数の変化 (図中の破線は無酸素の希釈海水中での心拍数)．

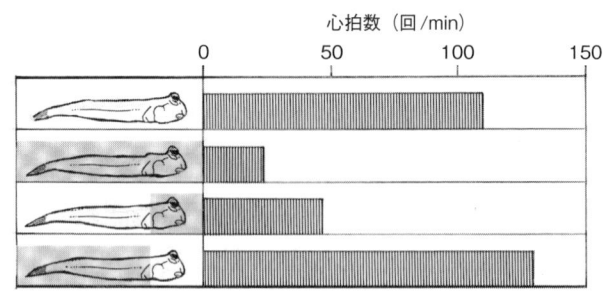

図 1-14 トビハゼの頭部と胴部，各区画に無酸素の希釈海水 (影の部分) を注入したときの心拍数の変化．

度を感受するセンサーは頭部にのみ存在して，胴部にはなさそうである．

トビハゼだけでなく，他の魚も同様だが，副交感神経を遮断するアトロピンを海水に溶かしておくと，酸素濃度の変化に伴う心拍数の変化が見られなくなる．なお，私たちが調べたハゼのなかでは，トビハゼのような心拍数の変化を示したのは，アベハゼ (4 章参照) のみで，この魚の空気中での呼吸速度は，水中と変わらない．

b. 絶対水生呼吸魚

一方，図 1-15 A にマハゼの例を示したが，マハゼだけでなく，ボウズハゼ，クモハゼ，シマヨシノボリなどを空気中に出すと，潜空反射が起こる．また，このような潜空反射を起こす魚の空気中での呼吸速度は，水中の 25～35% と低い．

ボウズハゼやシマヨシノボリでは，稚魚が河口域から河川の上流部へと遡上しながら成長するので，滝や堰があるとそれを乗り越えていく．このとき，しばしば空気中に体を露出させるが，ヒトが水に潜るときのように，どうやらこれらのハゼは，空気中では息を止めて登っているらしい．

c. 条件的空気呼吸魚

この調査で興味深い発見があった．ミミズハゼ，アゴハゼ，チチブ，ヌマチチブなどの魚では，図 1-15 B に示したチチブのように，水中か

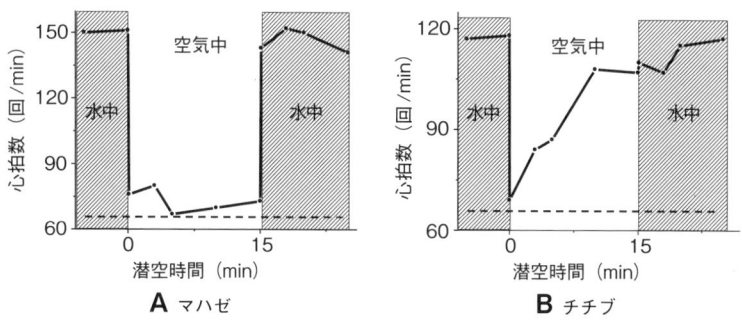

図 1-15 マハゼ (A) とチチブ (B) の空気中および水中での心拍数の変化 (図中の破線は無酸素の希釈海水中での心拍数).

ら空気中に出した直後には，潜空反射を起こすものの，15 分ほどで，もとの水中レベルまで回復する．

　チチブを用いた実験では，このような回復は，空気を窒素ガスに置き換えると起こらないが，純酸素ガス中では 1 分ほどのタイムラグを経てもとのレベルに復帰する．また，高酸素分圧の水中に置いた魚を空気中に出すと，通常の酸素分圧の水から空気中に出したときのような，潜空反射は見られなくなる．しかし，マハゼでは，これらと同条件で実験を行っても潜空反射が生じる．

　なお，このような心拍数の変化を示した魚の空気中での呼吸速度を測定すると，ミミズハゼとアゴハゼでは，水中の速度とほとんど差がないが，チチブとヌマチチブでは，水中の約 60% であった．

　魚の口腔や鰓には，水中から空気中に出たことを感知する機械受容器，酸素を検出するための化学受容器，さらには，血液の酸素分圧を検出する受容器が魚体深部に存在することが知られている．おそらく，チチブなどの空気呼吸魚では「空気中に出た」という機械的な刺激が，心拍数の抑制に強く作用するものの，口腔などの化学受容器や血中酸素をモニターしている受容器からの刺激が強くなると，心拍数の抑制を解除する機構を発達させているものと思われる．これに対してマハゼなどでは，この解除機構を発達させていないのだろう．

　前記したような空気中での心拍数の変化から，トビハゼやアベハゼのように空気中に出しても心拍数の変化が見られない魚は両生空気呼吸魚，オオトビハゼのように水中の心拍数が，空気中より大幅に減少する種は両生絶対空気呼吸魚とも言える．また，チチブのように空気中で心拍数の回復が見られる魚は条件的空気呼吸魚，マハゼのように典型的な潜空反射を起こす魚は絶対水生呼吸魚と判定できる．

　アベハゼ，ミミズハゼ，アゴハゼ，チチブなどは潮間帯に生息しており，干潮時に干上がった石や海藻の下などに潜んでいるのを見かけるので，これらの魚が空気呼吸機能をもつことは，これらの生存にとって都合がよい．しかし，ヌマチチブは，チチブよりも上流域に住み，通常は干上がることのない淡水域に生息しているにもかかわらず，チチブと同様な，条件的空気呼吸魚の性質を保持している．

これに対して，タイドプールでよく見かけるクモハゼの心拍数は，空気中で著しく低下し，典型的な絶対水生呼吸魚の変化を示す．岩礁性の潮間帯では，クモハゼとアゴハゼが同じ潮だまりにいるのを見かけるが，一方は水生生活に適応し，他方は干上がっても何とかしのげる空気呼吸機能をもつなんて，生き物の世界は多様で興味深い．

1-5-2 皮膚の厚さの比較

通常では，水生生活者であるチチブやアゴハゼなどに，空気呼吸の能力があることが，心拍数の変化からわかったので，早速，これらの魚を解剖して，特別な呼吸器官があるかどうかを調べた．鰓，鰓室，口腔など，一通り調べても特別なものは見つからない．そこで皮膚を切り出して，固定液につけ，脱水，パラフィン包埋と一連の処理をしてミクロトームという機械でパラフィンを $4〜6\,\mu m$ の厚さに切り出す．

このように切り出した切片を染色して，顕微鏡で観察してみた．すると，チチブやアゴハゼの背部や側部の皮膚に，発達した鱗とともにそれを取り巻くスケールポケットがよく発達しており (図 1-9)，この鱗の周囲，特に鱗の上面の組織には，多くの毛細血管が入り込んでいる．

やはり，チチブやアゴハゼたちもトビハゼなどと同じく，皮膚呼吸をしていたのだ．これに対して，心拍数の変化から絶対水生呼吸魚と判定された魚，ボウズハゼ，マハゼ，クモハゼなどの魚の上皮は厚く，スケールポケット内面に分布する血管も少ないことがわかった．

そこで，これまでに保存しておいた，さまざまな種類のハゼの皮膚の切片を作成し，これらの魚の皮膚表面から毛細血管までの距離を測定してみた．図 1-16 には，16 種のハゼの同一部位の皮膚 (背側部) の表面から毛細血管までの距離の平均値を，短い順に並べたが，これを見ると，トビハゼ，ムツゴロウ，トカゲハゼのような両生魚の距離が最も短く，次いで，これらと同じオクスデルクス亜科に属するタビラクチが短い．そして，アベハゼ，ミミズハゼと続き，ちょうどチチブとマハゼあたりの距離で条件的空気呼吸魚と，絶対水生呼吸魚に分かれるものと推察される．

魚のアルピニストと呼ばれる，ボウズハゼの皮膚の表面から血管ま

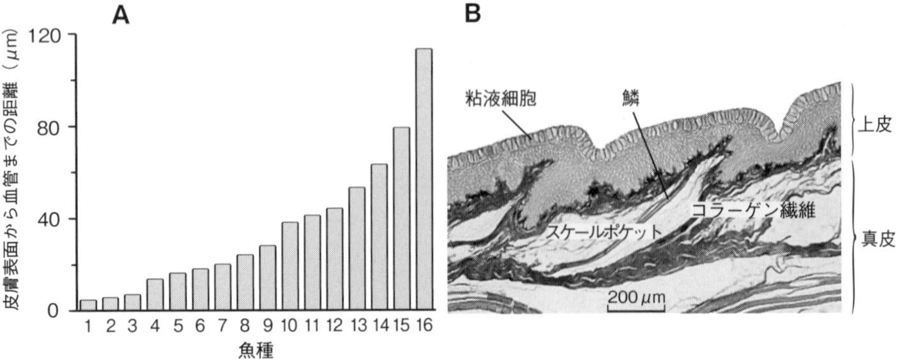
A
B
120
80
40
0
皮膚表面から血管までの距離（μm）
1 2 3 4 5 6 7 8 9 10 11 12 13 14 15 16
魚種
粘液細胞
鱗
上皮
コラーゲン繊維
スケールポケット
真皮
200 μm

1：トビハゼ．2：ムツゴロウ．3：トカゲハゼ．4：タビラクチ．5：アベハゼ．6：ミミズハゼ．7：アゴハゼ．8：ヌマチチブ．9：チチブ．10：マハゼ．11：ダテハゼ．12：クモハゼ．13：ハゼクチ．14：ゴクラクハゼ．15：カワヨシノボリ．16：ボウズハゼ．

図 1-16　(A) ハゼ類 16 種の背側部の皮膚表面から血管までの距離 (μm)．(B) ボウズハゼの皮膚組織 (光顕写真．著者撮影)．上皮表層は無数の粘液細胞によって覆われる．

での距離は，測定したハゼのなかで最も厚く，また，粘液細胞も上皮表面をびっしりと隙間なく覆っており，調べたハゼのなかで最も多い (図 1-16)．ボウズハゼはアユと同様，礫の表面に繁茂する珪藻を食べながら，上流へと遡上する．和歌山県南部の河川の上流部では，多数のボウズハゼが石の表面で藻を食んでいるのが見られるが，いざ，これを捕らえようとすると，石の下に潜り込み，容易には捕らえられない．ボウズハゼは，おそらく，このような環境での生活で，体を傷つけないために皮膚表面の粘液細胞を発達させるとともに，空気呼吸機能を犠牲にしてまで皮膚を厚くしたのだろう．

2 窒素老廃物の処理－アンモニア

　食物として体内に取り入れられたタンパク質は，動物の体の成長や維持・更新に用いられる場合を除いて，炭水化物や脂肪のように蓄積されることなく分解される．このとき，炭水化物や脂肪と違って，分解産物にアンモニアが加わる．アンモニアは毒性が高いために，動物はこれを速やかに排出するか，より毒性の低い物質に変換しなければならない．アンモニアは水に溶けやすく，水生の魚は特殊な場合を除き，環境に素早く，容易に廃棄できるので，その毒性は何の障害にもならない．しかし，ひとたび魚が空気中に出たりすると，アンモニアが蓄積し，その毒性に苦しむことになる．この章では，まず，アンモニアがどのように生成され，それがどのような機構で排出されるか，それらの研究経緯をたどるとともに，その排出を阻害する諸要因について探る．

2-1　アンモニアの生成と排出

2-1-1　生成経路

a. アミノ酸の分解

　食物中のタンパク質は消化管内でアミノ酸に分解された後，吸収される．アミノ酸のうち，体に必要なアミノ酸は，体タンパク質に再構築されるが，不必要なアミノ酸は，直ちに分解される．

魚類での主要なアンモニア生成経路は，トランスデアミネーションである[30]．これは以下に示すように各種トランスアミナーゼ (アミノ基転移酵素) によるアミノ基転移反応の連鎖が，最終的にグルタミン酸の生成に集約し (反応 1)，生じたグルタミン酸がミトコンドリアに存在するグルタミン酸脱水素酵素 (GDH: glutamate dehydrogenase) により，α-ケトグルタル酸とアンモニアに分解される反応である (反応 2)．本書では，このトランスデアミネーションを「GDH と連鎖した脱アミノ化」と呼ぶことにする．

$$\text{各種アミノ酸} + \alpha\text{-ケトグルタル酸}$$
$$\leftarrow \text{グルタミン酸} + \text{ケト酸} \quad (\text{アミノ基転移反応}) \quad (1)$$
$$\text{グルタミン酸} + NAD^+(NADP^+)$$
$$\rightleftarrows \alpha\text{-ケトグルタル酸} + NH_4^+ + NADH + H^+ (NADPH + H^+) \quad (2)$$

ここで注意すべきは，反応 (1)，(2) とも，双方向の反応が可能なことである．そのためにアンモニアが速やかに排出され，α-ケトグルタル酸がクエン酸 (TCA) サイクルに入り，補酵素 NADH (NADPH) が電子伝達系で速やかに酸化されるような条件では，反応 (2) は右に進み，連続的にアンモニアが生成され，それに伴いエネルギー (ATP) が産出される．

これに対して，酸素が十分に供給されずに NADH の酸化が滞り，アンモニアが貯留するような条件では，反応 (2) は左に進み，アンモニアは α-ケトグルタル酸と結合して，グルタミン酸が生成される．また，アンモニアが蓄積する条件では，グルタミン合成酵素 (GS: glutamine synthetase) により，下式の反応 (3) でグルタミンが生成する．このグルタミンは無害であるほかに，グルタミン酸のように電荷をもたないので，細胞膜を通過しやすいアミノ酸である．

$$\text{グルタミン酸} + NH_3 + ATP \longrightarrow \text{グルタミン} + ADP \quad (3)$$

哺乳類のように体内で発生するアンモニア処理を肝臓が一手に引き受ける動物では，各組織で発生するアンモニアは，主として，反応 (3) によりグルタミンに加工されて肝臓まで運ばれている．また，このグルタミンの分解は，グルタミナーゼ (Gase: glutaminase) によって触媒さ

れ (反応 4), アンモニアとグルタミン酸に再分解される.

$$\text{グルタミン} \longrightarrow \text{グルタミン酸} + NH_3 \tag{4}$$

GDH によるアンモニア生成ほど重要ではないが, カツオの筋肉などに多く含まれるヒスチジン (7 章参照) が, ヒスチジンアンモニアリアーゼによってウロカニン酸に分解されると, アンモニアが生成される (反応 5). また, グリシン, リジン, メチオニン, スレオニンなどのアミノ酸は, アミノ酸酸化酵素によっても分解され, アンモニアが生成する. なお, この反応はフラボプロテインを含む複雑な反応であるが, 反応の始まりとその結果のみを記すと, 反応 (6) のようになる.

$$\text{ヒスチジン} \longrightarrow NH_3 + \text{ウロカニン酸} \tag{5}$$

$$\text{アミノ酸} + H_2O + O_2 \longrightarrow \alpha\text{-ケト酸} + NH_3 + H_2O_2 \tag{6}$$

b. プリンヌクレオチドサイクル

激しい運動後に, 筋肉でアンモニアが生成されるが, このアンモニアは ATP の分解によって生じる AMP (アデニル酸) が AMP デアミナーゼによって IMP (イノシン酸) に変わるときに生成される (反応 7). この反応は, これに続く二つの反応 (8), (9) によって, IMP が AMP に再生されるので, これら三つの反応を合わせて, プリンヌクレオチドサイクルと呼ばれている[30]. この反応によって生じるアンモニアは, 乳酸などの生成に伴う細胞の pH の低下を緩和する働きのほかに, 解糖系の酵素, 特に, ホスフォフルクトキナーゼ (PFK: phosphofructokinase) を活性化し, 嫌気状態でのエネルギー産生を促す役割を果たしていると考えられている.

$$AMP + H_2O \longrightarrow IMP + NH_3 \tag{7}$$

$$IMP + GTP + \text{アスパラギン酸} \longrightarrow \text{アデニロコハク酸} + GDP \tag{8}$$

$$\text{アデニロコハク酸} \longrightarrow AMP + \text{フマル酸} \tag{9}$$

2-1-2　排出部位

1 章で述べたように, 鰓は血液と環境水がわずか数 μm の膜を介して接しており, しかも, 環境水が二次鰓弁間を流れる量は, 血液に比べて 10 倍以上も多いので, 鰓は, 単に酸素の取り込みと二酸化炭素

の排出といった呼吸器官としての役割だけでなく，アンモニアなど体に不必要な物質の排出や，生理活動に必要な物質の環境からの取り込みなど，ヒトの腎臓が果たしているような役割も担っている．

魚がアンモニアを鰓から排出していることを最初に明らかにした研究者は，アメリカ，New York 大学のスミス (H.W. Smith；1895～1962) 教授で，ヒトを含めさまざまな動物の腎臓の機能や窒素老廃物の様態について詳細な研究を行い，比較生理学という分野の扉を大きく押し開いた偉大な生理学者の一人である．

スミス (1929) は，魚の尿から排出される窒素老廃物が非常に少ないことを疑問に思い，魚は窒素老廃物を尿以外から排出しているに違いないと考えた．

これを確かめるために，まず，魚 (コイとキンギョ) の頭部 (鰓蓋より前) と，胴・尾部の間を薄いゴム膜で仕切り，L字状のガラス製のカテーテルの一端を尿管に，他端をゴム袋につないで，尿が外に漏れないようにした．そして，こうして分離した各区画の窒素成分を丹念に調べた[31]．

その結果，魚の主要な窒素老廃物は，頭部 (鰓) から排出される多量のアンモニアと少量の尿素で，胴・尾部からの排出はほとんどなかった．また，カテーテルを通じて採取した尿中のアンモニアと尿素も，鰓から排出される量に比べると非常にわずかであった (表 2-1)．

表 2-1 には，スミスによる研究以降になされた，さまざまな魚種の排

表 2-1 真骨魚の鰓および尿からのアンモニアと尿素の各窒素排出速度［各値は 1 kg の魚が絶食下で，1 時間に排出する窒素量 (μmol-N) を示す］．

魚種	環境	鰓 アンモニア-N	鰓 尿素-N	尿 アンモニア-N	尿 尿素-N	文献
コイ	淡水	315 (88)	27 (7)	15 (4)	3 (1)	31
キンギョ	淡水	177 (79)	28 (13)	17 (7)	2 (1)	31
ニジマス	淡水	270 (86)	34 (11)	4 (1)	6 (2)	32
カジカの一種[*1]	海水	337 (63)	28 (4)	118 (20)[*3]	76 (13)[*3]	33
ベラ科の魚[*2]	海水	263 (67)	6 (2)	109 (28)[*3]	12 (3)[*3]	33

[*1] *Cottus bubalis*. [*2] *Crenilabrus melops*.
[*3] 分割容器での胴・尾部の区画から排出された窒素成分．( ) 内は排出窒素の総和に対する %．

出窒素の測定例も示したが,表に示したように他の魚の結果も,基本的にスミスの結果と同じである[32]. ただし,表2-1に示した海水魚の尿中窒素の値は[33],カテーテルを用いて尿を直接測定したのではなく,胴・尾部の区画に排出された窒素を尿として計算したもので,この窒素には皮膚や腸からの排出も含まれる.また,これら海水魚の鰓からのアンモニア排出は,淡水魚に比べて若干,少ないように見えるが,これは海水魚に普遍的に見られる現象ではない.

本書では,6および7章を除いて,アンモニアや尿素などの量的な比較は,表2-1に示すように,全て窒素量 (μmol-N) に変換して行っている. そして,窒素値であるとの明示が必要な場合には,アンモニア-N (アンモニア窒素),尿素-N (尿素窒素) などと記す.

2-1-3 鰓への輸送

アンモニアは非常に毒性が高いので,哺乳類などは,各組織で発生したアンモニアを直接,血液には極力流さず,発生したアンモニアをグルタミンやアラニンに加工してから,血流に乗せて肝臓まで運び,そこで尿素というより毒性の低い物質に変えている.

魚がアンモニアを鰓から排出することは,スミスによって明らかにされたが,それでは,各組織で発生する有毒なアンモニアを,魚はどのように鰓まで輸送しているのだろうか.

この疑問に最初に取り組んだのは,アメリカのゴールドスタイン (L. Goldstein) たちである[34]. ゴールドスタインたちは,魚もヒトと同様,各組織で発生したアンモニアをグルタミンに変えて鰓まで運び,そこでグルタミンを分解して,アンモニアのみを外界に排出するとの作業仮説を立て,海水魚のカジカの一種 (Sculpin) を用いて,この魚の鰓のグルタミン分解酵素,グルタミナーゼ (Gase) の活性を調べた.

すると鰓組織をすり潰して測定した Gase によるグルタミン分解速度は,魚が排出するアンモニアを十分に説明できる値であった.そこで,短絡的に「魚も各組織で生じたアンモニアをグルタミンに変えて鰓に運び,そこで分解して排出する」,とした論文を発表した[34].

しかし,ゴールドスタインたちは,さすがにまずいと思ったのか,こ

の論文を発表してから 3 年後に，鰓に出入りする血流量とそれらのアンモニア濃度の差を測定して，「排出されるアンモニアの 60% は血液中のアンモニア由来で，残りはグルタミンなどのアミノ酸の分解である」と前説を修正する論文を発表した[35]．

 この論文のすでに 1 年前，フランスのペカン (L. Pequin) たちは，コイの鰓に出入りする血液量と，それらのアンモニアやアミノ酸の濃度差を測定して，魚は主に肝臓で「GDH と連鎖した脱アミノ化」により生じたアンモニアを血流に乗せて鰓に運び，排出することを明らかにしている[36,37]．魚はこのように組織で発生したアンモニアを直接，鰓まで運び排出している関係で，魚の血中アンモニア濃度は，ヒトに比べて 20 倍以上も高い．

Box 3　アウグスト・クローグ (August Krogh；1874-1949)

　クローグはデンマーク，Copenhagen 大学の教授で，毛細血管による血液循環の制御機構の解明により，1920 年にノーベル生理学医学賞を受賞した生理学者であるが，他にもカエルの肺と皮膚の呼吸機能の比較など，さまざまな動物の生理機能に関する多くの業績がある．また，クローグは，「生物学上の問題を実験的に解決するうえで，最適な属性をもつ生物を，自然は常に用意している」と信じており，この信念に基づいて，Krogh's principle (クローグの実験原理) と呼ばれる，生物学の実験についての重要な提案をしたことでも有名である．

　これは，生物学の研究では研究目的に最も適した材料 (生物) を選んで実験をしなければならないという原則で，研究の成功の可否は，その研究に最もふさわしいモデル生物を選ぶことができるかどうかに懸かる，とも言い換えることができる．当然，最適なモデルを選ぶためには，さまざまな生物についての情報を幅広く集め，比較する必要があり，生物学での比較研究の重要性を説いた人でもある．言い訳めいているが，このクローグの原則に照らして言えば，私のような変な魚を

2-2　排出機構

さて，次に血液中のアンモニアが，どのようにして鰓から外界へと排出されるのか，そのメカニズムの研究に焦点が絞られた．この問題に最初に挑戦したのは，フランスのメッツ (J. Maetz) たちである．メッツたちは，「淡水魚は，血液中に存在するアンモニウムイオン (NH_4^+) を鰓から外界に排出するが，このとき，環境のナトリウムイオン (Na^+) と交換させながら排出している」という主旨の論文を発表した[38]．この論文の緒言に，「この論文の目的の一つは，27 年前にデンマークの生理学者クローグ (Box 3 参照) が提示した仮説を検証することである」と述べているので，まずクローグの仮説から説明しよう．

対象として研究を行っても，それが思わぬところで，とんでもない発見につながる可能性を秘めているのだ！

　私の研究が，何かの役に立つかどうかはともかく，生物の研究上での最適なモデル生物を選択することの重要性についての最近の例では，細胞の分裂回数を制御するとされるテロメアの塩基配列と，これを伸張させるテロメラーゼを発見したことで，2009 年度のノーベル生理学医学賞を受賞した California 大学のブラックバーン (E.H. Blackburn) たちの研究をあげることができる．ブラックバーンたちは，単細胞のテトラヒメナと呼ばれるゾウリムシの仲間 (原生生物，繊毛虫類) を研究材料に選んだが，テトラヒメナには，細胞に大核と小核という二つの核がある．大核が小核からつくられる際に，小核の染色体が非常に多くの断片となり，その各断片が増幅する一方，それらの両端にテロメアが付着して，細胞当たりのテロメア数が数万にもなる．ヒトの細胞では，細胞当たりのテロメア数が 92 しかないので，テロメアを研究するための材料として，テトラヒメナが，いかにすばらしいかがわかると思う．

2-2-1 クローグの仮説と検証

クローグは，淡水魚を無機イオンの乏しい淡水中で長期間絶食させても，塩分の欠乏症とならずに生存可能なのは，淡水に含まれる微量のNa^+やCl^-を，体のどこかで，吸収していることによるという仮説を立てた．そして，これを検証するために，上記のスミスが行ったのと同様，薄いゴム膜でキンギョを頭部と，胴部に分け，各区画のCl^-量などを調べた．その結果，胴部ではCl^-が増大するが，頭部ではCl^-が減少することを見つけた[39]．クローグは，それまでに明らかとなっていたカエルの皮膚機能から類推して，魚の鰓も，カエルの皮膚と同様に，Cl^-の吸収と連動してNa^+を吸収していると考えた．この論文は1937年に発表されたのだが，メッツたちが，1964年にこれを検証するまで，その真偽は誰もわからなかった．

メッツたちは，クローグの仮説を検証するためにNaとClの放射性同位体を使って，キンギョによるこれらの物質の取り込み速度を測定し，クローグの仮説が基本的に正しいことを明らかにした．

また，Na^+の取り込み速度は外液にアンモニアを加え，魚体からのアンモニア排出を抑えると減少し，反対に硫酸アンモニウムを腹腔に注射して，アンモニア排出速度を増大させると増加したことから，鰓ではNa^+の吸収がNH_4^+の排出と連関して起こると結論している．これと同様な手法を用いて，Cl^-の吸収は呼吸によって生じるHCO_3^-の排出と連関するとした主旨の論文を発表した[38]．

なお，細胞が外界と接する面を粘膜側もしくは頂端部，反対に血液に接するほうを漿膜側あるいは側底部と呼ぶ．メッツたちは，鰓細胞の頂端部でNH_4^+とNa^+の交換が起こると考えている．

その後の研究

その後，クローグやメッツたちの先駆的な研究に対して，さまざまな検討がなされたが，この問題に関しては，今でも，さまざまな議論がなされている．ただし，現在では，メッツらが実験に用いた淡水魚の場合，アンモニアの排出は，メッツたちが考えたようにNH_4^+が直接，鰓から排出されるのではなく，次に述べるようにイオン化しないアン

2-2 排出機構

モニア (NH_3: アンモニアガス) が細胞から排出され，これが細胞外のプロトン (H^+) と結合することによって NH_4^+ になると考えられている．

現在では，メッツたちの時代と異なり，遺伝子 (機能タンパク質) の解析技術が飛躍的に進歩した結果，鰓の頂端部には，Na^+/H^+ 交換輸送体 (NHE)，Cl^-/HCO_3^- 陰イオン交換輸送体 (AE)，Na^+ や Cl^- のイオンチャネル，Na^+/Cl^- 共輸送体，H^+-ATPase などが，側底部には，ナトリウムポンプ (Na^+/K^+-ATPase)，$Na^+/2Cl^-/K^+$ 共輸送体などが存在していることが明らかとなっており，このような鰓に存在する輸送体は，これからもさらに発見されるものと思われる．

鰓からの Na^+ の取り込みは，H^+-ATPase によるプロトンの細胞外へ

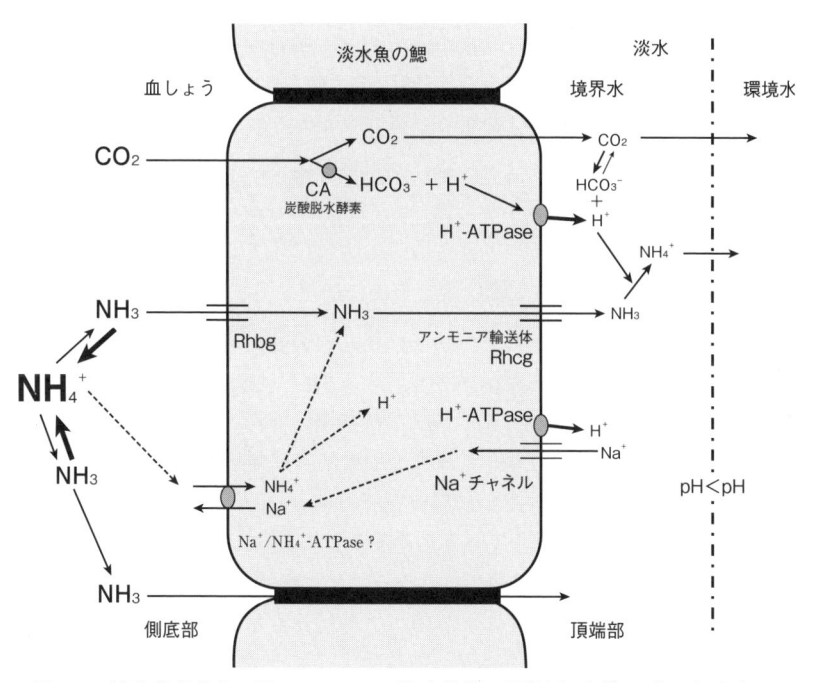

図 2-1 淡水産真骨魚の鰓のアンモニア排出機構の仮想図 (文献 40 を一部改変．Ottawa 大学 P.J. Walsh 教授および JEB の許可を得て掲載)．文字の大きさは各部位の存在量の指標．

の能動的な輸送に伴う細胞内電位の変化が，Na^+を細胞内に引き込む駆動力となって，Na^+がナトリウムイオンチャネルを通って細胞内に取り込まれるという説が有力である．上記したように，メッツたちは鰓細胞，頂端部でのNa^+とNH_4^+の交換によって，Na^+が細胞に取り込まれると考えた．しかし，現在，Na^+とNH_4^+の交換を担うNa^+/NH_4^+-ATPaseはメッツたちの想定と反対の側底部に存在することが示唆されている (図2-1)[40]．淡水魚の鰓の場合，環境からのNa^+の吸収は，メッツたちのようなNa^+とNH_4^+の直接的な交換ではなく，図2-1にその一例を示すように，多くの輸送タンパク質やイオンチャネルなどが複合して働き，その集約された結果がNa^+/NH_4^+の交換のように見えると考えられている．

2-2-2 アンモニアガス (NH_3)

　細胞膜は脂質二重層で構成されており，脂質と親和性のある物質は細胞膜を容易に透過できるが，イオンのような水溶性の物質は，イオンチャネルや各種の輸送体のような輸送タンパク質の介助なしには細胞膜をほとんど通過できない．特に淡水魚の鰓は，海水魚と違って，細胞膜のイオン透過性は非常に低いと言われている．これに対して脂質と親和性のあるアンモニアガスは，細胞膜に対する透過性が高く，特別な輸送体がなくても，細胞膜を自由に通過すると考えられてきた．

　しかし，魚の鰓や皮膚などにアンモニア輸送体が存在し，これがアンモニアの細胞膜の透過に重要な役割を果たしていることが次第に明らかとなってきている．アンモニア輸送体の詳細は後述するが，これから述べることはアンモニア輸送体の有無と直接関係がないか，もしあったとしても現象自体が変わるわけではないので，しばらくはアンモニア輸送体を棚上げして話を進めることにする．

　図2-1には，淡水魚の鰓でのアンモニア排出機構の仮想図を示した．ただし，図には，後述するアンモニア輸送体も示されている．この図に沿って，淡水魚が鰓からどのようにアンモニアガスを排出しているかを見ていこう．

　アンモニアガスは以下の反応によって生じる．

$NH_4^+ \rightleftharpoons NH_3 + H^+$　($pK \fallingdotseq 9.5$, 15℃)

　上式のpKは解離定数であり，pH 9.5 (15℃) において上式が平衡に達し，NH_4^+とNH_3の存在比が1：1となることを意味する．一方，同温度のpH 7.5では，上式の反応は左に傾き，NH_4^+とNH_3の存在比は100：1となる．このように，溶液のpHが上がるほどNH_3が増え，下がるほど少なくなる．

　魚の血液のpHは前章で述べたように通常7.8〜8.0で，ヒト (pH 7.4) よりも高い．高いといっても，このpHでのアンモニアは，圧倒的にNH_4^+として存在するのだが，淡水魚の鰓の場合，細胞膜のイオン透過性は非常に低いが，NH_3の透過性は高く（これにはアンモニア輸送体も関与），細胞と接する外界のNH_3分圧が血液よりも低いと，NH_3は細胞を自由に通過して外界へと拡散する．この場合，血液のpHが高ければ高いほど，また，外界のpHが低いほど，血液と環境とのNH_3分圧差が大きくなるので，NH_3の環境への拡散はより容易となる．

　なお，ニジマスのように胃をもつ魚では，ヒトなどと同様に，食後，胃酸の分泌が促進すると血液がアルカリ性に傾くことが知られている[41]．

2-2-3　境界層の役割

　鰓 (二次鰓弁) の最外層の細胞 (被蓋細胞．図1-2 E参照) と環境水との境界は，鰓から分泌される粘液の混ざった薄い層で覆われている．被蓋細胞の表面には，皮膚 (図1-8 B) と同様，指紋のような微小な隆起 (リッジ) が存在する (図2-2)．この微小な隆起は粘液の混ざった境界層を維持するうえで重要な役割を果たしている．

　魚が分泌する粘液には，被蓋細胞から能動的に分泌されるプロトン (H^+) を含み，粘液の混ざった境界層のpHは，周囲の環境よりも低下する．また，鰓から二酸化炭素 (CO_2) が排出され，それが水に溶けると，やはりH^+が生じる．このように鰓の表層を覆う水のpHは，血液よりも低く保たれ，血液から環境へのNH_3の拡散が滞りなく行われる．また，NH_3は外界に出ると，すぐにH^+と結合してNH_4^+となり細胞内への逆流はできなくなる．

　このようなアンモニア排出における鰓と環境との間に形成される微

小な境界層の意義を明らかにしたのは，カナダ，British Columbia (UBC) 大学のランドール (D.J. Randall) 教授たちのグループである．

後述するように，私はランドール教授たちが，ちょうど，鰓の境界層の問題に取り組んでいたときに，ランドール教授の研究室に約9ヶ月間滞在して，アンモニア排出における鰓境界層の重要性を明らかにする研究に関わった．その研究は魚を強アルカリ環境下に置き，鰓境界層を破壊すると，どのような影響が生じるか，といった内容である．以下の研究は直接，私が関わったものではないが，鰓の境界層の意義を知るうえで重要なので紹介しておく．

薄い水酸化ナトリウム溶液を連続的に注入して，pH 9.5 に維持調節した水道水 (十分通気して塩素を除く) にニジマスを入れると，移行後の数時間は，アンモニアの排出が完全に停止する．その結果，血液のアンモニア濃度は時間経過に伴って上昇し，8時間後には対照 (通常の水道水中の個体) の4倍，24時間後には6倍にもなる．

血中アンモニア濃度が増大すると，当然，血液の NH_3 分圧も増加し，血液と環境との NH_3 分圧差が再構築される．その結果，アンモニア排

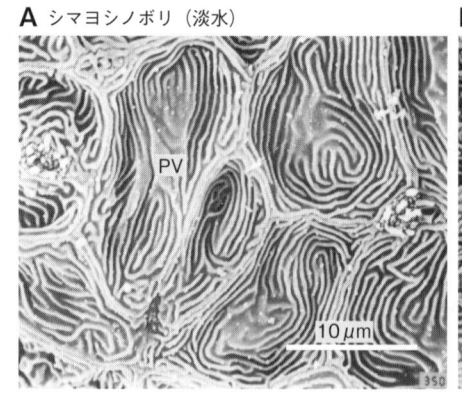

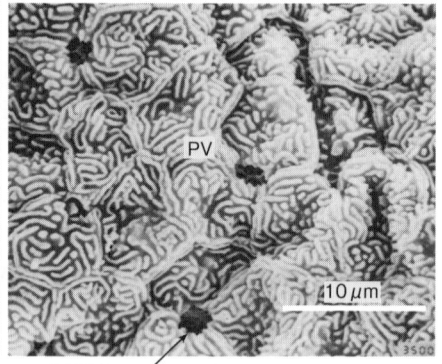

図2-2 シマヨシノボリ (淡水中) およびトビハゼ (50%海水中) の二次鰓弁の走査電顕写真 (著者撮影)．PV: 被蓋細胞 (細胞表面に指紋状のリッジが発達．トビハゼではMR細胞のピットも存在)．

ランドール教授と著者.

出速度は，移行後 48 時間を過ぎると，対照よりやや少ないものの，ほぼ一定のレベルで排出されるまでに回復する[42]．なお，血液の pH は移行 8 時間後には 7.8 (対照) から 7.97 にまで上昇するが，それ以後はあまり変化が見られない．

このようにニジマスを強アルカリ環境に置いて鰓境界層を破壊すると，血液から環境へのアンモニアガスの排出が困難となり，血中アンモニア濃度が増加する．なお，血中アンモニア濃度がこのように増加したニジマスは，鮮やかな体色が消え黒くなる．

2-2-4　海水魚のアンモニア排出

これまで淡水魚について述べてきたが，海水魚ではどうであろうか．図 2-3 には海水魚のアンモニア排出機構の仮想図を示したが[40]，海水魚の場合，淡水魚ほど詳細な研究がなされていないので，将来，変更される可能性がある．海水の pH は約 8 と高く，淡水魚のように鰓の境界層の pH を低く維持するのは困難である．

図 2-4 には，淡水と海水に適応した魚 (チチブ) の鰓弁組織の一部を示したが，図からもわかるように，海水に適応した魚の鰓弁には，大型のミトコンドリアに富んだ細胞，MR 細胞 (塩類細胞) が多数存在し，

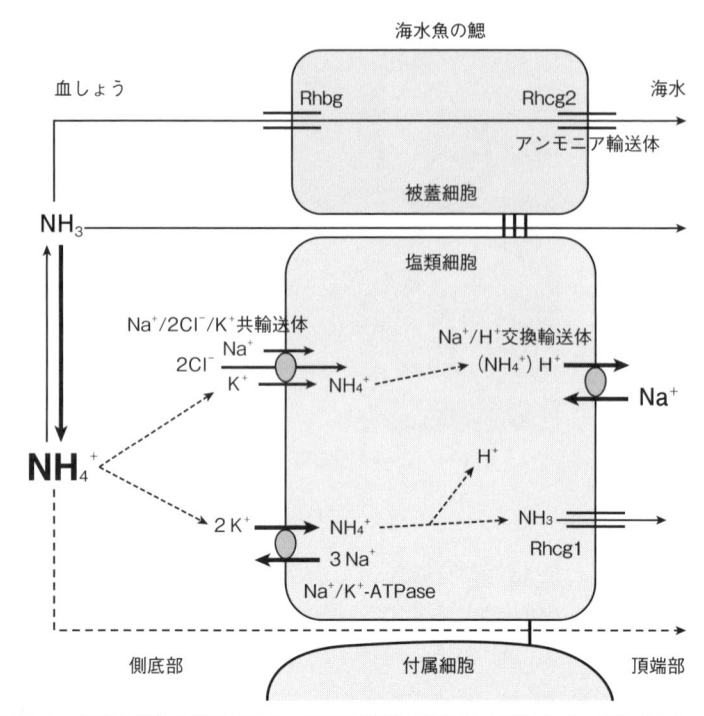

図 2-3 海産真骨魚の鰓のアンモニア排出機構の仮想図 (文献 40 を一部改変. Ottawa 大学 P.J. Walsh 教授および JEB の許可を得て掲載). 各細胞間の太い縦線は, 細胞間の密着度合いの強 (3 本), 弱 (1 本) を示す.

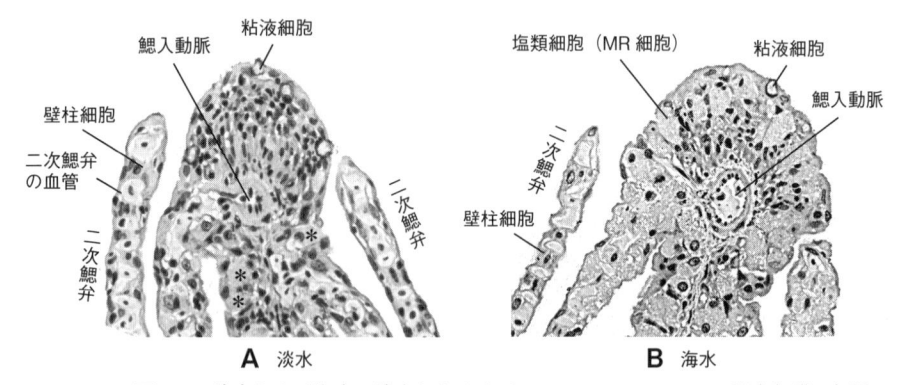

図 2-4 淡水および海水に適応したチチブ (*Tridentiger obscures*) の鰓弁組織 (光顕写真) (著者撮影) [海水に適応した魚の鰓弁には多数の塩類細胞 (灰色) が存在. 淡水に適応した鰓に存在する MR 細胞 (*) とは形状が異なる].

この細胞と，これに隣接する細胞(付属細胞)を通じて，体内に流入する過剰なCl^-とNa^+を排出している．なお，トビハゼなどでは，図2-2のように二次鰓弁にもMR細胞が多数存在するが，これらの細胞が塩類細胞と同じ機能をもつかどうかは不明である．

塩類細胞と付属細胞の結合部は，イオン透過性が高いので[43]，海水魚では，NH_4^+を塩類細胞と付属細胞の結合部から外界へ排出している(図2-3)．塩類細胞では，Na^+/K^+-ATPaseや$Na^+/2Cl^-/K^+$共輸送体などが側底部に存在するが，NH_4^+はイオンの大きさがK^+と類似する関係で，K^+に紛れて細胞内に取り込まれ，取り込まれたNH_4^+は，頂端部に存在するNa^+/H^+交換輸送体(NHE)により，H^+の代替として細胞外に放出されるというルートがある．しかし，後述するオオトビハゼなどのような特殊な場合を除き，このルートによるアンモニア排出はわずかであると考えられている．

これに対して海水魚の場合でも，アンモニア排出の多くは，鰓表面の90%以上を覆う被蓋細胞からのアンモニアガスの拡散で，これにはアンモニア輸送体が重要な役割を果たすと考えられている[40]．

2-2-5　アンモニア輸送体(Rhタンパク質)

アンモニアガスは細胞膜を透過しやすく，魚は血液と環境とのアンモニアガス分圧の差異を利用して，アンモニアを排出していると述べてきた．今から10年ほど前なら，このような説明で良かったのだが，2005年頃から魚の鰓，赤血球，腎臓などに，アンモニア輸送体が存在し，この輸送タンパク質がアンモニアの輸送に重要な役割を果たすことが次第に明らかとなってきた．

真核生物では，まず，最初にベルギー，Bruxelles大学のマリーニ(Ann Marie Marini)たちによって，酵母のアンモニア/メチルアミン(アンモニアのアナローグ)の吸収・排出に関与する遺伝子(*MEP*遺伝子)の塩基配列が決定され，この*MEP*遺伝子は，細菌から植物，動物まで広く分布していることが明らかとなった[44]．

マリーニたちは，この遺伝子の塩基配列が，ヒトの赤血球に存在するRhタンパク質をコードする遺伝子(*RhAG*遺伝子)に類似すること

から，*MEP* 遺伝子欠損酵母 (アンモニアの細胞内への取り込みや，取り込んだメチルアミンを細胞外に排出できない) に，ヒトの *RhAG* 遺伝子を組み込み発現させた．

その結果，ヒトの *RhAG* 遺伝子を導入した遺伝子欠損酵母は，アンモニアの取り込みや，メチルアミンの排出機能を回復したことから，ヒト RhAG は，アンモニア輸送体としての機能をもつことが明らかとなった[45]．なお，マリーニたちは，ヒト腎臓などに存在する RhCG (Box 4 参照) についても実験を行い，同様な結果を得ている．

a. 魚類のアンモニア輸送体

2005 年頃からは魚類についても，*Rh* 遺伝子の探索が開始され，魚類にもヒトと相同な *Rhag*, *Rhbg*, *Rhcg*, *Rh30* (ヒト以外は小文字で記すことが慣例となっている) 遺伝子が存在し，*Rhag* はやはり赤血球に，*Rhbg* と *Rhcg* 遺伝子は鰓，皮膚，腎臓，筋肉，肝臓，脳などあらゆる組織に発現していることがわかってきた[40,46]．また，Rhbg と Rhcg タン

Box 4　Rh タンパク質

ヒトのレーソスタンパク質 (Rhesus protein) は，Rh 血液型 (Rh$^+$, Rh$^-$) の基となるタンパク質のファミリーである．Rh タンパク質には RhAG に加えて，RhBG, RhCG, RhCE, RhD の同族タンパク質が存在する．このうち RhAG, RhCE, RhD は赤血球に存在し，三者は赤血球の膜上で複合体を形成している．RhD は，Rh 血液型の Rh 抗原の形成に関わるタンパク質である．これ以外の Rh の同族タンパク質は，ヒトのさまざまな組織に存在することが明らかとなっている．ここで RhAG, RhBG, RhCG の「G」は糖の意で，これらは糖が結合した糖タンパク質であることを示している．一方，Rh 血液型に関わる RhCE と RhD には糖が結合していない．

哺乳類の Rh 糖タンパク質の機能については，これまで (1) アンモニアガスの輸送，(2) NH_4^+ の輸送，(3) NH_4^+/H^+ の交換輸送，(4) CO_2 の輸送などの説が出されており，まだ完全に解明されているわけではない．

パク質の細胞内の局在については，Rhbg が主として側底部に，Rhcg が頂端部に存在するとされている[46]．魚には，このほかに Rh30 と呼ばれる Rh タンパク質が存在する．Rh30 はヒトの RhD，RhCE と同様，糖と結合していないタンパク質で，赤血球の膜に Rhag と複合体を形成して存在している．なお，Rh30 の「30」はタンパク質の質量を表す単位，キロダルトン値を示している．

魚類の Rh タンパク質についての研究は，これまで，ゼブラフィッシュ (*Danio reio*)，ニジマス，フグ (*Takifugu rubripes*)，マングローブメダカなどで行われてきた[40,46]．

b. アンモニア輸送体遺伝子のノックダウン

ゼブラフィッシュは，キンギョなどと同じくコイ科の魚で，成魚の体長は 5 cm ほどの小さな魚である．この魚は飼育・繁殖が容易であるうえに，全ゲノムの塩基配列が解明されているので，さまざまな遺伝子操作が行いやすく，モデル生物としてさまざまな実験に利用されている．

鰓がまだ未分化なゼブラフィッシュの仔魚では，アンモニアの排出やイオンの吸収・分泌などが複雑な鰓組織ではなく，皮膚に広がるさまざまなタイプの細胞を通して行われるために，それらの細胞の機能を解析するための絶好の材料となる．

この仔魚の Rh タンパク質の機能を明らかにするために，*Rhag*，*Rhbg*，*Rhcg* の各遺伝子の働きを一時的に停止 (ノックダウン．Box 5 参照) させると，いずれの遺伝子をノックダウンしても，仔魚のアンモニア排出速度が，正常仔魚に比べて 50% 減少する．

この結果から，各 Rh タンパク質が独立して機能するのではなく，互いに連関し合って働いており，一つの Rh タンパク質が欠如すると，全体が機能不全に陥るのではないかと考えられている[47]．この説が正しいとすると，仔魚から排出されるアンモニアの約 50% は，アンモニア輸送体の介在した排出で，残りは単純拡散によることになる．

同様な結果は，培養されたニジマスの鰓細胞から作製した人工鰓上皮を用いた実験からも報告されている．このニジマスの実験では，アンモニア排出の 56% は輸送体を介さない単純拡散で，残りがアンモニア輸送体を介した促進拡散であると算出されている[48]．

これら二つの実験は，魚種も実験方法も全く違うので，両者の値の類似性に意味があるとは思えないが，細胞からのアンモニア排出の全てが輸送体を介して行われるのではなく，かなりの部分は，以前から考えられてきたような単純拡散であることを示している．

c. アンモニア輸送体と境界層

ニジマスを高アンモニア環境下に置き，アンモニア排出を抑制すると，鰓細胞，特に被蓋細胞の *Rhbg* と *Rhcg* 各遺伝子 (mRNA) (Box 5

Box 5　遺伝子の発現

　方丈記に「ゆく河の流れは絶えずして，しかも，もとの水にあらず．よどみに浮ぶうたかたは，かつ消え，かつ結びて，久しくとどまりたる例なし」とあるが，細胞を構成するタンパク質もまたかくのごとしで，タンパク質は絶えず分解され，絶えず合成されている．この合成のたびに，DNA上の遺伝子情報が読み取られるが，DNAに存在する遺伝子の全てが常に働いているわけではない．細胞が生命活動を維持するうえで必要不可欠な遺伝情報は，もちろん常に作動しており，このような遺伝子はハウスキーピング遺伝子と呼ばれている．これに対して，急激な環境悪化などに伴い緊急出動する遺伝子もある．いずれの場合にしても，遺伝子が働くときには，DNA上の特定の情報が，転写というプロセスにより mRNA に写し取られた後，核外に出る．そして小胞体で mRNA の情報が翻訳され，目的とする機能をもったタンパク質が合成される．このように DNA 上の遺伝情報に基づき mRNA が生じることを mRNA の発現，もしくは遺伝子の発現と呼ぶ．

　mRNA はその役割を終えると直ちに分解されるので，特定のタンパク質が新たに多量に必要なときには転写される mRNA 量も増えることになる．ある細胞 (組織) で，特定の遺伝情報 (例えば *Rhcg*) を担ったmRNA 量 (Rhcg mRNA) の増減を測定できれば，細胞がその時点で，Rhcg を必要としているかどうかが判定できる．

　mRNA 量の測定は，特定の mRNA の絶対量を測定するノーザン法 (ノーザンハイブリダイゼーション) と呼ばれる方法と，ハウスキーピ

参照) の発現が急増する．このとき，鰓の Na^+/K^+-ATPase，炭酸脱水酵素 (CA)，H^+-ATPase (細胞から能動的にプロトンを排出する酵素) の各遺伝子の発現量を調べると，*H^+-ATPase* 遺伝子の発現のみが，対照に比べて顕著な増大を示す[49,50]．また，ゼブラフィッシュ仔魚のアンモニア排出を抑制する効果は，*H^+-ATPase* 遺伝子をノックダウンするほうが，*Rhcg* 遺伝子をノックダウンするよりも約2倍も大きかった[51]．

このニジマスとゼブラフィッシュでの実験結果は，アンモニア排出

ングな遺伝子の mRNA 量と，調べようとする遺伝子の mRNA 量との相対値から mRNA の増減を見る方法がある．この方法では，RT-PCR により微量の mRNA (実際は cDNA) を増幅させてから測定する場合が多いが，この方法による測定は簡便で優れた機器が開発されたので，ほとんどの研究はこの手法により mRNA 量が測定されている．なお，RT-PCR とは reverse transcription polymerase chain reaction の略で，mRNA を細胞 (組織) から抽出した後，逆転写酵素を用いて不安定な mRNA を安定な cDNA (cDNA：相補的 DNA) に変える．その後，目的とする遺伝子の cDNA とその比較の対象となるハウスキーピングな遺伝子の cDNA を PCR によって同時に増幅させ，その濃度の相対値から mRNA 量を求める．

　標的となる遺伝子の mRNA に相補的に結合し，それを破壊するように設計された二本鎖 RNA を細胞に入れたり (RNA 干渉)，標的とする mRNA に選択的に結合する特殊な物質 (モルフォリノオリゴ) を合成し，これを細胞に入れて mRNA のタンパク質への翻訳を阻止したりして，特定の遺伝子の発現を極端に減少させることを「遺伝子ノックダウン」と呼ぶ．この操作により，特定の遺伝子 (タンパク質) の役割を詳しく調べることができる．ただし，この操作では「遺伝子ノックアウト」と違って，遺伝子の機能を一時的に減衰させることはできても完全に失わせることはできない．

にとって，上記した細胞と環境との境界層のpHの低下，すなわち細胞内外のアンモニアガス濃度の較差がアンモニア輸送体の存在の有無にかかわらず重要であることを物語っている．

　魚の赤血球内のアンモニア濃度は，血しょうに比べて3〜4倍，常に高いことが知られている．特に，摂餌後の血液のpHの上昇に伴ってアンモニアガス(NH_3)が増加すると，赤血球内へのアンモニアの拡散が促進され，赤血球内に存在するアンモニアは，全血液に含まれるアンモニアの60〜80％も占めるようになる[52]．

　赤血球は呼吸機能とともに，肝臓や筋肉などの組織で発生したアンモニアを受け取って鰓へと運び，そこで荷を降ろすといったアンモニア運搬機能を担っていることが指摘されている[52]．この赤血球のアンモニア運搬機能に赤血球の膜上に存在するRhagが重要な役割を果たしていることが考えられる．

　これまで赤血球によるアンモニア運搬機能が，あまり注目されてこなかったが，今後，Rhag機能がさらに解明されるにつれて，魚類によるアンモニア排出の重要な機構としてクローズアップされると思われる．

窒素老廃物の処理―尿素

　タンパク質の異化に伴い生じるアンモニアは有毒なので，直ちに外界に排出できなければ何らかの方法で，より毒性の低い物質に変化させる必要がある．魚類のなかでも，軟骨魚と肉鰭類のハイギョとシーラカンスは，両生類や哺乳類と同様，尿素を生成する能力の高いことが古くからよく知られている．この章では，これらの魚が有毒なアンモニアの処理手段として，どのように尿素を生成し，排出しているかを見ていくことにする．

3-1　尿素生成経路

　魚類の尿素合成についての具体的な話に入る前に，まず尿素生成の経路についての概略を述べておく．魚類による尿素生成には以下A～Cの3経路がある(図3-1)．

A. 尿素サイクル

　このサイクルは両生類・哺乳類で発達している経路で，次の5酵素からなる．（1）カルバモイルリン酸合成酵素 (CPS：carbamoylphosphate synthetase)．（2）オルニチンカルバモイルトランスフェラーゼ (OCT：ornithine carbamoyl transferase)．（3）アルギニノコハク酸合成酵素 (ASS：argininosuccinate synthetase)．（4）アルギニノコハク酸リアーゼ (ASL：argininosuccinate lyase)．（5）アルギナーゼ (ARG：arginase)．

```
                                    図（略）
```

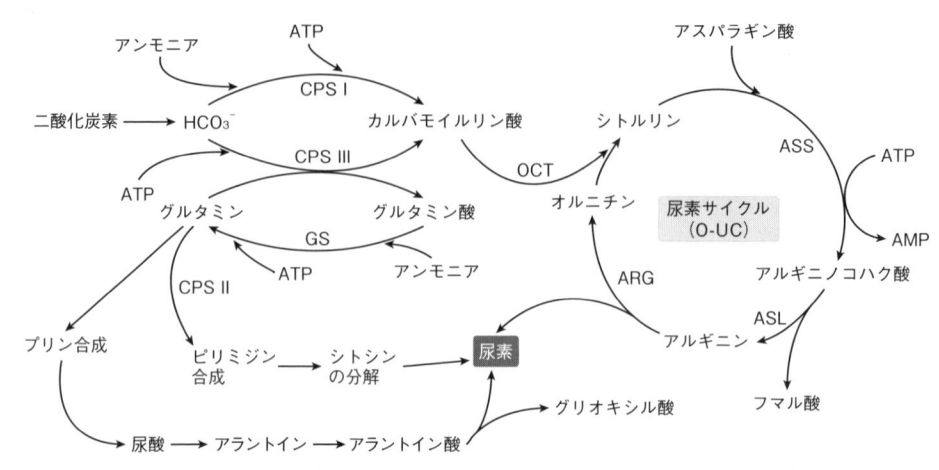

CPS：カルバモイルリン酸合成酵素.   GS：グルタミン合成酵素.
OCT：オルニチンカルバモイルトランスフェラーゼ. ASS：アルギニノコハク酸合成酵素.
ASL：アルギニノコハク酸リアーゼ.   ARG：アルギナーゼ.

図 3-1 尿素生成の諸経路.

　このうち，(1) CPS は (2) OCT と連動して尿素の合成速度を調節する役割を果たしており，これらの酵素は，ともにミトコンドリアに存在する．

　この経路は一回転ごとに尿素が生成されるので，尿素サイクルと呼ばれている．しかし，サイクルをその本来の意味の循環と捉えると，循環しているのはオルニチンであり，尿素ではない．したがって，オルニチンサイクルもしくはオルニチン-尿素サイクルがこの経路の正確な名称である．本書では，この経路の名称として，一般に広く知られている「尿素サイクル」を用い，これを略記するときには O-UC (ornithine-urea cycle) を用いることにする．

B. アルギニンの分解
　食物もしくは自己のタンパク質に含まれるアルギニンがアルギナーゼにより分解され，尿素とオルニチンができる．

C. プリン塩基の分解
　(1) ウリカーゼ，(2) アラントイナーゼ，(3) アラントイカーゼの3酵素により尿酸が尿素にまで分解される (図 3-2)．ただし，このうち

3-1 尿素生成経路

(1)の酵素は鳥類や，尿酸排出性の爬虫類および昆虫には欠如している．哺乳類では，霊長類のみがこの酵素を欠き，このためにヒトでは痛風という尿酸が抹消の関節などに蓄積する病気が発生するが，なぜか成人男性に多い．

　魚類では，一般にO-UCを用いて尿素を合成し，それを主たる窒素老廃物とするものは少なく，尿素の多くは，上記のBとCのルートを経て生成されたものである．特に，真骨魚では，4章で述べるようにO-UCにより尿素を合成できる魚は数種しか知られていない．これに対して，

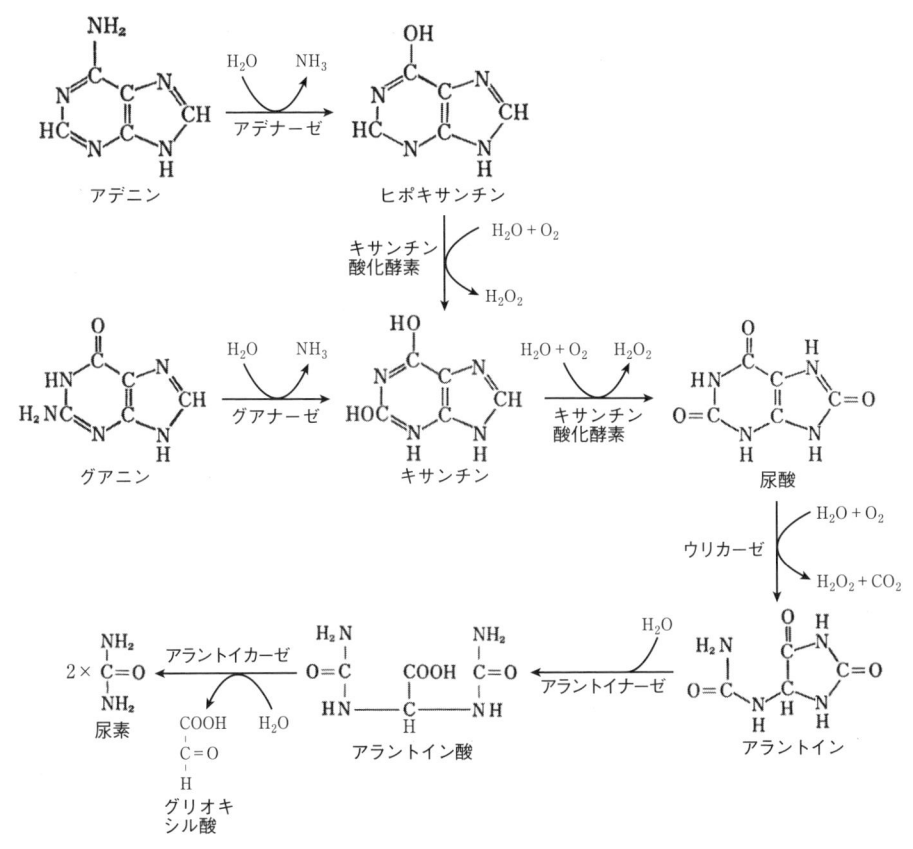

図 3-2 プリンの分解経路．

軟骨魚や硬骨魚のハイギョとシーラカンスでは，O-UC を通じて尿素を合成する高い機能を備えている．まずは，軟骨魚から見ていこう．

3-2 軟骨魚

魚類の窒素代謝について数多くの先駆的研究を行ったスミスは，サメがその組織中に多量の尿素 (体重の約 2%) を蓄積しており，この尿素はサメの細胞内浸透調節物質 (オズモライト) として，重要な役割を果たしていることを 1930 年代に，すでに明らかにしている[53]．尿素のオズモライトとしての役割の詳細は 6 章で述べるので，ここでは尿素合成と，その排出に絞って話を進めることにする．

3-2-1 カルバモイルリン酸合成酵素 (CPS) の特性

軟骨魚が体内に保持する尿素が O-UC を経て合成されることは 1960 年代に判明している[54]．しかし，軟骨魚の尿素合成の詳細が明らかとなるのは，アメリカ，Minessota 大学のアンダーソン (P. Anderson) による詳細な分析が始まる 1980 年代以降である．

アンダーソンは，アブラツノザメ (*Squalus acanthias*) の肝臓の O-UC 酵素 (彼はサメに先立って，真骨魚のオオクチバスの肝臓の O-UC 酵素を分析している)，特に，尿素合成速度を制御するうえで，最も重要

ミネソタ大学　アンダーソン教授．

表 3-1 カルバモイルリン酸合成酵素 (CPS) の種類.

酵素の特性	CPS I	CPS III	CPS II
基質 (窒素源)	アンモニア	グルタミン	グルタミン
N-AGA[*1] 要求性	あり	あり	なし
UTP[*2] による阻害	なし	なし	あり
最終代謝産物	尿素	尿素	ピリミジン
細胞内局在	ミトコンドリア	ミトコンドリア	細胞質
臓器特異性	肝臓, 腸	肝臓, 筋肉など	組織全般
分布	哺乳類, 両生類, ハイギョなど	軟骨魚, 真骨魚, シーラカンスなど	生物全般

[*1] N-AGA: N-アセチルグルタミン酸.　　[*2] UTP: ウリジン三リン酸.

な役割を果たす酵素,カルバモイルリン酸合成酵素 (CPS) の生化学的な特性について詳細な分析を行った[55]. その結果, 興味深いことに, サメやオオクチバスがもつ CPS は, アンダーソンが分析を始める 10 年ほど前に明らかとなっていた南米などに生息し, 大きくなると殻長が 10 cm にもなるカタツムリ (有肺類) の仲間 (*Strophocheilus oblongus*) の中腸腺から得られた CPS III と基本的に同じ性質をもっていることが判明した[55].

これまでの研究で CPS には, 表 3-1 に示したような 3 タイプが存在することが明らかにされている. まず, ハイギョ, 両生類, 哺乳類などの肝臓に存在する CPS I は, アンモニアを基質とするのに対して, サメなど魚類の CPS III は, グルタミンを基質としてカルバモイルリン酸を合成する. どちらの酵素もミトコンドリアに存在し, 反応には正の調節因子として, N-アセチルグルタミン酸 (N-AGA) を必要とする共通点をもつ. これに対して, 細胞質に存在し動植物界に広く分布する CPS II は, CPS III と同様, グルタミンを基質とするが, 反応に N-AGA を必要としない.

CPS II と CPS III のグルタミン結合部位のアミノ酸配列 (約 15 個のアミノ酸) には, 動物の種類を問わず共通して, システインとグルタミンが配位している. これに対して CPS I では, このシステインと同部位の配列がセリンに, グルタミン部位がロイシンもしくはグルタミン酸に置換しており, CPS III と CPS I の基質に対する選択性の違いは, これらのアミノ酸配列の変化によって生じたと考えられている[56]. ただし, 生物

には例外がつきもので，ウシガエル (*Rana catesbiana*) の CPS I では，システイン部位の置換が生じていないにもかかわらず，CPS I の性質を保持し，グルタミンとは反応しない．一方，4 章で述べるマガディティラピアの CPS III では，グルタミン部位が CPS I と同様，ロイシンに置換しており，アンモニアに対しても高い反応性を示す[56]．

CPS II は CPS I や III と同様に，カルバモイルリン酸を合成する酵素であるが，この酵素により生成されたカルバモイルリン酸は尿素でなく，ピリミジンの合成に用いられる．また，この CPS II による反応は，その最終産物であるウリジン三リン酸 (UTP) によって著しく阻害される．しかし，CPS I と III は UTP による阻害を受けない．

CPS II と，CPS I および III が，それぞれ細胞質とミトコンドリアに分かれて存在するのは，生成されたカルバモイルリン酸の奪い合いを防ぐためと，尿素のように多量の合成を必要とする経路と少しの合成で十分なピリミジン合成経路の分離，いわば高速道路と，一般道を分離するためであると考えられている．実際，この分離が不十分なため，多量のピリミジンが合成され，その代謝産物が多量に蓄積する，先天的な病気が知られている．

3-2-2 グルタミン合成酵素 (GS)

サメのように CPS III を用いて尿素を合成する動物では，CPS III にグルタミンを供給するグルタミン合成酵素 (GS) も，尿素の生成を制御するうえで重要な役割を果たしている．サメでは，この GS が CPS III とともにミトコンドリア内に存在するが，そのほかにサイクルの最終段階に位置する酵素，アルギナーゼ (ARG) もミトコンドリアに存在している．

強力な GS を肝細胞のミトコンドリアにもつのは鳥類で，この意味でサメは鳥類に似る．しかし，鳥類では強力な GS によりアンモニアを捕捉し，生じたグルタミンを起点として尿酸を合成するのに対し，サメではグルタミンから尿素を合成している．一方，両生類や哺乳類は，肝細胞のミトコンドリアに強力な CPS I をもち，これがアンモニアを捕捉し，生じたカルバモイルリン酸を起点として尿素を合成する．これらの

動物のGSあるいはCPS I は，いずれもミトコンドリアに局在する酵素で，アンモニアを捕捉し，最終代謝産物の起点となる点で相同な機能を担う酵素と言える．

サメに限らず，CPS III を用いて尿素合成を行う動物にとっては，CPS III とともにGSがO-UCのアクセル(律速酵素)に相当すると言われており，尿素の合成速度は，これらの酵素の活性と連動して大きく変化する．

両生類・哺乳類の肝細胞のアルギナーゼは，細胞質に存在しており，アルギニンを分解して生じたオルニチンはミトコンドリア内に輸送されて尿素サイクルに戻される．しかし，サメの場合，細胞質で生成したアルギニンはミトコンドリア内に輸送され，そこでオルニチンと尿素に分解され，尿素がミトコンドリアの外に出されることになる．現在のところ，なぜ，サメがミトコンドリアにアルギナーゼをもつのか，その意義については不明である．

3-2-3 筋肉での尿素合成

1980年代にはO-UC酵素の研究は魚類においても，哺乳類などと同様，もっぱら肝臓を用いて行われてきた．しかし，最近，アブラツノザメの筋肉のCPS III 活性($0.8\,\mu\mathrm{mol/min/g}$)は，肝臓の約2倍も高いことが報告されている[57]．しかも，筋肉のO-UC酵素，CPS III，OCT，ARGは，ともに食後，これらの活性が有意に増大する．しかし，筋肉のGS活性は低く，食後も活性は増大しない．

これらの結果から，筋肉単独で尿素を合成している可能性もあるが，後述するように，サメ類はアンモニアを体から漏らさないようグルタミンに捕捉する機構を体の各部にもつと考えられている．そのために，鰓など各部で合成されたグルタミンが筋肉に運ばれ，尿素を合成するといった複数の臓器にまたがるサイクルが作動している可能性が高い．いずれにしても，筋肉組織の体に占める割合は，肝臓に比べてはるかに大きいので，筋肉がサメの重要な尿素合成部位であることは確かであろう．

3-2-4　窒素排出様式と排出部位

軟骨魚の鰓の尿素透過性が著しく低いこと，また，尿素合成には，多くのエネルギー (尿素 1 分子につき 4 分子の ATP) が必要なことから，軟骨魚が排出する窒素は，高コストの尿素ではなく安価なアンモニアであるとか，いや，やはり多量に存在する尿素であるとか，これまでいろいろと議論されてきた．

しかし，McMaster 大学 (カナダ) のウッド (C.M. Wood) 教授たちが[58]，アブラツノザメを用いて，窒素排出物の精密な測定を行ったところ，排出された窒素の 95% は尿素で，アンモニアは 5% ほどにすぎなかった (表 3-2)．この結果から，サメは尿素排出性動物であることが確実となった．また，この尿素とアンモニアの排出部位はともに鰓で，腎臓からの排出は非常に少ない．

アブラツノザメの血中アンモニア濃度は，海産真骨魚とほぼ同レベル ($80\,\mu$mol-N) であるにもかかわらず，サメのアンモニア排出は，表 2-1 に示した真骨魚に比べて極端に少ない．この理由をウッドたちは，サメにとって尿素は浸透調節のために貴重なので，その窒素の原料となるアンモニアを容易に流出させないように，鰓など魚体の各部でアンモニアをグルタミンに捕捉したり，あるいは後述する尿素の「戻し輸送」のような仕組みで，アンモニアを厳密に管理していると考えている[58]．

上記のウッドたちの測定は，胎生のアブラツノザメを用いた結果であるが，表 3-2 に示すように，卵生のトラザメでも，排出される窒素の 95% は尿素で，アンモニアの排出はごく少量である[59]．ただし，海産軟骨魚の全てのアンモニアの排出割合が，このように極端に少ないわけではなく，ガンギエイのアンモニア排出速度は[32]，アブラツノザメやトラザメに比べてやや多い (表 3-2)．

ガンギエイのようにアンモニア管理の若干，甘い種も存在するようだが，海産軟骨魚は，タンパク質の老廃物であり，廃棄すべきアンモニアを，可能な限り体内に保持する仕組みを発達させ，それを尿素合成に振り向けることで尿素の高い生成レベルを維持しており，この徹底し

表 3-2 軟骨魚の鰓および尿からのアンモニアと尿素の各窒素排出速度［各値は 1 kg の魚が絶食下で，1 時間に排出する窒素量 (μmol-N) を示す］．

魚種	環境	n^{*1}	鰓 アンモニア-N	鰓 尿素-N	鰓 尿素(%)^{*2}	尿 アンモニア-N	尿 尿素-N	文献
アブラツノザメ	海水	46	28 ± 5	549 ± 31	95	0.06 ± 0.01	26 ± 6	58
トラザメ	海水	16	25 ± 4	528 ± 37	95	–	–	59
ガンギエイの一種^{*3}	海水	–	111	454	80	–	24	32
アジア淡水エイ^{*4}	淡水	3	233 ± 25	198 ± 8	46	–	–	60
	57%海水	3	58 ± 4	275 ± 33	83	–	–	60
南米淡水エイ^{*5}	淡水	–	981	<70	7	–	<30	32

*1　n は測定個体数．
*2　尿素-N の排出割合［尿素-N/(アンモニア-N + 尿素-N) × 100］．
*3　*Raja ernacea*.　　*4　*Himantura signifer*.　　*5　*Potamotrygon* sp.

た廃棄物の有効利用は，見事というほかはない．

　海産軟骨魚と違って，淡水域に生息する南米淡水エイやアジア淡水エイ (6 章参照) は，アンモニア排出性である (表 3-2)．南米淡水エイは尿素合成能を完全に失っているが[32]，アジア淡水エイでは O-UC 機能を保持している．アジア淡水エイの淡水中での尿素-N の排出割合は，アンモニア-N よりもやや低いが，エイが耐えうる限界に近い 57%海水 (20‰) に移すと，肝臓の CPS III や GS などの活性が増大し，これに伴ってアンモニア排出が激減して，尿素排出性へと変わる (表 3-2)[60]．

3-2-5　尿素輸送体

　前章のアンモニア輸送体の項でも述べたように，アンモニア，尿素，水といった小さな分子は，かつては細胞膜を自由に透過できると考えられてきた．しかし，これら小さな分子もそれぞれの輸送を介助するタンパク質が存在することが明らかとなってきている．その先鞭をつけたのが，ウサギの腎髄質，集合管に存在する尿素輸送体 (urea transporter ; UT-A2) の発見である[61]．尿素輸送体に関しては，その後，哺乳類には，UT-A1〜6 および UT-B と名付けられた同族の輸送体が存在することが発見されている．

　魚類の尿素輸送体は，アブラツノザメの腎臓から最初にクローニングされ，このサメの輸送体 shUT (shark から命名) は，ラット UT-A2 の

塩基配列と66％の相同性をもつ[62]. また，このshUTは腎臓のほかに脳にも発現するが，鰓，肝臓，腸などの組織では，shUTよりも異なる分子サイズのUTが発現している.

軟骨魚では，300〜600 mMもの高濃度の尿素を体内に維持するために，尿素の大部分を腎臓で再吸収し，尿からの漏れを少なくする一方，尿素の鰓での透過性をニジマスの1/100以下と著しく低くしている. サメの腎臓の集合管の終末部にはshUTが集中して発現しており，これが尿素を尿から回収するのに重要な役割を果たすと考えられている[63].

鰓での尿素透過性を低くする機構に関しては，鰓細胞の側底部に，細胞内と外のナトリウムイオン勾配を駆動力とするNa^+と尿素の交換輸送体が存在しており，これにより尿素を細胞内から血液に回収している(back-transport, 戻し輸送). この結果，環境と直接接する細胞内の尿素濃度が低下し，細胞から環境への尿素の漏れを少なくしている.

この能動的な尿素輸送系は，尿素輸送体の阻害剤であるフロレチン(phloretin)により阻害されるほかに，Na^+/K^+-ATPase (ナトリウムポンプ)の阻害剤であるウワバイン(ouabain)によっても阻害を受けるので，図3-3に示すように，尿素輸送体とナトリウムポンプが共役して，能動的な尿素輸送を行っていると考えられている[64].

これに加えて，鰓細胞の側底部の細胞膜を構築する脂質二重層には，

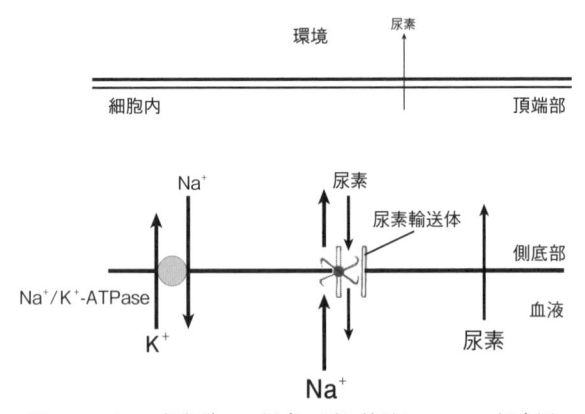

図3-3 サメの鰓細胞での尿素の戻し輸送についての概念図.

多量のコレステロールが存在しており，これが細胞膜の流動性を低下させ，尿素透過性を低下させると考えられている[64]．ただし，鰓細胞の頂端部に UT はなく，この部位の尿素透過性は，側底部よりもさらに低い[65]．

3-3 硬骨魚；シーラカンスとハイギョ

3-3-1 シーラカンス

1966 年，アメリカ，Yale 大学に届いた冷凍されたシーラカンス (*Latimeria chalmunae* Smith 1939) を用いて，グレース・エビリン・ピックフォード (G.E. Picford) 教授は，さまざまな組織の分析を行い，シーラカンスはサメと同様，多量の尿素を組織中に蓄積していることを発見した[66]．また，肝臓は，4 章で述べる脊椎動物の尿素合成の進化に関する研究を行った Wisconsin 大学のブラウン (G.W. Brown) 教授のもとに送られ，O-UC 酵素活性が調べられた．その結果，シーラカンスが，サメと同様に O-UC を経由して尿素を合成している魚であることが判明した[67]．

南アフリカの自然史博物館の学芸員であったマージョリー　コートネイ・ラティマー (M.C. Latimer) は，1938 年 12 月 22 日，南アフリカの小さな漁港で偶然，漁師に捕獲された奇妙な魚に出会い，それが学術上，貴重な価値をもつことに気づいた (これに因み，シーラカンスの属名にラティマーの名が冠せられている)．

また，1966 年 5 月 30 日には，捕獲数も少なく，現地の冷凍設備も十分でない時代に，生理的研究も可能な冷凍個体がピックフォード教授のもとで，傷むことなく解凍された．シーラカンスを巡るこれらの奇跡と言えるような出来事が，ともに女性科学者のうえに舞い降りたことに何か因縁めいたものを感じる．

その後，シーラカンスの O-UC 酵素の鍵酵素，CPS はサメと同様に CPS III であること，それに対してハイギョは，ヒトと同様な CPS I をもつことが明らかにされた[68]．シーラカンスが発見された当初，シーラカンスは両生類に最も近い魚類であると考えられたが，ミトコンドリア

DNAの分析や上記のCPSのタイプから，現存する魚類のなかでは，シーラカンスよりハイギョのほうが系統的に四肢動物に近いと考えられるようになっている[69]．

コモロ諸島で日本学術隊が捕獲したシーラカンスの筋肉の一部を東京大学，田之倉教授から分与していただき，私たちがそのO-UC酵素活性を調べたところ，CPS IIIをはじめ，全てのO-UC酵素活性が検出されたので，シーラカンスもサメと同様に筋肉が，主要な尿素合成部位である可能性が高い．

3-3-2 ハイギョ

肺魚類(Dipnoi)は4億年前に出現し，2億年ほど前には，南半球に存在していた超大陸(ゴンドワナ大陸)の内陸部の淡水域で，現在と似たような生活を行っていたと言われている．そして，白亜紀に起こる大陸移動により超大陸が分割された結果，肺魚類はアフリカ，南米およびオーストラリア，各大陸に分布するようになり，現在，Protopterus, LepidosirenおよびNeo (Epi) ceratodusの3科のハイギョがこれらの大陸にそれぞれ分かれて生息している．

このうち，オーストラリア産ハイギョ(*Neoceratodus forsteri*)は古代の形態をよく保持しており，シーラカンスと同様，生きた化石と言われている．このハイギョは，他の2種と違い終生水中で生活を行う条件的空気呼吸魚で乾燥には弱い．

これに対して，アフリカと南米産ハイギョは，乾期に生息場所が干上がると，泥中に潜って長期間，夏眠する残留型両生魚である．南米産ハイギョ(*Lepidosiren paradoxia*)の夏眠は，湿った泥に掘られた穴の中で行われるのに対して，アフリカ産ハイギョ(*Protopterus aethiopicus*および*P. annectens*)は，泥中に粘液で固めた繭と呼ばれる袋をつくり，その中でU字状になって夏眠する．

この繭は，上部に呼吸のための小さな孔が開いている以外，完全に密閉され，非常に堅牢で，夏眠状態のハイギョは，繭の中にいる限り非常に長期間，生存できる．私は，夏眠の最長記録は4年間だと信じていたが，ホチャチカ(P.W. Hochachka)によると[70]，最長記録はどうや

表 3-3 アフリカ産，南米産およびオーストリア産，各ハイギョの肝臓の O-UC 酵素活性 (μmol/h/mg-タンパク質) の比較[71].

ハイギョの種類	CPS I	OCT	ASS	ARG
アフリカ産ハイギョ	0.700	37.7	0.16	795
南米産ハイギョ	0.032	4.38	0.034	117
オーストラリア産ハイギョ	0.005	2.41	0.034	22

ら9年間であるらしい．もしこれが事実だとすると，9年間というのは意図的でなく，採集した繭を箱に入れてロッカーの上などに放置したまま忘れてしまい，何かの都合で，ロッカーを片付ける際に発見したのではなかろうか．少なくとも，私だったら確実にそうである．

3-3-3 ハイギョの CPS 活性と夏眠

表 3-3 にアフリカ産 (*P. aethiopicus*)，南米産 (*L. paradoxia*) およびオーストラリア産 (*N. forsteri*)，各ハイギョの肝臓の O-UC 酵素 (CPS I, OCT, ASS, ARG) の活性を示した[71]．これら4種の O-UC 酵素のうち，O-UC の律速酵素である CPS I の活性が，3種のハイギョの陸生への適応度合いを最もよく反映している．

干上がった泥中で長期間夏眠することが可能なアフリカ産の CPS 活性が最も高く，次いで南米産，そして，終生水中で過ごし，アンモニア排出性のオーストラリア産の活性が最も低くなる．

これと関連して，両生類のなかで，終生水生のアフリカツメガエル (ゼノパス，*Xenopus leavis*) についても述べておく必要があろう．ゼノパスは生息地が干上がったりしない限り，終生水中で過ごし，窒素老廃物の約 80％をアンモニアとして排出している．そのために，このカエルの肝臓の O-UC 酵素活性は，両生生活を行う他のカエルに比べて著しく低く，CPS I の活性はウシガエルの 1/40 ほどでしかない[73]．

a. プロトプテルス・エチオピクスの夏眠

夏眠中のアフリカ産ハイギョ (*P. aethiopicus*) の生理学的研究については，またまたスミスさんにご登場していただく必要がある．スミスは1930年に「肺魚の代謝」という論文を発表している[72]．

このなかで，ハイギョを人工的に夏眠状態に陥らせ，400 日ほど放置

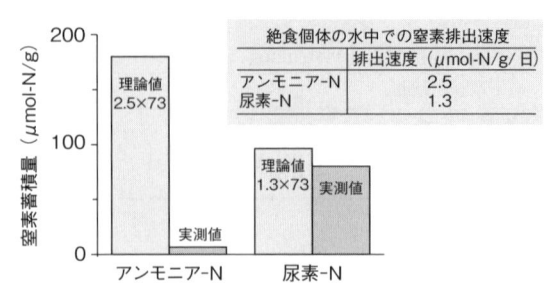

	排出速度 (μmol-N/g/日)
アンモニア-N	2.5
尿素-N	1.3

絶食個体の水中での窒素排出速度

図 3-4 73 日間, 夏眠させたハイギョ (*P. aethiopicus*) のアンモニアと尿素, 各窒素の蓄積量 (文献 73 のデータに基づき著者作図).

すると, 体内に体重の 2% もの尿素を蓄積するが, アンモニアはほとんど検出されないこと, また, 繭から出した直後の呼吸速度は, 水中での呼吸速度の約 1/3 に低下しており, 夏眠中のエネルギー源の約 50% は, タンパク質であると報告している.

ただし, その後の研究により, 夏眠中は, 主に尾部などに蓄積された脂肪を代謝していること, また, 呼吸速度は夏眠期間が長くなればなるほど減少し, 水中での値の 1/10 以下にまで低下すると言われている[70]. そのうえ, 通常 (水中) の生活をしているアフリカ産ハイギョの呼吸速度は, 同温度, 同体重のマスの 1/5 と低い. さすがに何億年も生き延びてきただけに, 代謝速度もきわめてゆったりとしているらしい.

スミスの研究以後, 多くの研究者が, 夏眠状態におけるハイギョ (*P. aethiopicus*) の代謝について研究している. その一例を図 3-4 に示した[73]. 図はハイギョを 73 日間, 人工的に夏眠させ, その間に魚体内に蓄積されたアンモニアと尿素の各窒素量 (実測値) を, 同期間, 水中で絶食させた個体 (対照) の排出する窒素量 (理論値) と比較したものである. 図からもわかるように, 夏眠個体の体内に蓄積されたアンモニア-N は, 理論値の約 4% にすぎないが, 尿素-N は理論値の 83% と, 夏眠個体に蓄積されている尿素-N は, 対照個体から求めた推定生成量とほぼ等しい.

これは夏眠個体がその窒素代謝速度を対照個体の約 1/3, ちょうど対照個体の尿素-N 排出速度ほどに低下させたと考えると説明がつく. 実

表 3-4　夏眠中のハイギョとアフリカツメガエルの肝臓の O-UC 酵素活性(μmol/h/mg-タンパク質)[73].

測定に用いた動物の状態		CPS I	OCT	ASS	ARG
アフリカ産ハイギョ	対照 (水中・絶食)	0.38	60.5	0.62	540
	夏眠 (70～90 日)	0.20	83.0	0.47	796
アフリカツメガエル	対照 (水中・絶食)	1.64	18.4	0.40	498
	夏眠 (湿った泥中 16 日)	8.03	17.0	0.64	714

際，夏眠個体の O-UC 酵素 (CPS I，OCT，ASS，ARG) の活性を測定すると，表 3-4 のように，CPS I は対照に比べてやや低下するが，その他の活性には，対照との差がほとんど見られない．

このように夏眠中のハイギョは，代謝速度を大幅に減少させることができるために，夏眠中に尿素合成速度をことさら増加させなくても，水生生活を行うレベルの活性で，体内に発生するアンモニアを尿素に十分転換できると考えられている[73]．

この研究を行ったコーエン (P.P. Cohen) たちは，ハイギョと比較するために，2 週間ほど泥中で夏眠させたゼノパスの O-UC 酵素活性も測定している．表 3-4 に示すようにゼノパスを夏眠させると，O-UC 酵素のうち，律速酵素の CPS I 活性が対照の約 5 倍増大し，代謝が尿素合成モードに切り替わる[73]．

b. プロトプテルス・ドロイの夏眠

上記したハイギョ (*P. aethiopicus*) の夏眠中の代謝についての研究は今から 50 年ほども前の研究であるが，最近，Singapore 大学のイップ (Y.K. Ip) たちのグループが，別の種類のハイギョ (*P. dolloi*) の代謝について研究を行っている[74]．アフリカには，上記の *P. aethiopicus* (エチオピクス) のほかに，*P. annectens* (アネクテンス) と *P. dolloi* (ドロイ) の 3 種が生息している．このなかで，ドロイが最も小型で，夏眠中は，ほかの 2 種のような泥と粘液で固めた繭をつくらず，自らが出す粘液が乾燥することによって生じた薄い被膜の中で過ごす．

ドロイは，また，肝臓に存在する CPS のタイプが CPS I ではなく，CPS III であることも他の 2 種と異なっている．ドロイの CPS III では，

アンモニアを窒素供与体として用いると，その活性はグルタミンを用いた場合の1/10ほどにしかならない[74]．

このハイギョを25℃で40日間夏眠させると，筋肉，肝臓，脳など組織中のアンモニア濃度は，同期間，水中で絶食させた個体(対照)に比べて，有意に減少する．尿素濃度は，これに対して，どの組織においてもほぼ10倍，対照よりも増大する[74]．また，肝臓のGS，CPS III，OCTの活性は対照に比べて，40日間夏眠させた個体では，約2倍増加する．

上記したエチオピクスのような堅牢な繭の中の夏眠では，繭中の酸素分圧はかなり低くなるが，ドロイの場合では，薄い被膜の中で夏眠するので，夏眠中の個体への酸素の供給が支障なく行われる．夏眠状態においてもドロイが高いレベルの尿素合成を維持できるのは，夏眠中の個体を保護する被膜の酸素透過性が高いことによると，イップたちは考えている．

ドロイでは，夏眠中に血液をはじめ体内に蓄積される高濃度の尿素が吸湿の役割を果たし，水透過性の高い腹部の皮膚を通して，環境から水を吸収していることが明らかにされている[75]．

c. 尿素輸送体

アネクテンスの尿素輸送体，lfUT (lung fishからの命名) は，哺乳類のUT-Aと高い相同性 (60%) をもつが，lfUTは鰓，腎臓，肝臓，筋肉および皮膚など多くの組織に発現している．

ハイギョを33日間，夏眠させた後，水に戻すと，尿素排出速度が水中に放置した個体の20～40倍も増加する．このとき，皮膚のlfUT mRNAは水中に放置した魚に比べて，その発現量が2.5倍増大することから，夏眠後に多量に排出される尿素の大部分は，皮膚を介して行われると考えられている[76]．なお，カエルの皮膚は水の吸収や呼吸など重要な機能を担っているが，興味深いことにカエルの皮膚にUTの発現は見られない[77]．

4 真骨魚のアンモニアとの闘い

　真骨魚は，ジュラ紀中期に硬骨魚のなかで最も新しく，水生生活のエキスパートとして登場してきたグループである．この魚群は，古いタイプの魚が備えていた肺を鰾に，また，体表を覆う鱗をより軽い材質に変えるなど，水生生活に適した魚体へと変身を遂げたが，これに伴ってハイギョなどの古代魚がもっていた O-UC による尿素合成能力を，大部分の真骨魚は成長に伴い失うことになった．

　その理由は，ヒトのように，体内で発生する窒素老廃物のアンモニアを，O-UC を用いて尿素にして廃棄すると，尿素 1 分子当たり，4 分子もの ATP (エネルギー) が必要となる．

　これに対して，真骨魚は水中で生活する限り，アンモニアを直接，外界に廃棄することが可能である．この廃棄方法には，全くコストが掛からないばかりか，「GDH と連鎖した脱アミノ化」によりアンモニアを生成させると，エネルギーが産出できる．そのために，アンモニアを直接，環境に廃棄する方法は，魚の生存に関わるエネルギー効率を飛躍的に高める役割を果たすことになった．

　前記のオーストラリア産ハイギョが，アンモニア排出への依存度を高めたことにより，尿素合成能を大幅に縮小させたのと同様，水生生活への依存度を高めた真骨魚たちも，O-UC 機能を大幅に退縮させてしまった．これはちょうど，多くの登山者が利用するルートはよく踏み固められ歩きやすい道となり，ますます多くの登山者に利用されるのに対して，利用の極端に少ないルートは，草や低木が繁茂し，やがては，

どこに山道があったのかもわからなくなるのに似ている．

しかし，このような真骨魚が全て，好適な水生環境下で安穏と過ごしているのかというと，決してそうではなく，トビハゼなどのようにアンモニアの排出が困難な環境に挑戦しているものたちがいる．

本章では，真骨魚の尿素合成能をめぐって，どのような議論が闘わされたか，その経緯を紹介するとともに，アンモニアの排出が困難な環境に挑戦する真骨魚たちが，O-UC 機能の退縮へと向かう真骨魚の枠内のなかで，有毒なアンモニアの蓄積という問題に，どのような解決方法を見出してしているかを探っていきたい．また，真骨魚全般に広がる趨勢とは別に，O-UC 機能の復活を試みる魚がいるかどうかについても検討したい．

4-1 研究経緯

4-1-1 遺伝子欠失説

アメリカ，Wisconsin 大学のブラウン (G.W. Brown) とコーエン (P.P. Cohen) 教授たちは，ウシガエルの変態に伴う O-UC 酵素の活性変化を調べた．その結果，水生生活を行い，アンモニアを主な窒素老廃物とする初期幼生の肝臓では，O-UC 酵素活性がほとんど検出されない．しかし，幼生の後肢が発達し，やがて前肢も発達してくると，肝臓の O-UC 酵素，特にカルバモイルリン酸合成酵素 (CPS I) の活性が急激に増大し，これに伴って尿素が活発に排出され，成体のレベルに近づくことを明らかにした[78]．これはヘッケルの有名な言葉，「個体発生は系統発生を繰り返す」の生化学的な適例の一つとして多くの教科書に引用された．

この研究に引き続き，ブラウンたちは O-UC 機能が，脊椎動物全般にどのように分布するかについて，系統的で広範囲な研究を行い，ハイギョなどの肉鰭類を除いて，硬骨魚の肝臓には CPS 活性が認められないことを明らかにした．そして，この結果を基に，硬骨魚の祖先たちは，O-UC 機能を保持していたが，「…条鰭亜綱への進化の過程にお

いて，何らかの O-UC 酵素の欠失 (deletion) が生じた」とする論文を 1960 年に発表した[79].

ブラウンはこの論文のなかで "deletion" という O-UC 酵素の遺伝子の一部が失われたことを意味する用語を用いているが，その記述に続いて「この deletion という用語は，O-UC がアンモニアを廃棄するための系として，その機能がなくなるまで活性が低下したとも解釈される」と書き加えたり，「ここに引用した証拠では，酵素活性の欠如が，酵素タンパク質の生成に必要な遺伝情報の喪失に帰すると言えるかどうか不明である」と記したりしていることから，ブラウンたちが提唱した説を「O-UC 遺伝子欠失説」とするのは誤りで，「O-UC 機能喪失説」とでも呼ぶべきであろう．いずれにしても，彼らの表現では，「条鰭亜綱の魚の全てが，O-UC 機能を喪失した」と取れることから，ブラウンたちの仮説に対して，多くの反論の狼煙(のろし)が上がった．

4-1-2 ハギンスたちの反論

『動的生化学』などの著書で有名なイギリス，Cambridge 大学のボードウィン (E. Baldwin) 教授門下のハギンス (A.K. Huggins) たちは，多様な魚類の肝臓の O-UC 酵素活性を網羅的に測定し直し，ブラウンたちの提唱した仮説の検証を行った．

ハギンスたちが，さまざまな魚類の O-UC 酵素活性を再検討したところ，ブラウンたちの結果とは違って，活性は非常に微弱ながら，全ての O-UC 酵素活性が，測定を試みた全ての魚の肝臓から検出された．ハギンスたちはこの結果を基に，「真骨魚類は，O-UC 酵素に関する遺伝子を喪失していない」とする論文を 1969 年に発表した[80].

また，この論文のなかで，O-UC の役割が動物により異なることを明確にするために，次の三つの用語を以下の意味合いで，それぞれ用いることを提案している．

尿素排出性 (ureotelic)：O-UC により合成された尿素が，排出される窒素老廃物の大部分 (50%以上) を占める場合．

尿素浸透性 (ureosmotic)：合成された尿素が体内に保持され，浸透調節に用いられる場合．

尿素合成能性 (ureogenic)：平常では O-UC による尿素合成は見られないが，全ての O-UC 酵素を備え，この経路を通じて，活発な尿素合成が起こる可能性のある場合．

ハギンスたちは，真骨魚は，微弱ながら O-UC に関する酵素をもち，それが作動するに相応しい環境に出会えば，この経路を通じて，尿素を合成する可能性をもつと考えているので，ハギンスたちの定義に従えば，真骨魚は全て ureogenic 動物となる．

しかし，現在，"ureogenic" という用語はより厳密に解釈され，可能性ではなく，実際に O-UC を用いて尿素を合成する能力のある場合にのみ使用するようになっている．そして，通常はアンモニア排出性であるが，環境の変化に応じて窒素の大部分を尿素として排出する場合には，条件的尿素排出性 (facultatively ureotelic) という用語が，また，これとほぼ同義であるが，O-UC の作動により重きを置く場合には，機能的尿素合成能性 (functionally ureogenic) という用語が使われている．

この論文の発表と同年に，California 大学 Los Angels 校のゴードン (M.S. Gordon) 教授たちが「トビハゼは両生生活と関連して，その窒素代謝を尿素排出性の方向に変える能力をもつ」とする論文を発表した[86]．しかし，後で述べるように，ゴードンたちのトビハゼについての結論は，全く間違っていたのだが，ゴードン教授は，これまでにカニクイガエルの尿素浸透性の発見など，比較生理学の分野で数々の業績を上げている名高い教授なので，トビハゼに関するゴードンの説は，ハギンスたちの考えを裏づける具体例として，瞬く間に多くの研究者に受け入れられた．

また，1971 年には，真骨魚として例外的に高い O-UC 酵素活性をもつガマアンコウの仲間，オイスタークラッカー (*Opsanus tau*) が北米で発見されたことにより[117]，ハギンスたちの主張が，より確固なものと考えられるようになった (後述するように，その後，オイスタークラッカーも尿素合成能がないことが判明している)．

4-2 個体発生と *CPS III* 遺伝子

　ハギンスたちの研究以降，真骨魚は，微弱ながらO-UC酵素を保持するということになったが，それではなぜ，ほとんどの魚はO-UC酵素を保持するだけで，それらを働かせていないのだろうか？

　この疑問に対して，フランスのP.M. Curie大学のデペーシュ (J. Dépêche) たちは，「真骨魚の個体発生の初期ではO-UCが機能するが，成長に伴いその機能を失うからである」という仮説を立てた．

　これを証明するために，卵生のニジマスと，胎生のグッピーを材料として，これらの胚の個体発生に伴う尿素含有量の変化と，尿素合成速度 ($^{14}CO_2$ が尿素に取り込まれる速度) の変化を調べた．それにより，ニジマスの尿素合成能は，胚盤葉が大きく発達する時期にピークに達し，孵化後には消失すること，グッピーでは，胚とともに妊娠中の親魚にも尿素合成能があることが明らかにされた[81]．

4-2-1 *CPS III* 遺伝子の発現

　1979年に発表されたデペーシュたちの研究以後，この課題について見るべき進展はなかったが，遺伝子解析技術が急速に進歩してきた1990年代に，3章で紹介したアメリカのアンダーソン教授と，カナダ，Guelph大学のライト (P.A. Wright) 教授のグループによって，この課題への再挑戦が始まった．

　アンダーソンたちは，まず，CPS III mRNA (*CPS III* 遺伝子) の量が，ニジマスの個体発生に伴いどのように変化するかを調べた．

　その結果，*CPS III* 遺伝子は，受精3日後から発現し始め，2週間頃をピークにその量は低下し，成魚のレベルに近づく．成魚では，*CPS III* 遺伝子の弱い発現が，筋肉に見られるが，肝臓など他の組織の発現は見られなくなる[82]．

　一方，ライトたちは，ニジマスの胚発生に伴うO-UC酵素活性の変化を調べ，孵化直後から卵黄吸収前 (受精40～70日後) の仔魚には，CPS IIIなどO-UC酵素活性が検出されるが，卵黄吸収後には急速に低下することを明らかにした[83]．また，O-UC酵素活性が高い時期の仔

魚を，高アンモニア環境に置くと，尿素合成量が増大することから，胚のO-UC酵素は機能していることもわかった[84].

なお，ニジマス成魚の筋肉には，CPS IIIとOCT活性が認められるが，GSやASSの活性はほとんどなく，O-UCが筋肉で作動するとは考え難い．

ライトたちの研究以降，ニジマスのような大型卵の胚や仔魚だけでなく，タラやハリバット (オヒョウの仲間) のような小型卵についても調べられ，小卵でも，大卵と同様，胚や仔魚のある時期にはO-UCが機能していることが明らかにされている[84].

真骨魚の胚は，卵膜内で発育するが，胚の活発な発育に付随して生じるタンパク質の高い代謝の結果，組織中のアンモニア生成が増える．胚は卵膜という狭い空間内に閉じ込められている一方，アンモニアを外界へと放出するための鰓や循環器系が未発達である．

このために，有毒なアンモニアの組織への蓄積が起こり，胚の発育に支障が生じる．胚の特定の時期にO-UC機能が発達するのは，このようなアンモニアの不可避的な蓄積から，胚を保護するためであると考えられている．そして，胚の発生が進み，各器官が機能し始めると，アンモニアは体表や鰓から外界へと排出されるようになり，O-UC機能は発育に伴い漸次低下し，やがて停止する．

このように真骨魚は，個体発生初期にO-UCに関する遺伝子を発現させ，それを働かせるが，やがて稚魚へと発育するにつれて，O-UC機能の大部分を停止させることがわかり，デペーシュたちの仮説は正しいことが明らかとなった．

4-2-2 CPS III活性の再検討

その後，フグ，ゼブラフィッシュ，オオクチバス，ガマアンコウ，アベハゼなど，多くの魚に *CPS III* 遺伝子が発現していることが見いだされ，ハギンスたちの指摘も正しいことが明らかとなってきた．

ただし，ハギンスたちによる真骨魚のO-UC酵素活性，特に，その律速 (鍵) 酵素であるCPSの測定は，哺乳類やカエルなど，その活性が桁外れに高い材料で用いられてきた方法を，活性が微弱な魚に適用したに

すぎず，言わば，目の大きな網で小魚を捕らえるのと同じであった．

　本格的に魚類のCPSについて詳細な分析がなされるのは，アンダーソンが1980年代にサメなどのCPSの特性を明らかにしてからである．アンダーソンは，ハギンスたちの測定条件では，CPS III 活性を検出することができず，ハギンスたちが発表した真骨魚のCPS活性は，CPS IIIでなく，CPS II 活性を拾っている可能性が高いと指摘している[85]．

　実際，アンダーソンたちは，ブルーギル，クラッピー(ブルーギルの仲間)，ブルヘッド(ナマズの仲間)，コイ，キンギョ，ブチナマズなど，アンモニア排出性真骨魚のCPS III 活性の再検討を行っている．

　これによれば，CPS II は，全ての魚種・組織で認められるのに対し，コイの筋肉に微弱なCPS III 活性が存在することを除いて，これらの魚の肝臓などの組織に明確なCPS III 活性は，認められないとしている[56]．ハギンスたちもコイとキンギョの肝臓を調べて「これらに活性あり」としたのだから，ハギンスたちは誤った実験結果に基づいて，結果的に正しい仮説を提唱したことになる．

　ブルーギルと同科のオオクチバスでは，肝臓に比較的高いCPS III 活性をもつ．この魚では，肝臓のグルタミン合成酵素 (GS) がサメと違って細胞質に存在するが，肝臓から無傷のミトコンドリアを単離し，それにオルニチンとグルタミンを加えて最適な条件のもとで反応させても，シトルリンが全く生成されない．

　この結果から，オオクチバスでは，CPS III などの O-UC 酵素は存在するものの，それらは機能していないと考えられている[56]．実際，高アンモニア環境にオオクチバスを放置しても，血しょうのアンモニア濃度は増大するものの，尿素の生成量には全く変化が見られない．このように真骨魚の成魚では，O-UC 酵素の個々の活性が認められても，それらが実際に機能するとは限らない．

4-3　尿素合成能を求めて

　これまでに調べられたニジマスやオオクチバスなどは，O-UC に関する遺伝子をもつが，これらの成魚の段階では，O-UC が作動していな

いことが明らかとなった.

しかし，真骨魚は非常に多様なので，成魚における O-UC 機能の停止が，真骨魚に普遍的に当てはまるかどうかは疑問である．この分野の研究者は，「ある環境圧が O-UC 機能を活発化させる方向に働き，高い尿素合成能をもつ真骨魚がどこかにいるに違いない」と考え，可能性のありそうな魚の尿素合成能を，次々と調べ始めた．

ただ，研究を行うとなると，費用も人手も，それに時間も必要となるので，闇雲に調べるわけにいかず，研究対象となる魚は，自ずと，何らかの成果が確実に期待できそうなものとなる．また，先に述べた「クローグの実験原則」に照らしても，当然，実験の対象となる魚は，アンモニアを蓄積しやすい両生魚となる．

以下にはそのような研究の具体例を記すが，まず，はじめに，先に少し紹介したゴードンたちによるトビハゼの研究から見ていこう．

4-3-1 トビハゼ

a. ゴードンたちの研究

UCLA のゴードンたちは，1969 年にマダガスカル産トビハゼ (*Periophthalmus sorbinus*) を用いて，この魚の窒素代謝，空気呼吸機能や乾燥に対する耐性などの調査を行った．

ゴードンたちはトビハゼを 12 時間，空気中 (湿った容器内) に放置後，魚を 24 時間海水に入れ，その間に排出されるアンモニアと尿素量を，24 時間海水に放置した個体 (対照) の排出量から差し引き，空気中でのアンモニアと尿素の各窒素生成量の推定を行っている．

それによると，トビハゼが空気中 (12 時間) で生成した尿素-N 量は，対照個体の 3.5 倍増加し，その間に生成された尿素-N とアンモニア-N の量比 (尿素-N/アンモニア-N) も，対照の 0.73 から 1.2 へと上昇した．ゴードンたちは，この測定値を基に「トビハゼは両生生活と関連して，その窒素代謝を尿素排出性の方向に変える能力をもつ」と結論した[86]．

ゴードンたちは，また，1978 年に香港産トビハゼ (本州のトビハゼと同種) を用い，前回とほぼ同様な結論の論文を発表した[87]．ゴードンのように比較生理学上，名の通った学者が，これらの論文を Journal of Experimental Biology という，この分野で権威のある雑誌に発表したことから，「トビハゼは尿素合成能をもつ真骨魚である」という説が瞬く間に世界に広まり，この分野の研究論文の序論には必ずと言ってよいほど，「トビハゼは両生生活と関連して尿素合成能を発達させており…」との語句が踊った．

　私は最初，なるほどやはりそうか！　とゴードンの論文を読んで感心したのだが，やがてゴードンらがトビハゼの空気中での代謝の様態を間接的な方法でしか調べていないことに疑問を抱き，もっと直接的な方法で測定すると，どのような結果が得られるか，調べようと思った．私が勤務していた和歌山大学は当時，和歌浦の近くに立地し，材料のトビハゼには事欠かなかった．

b. 和歌山大学での実験

　湿らせたろ紙を底に敷いた密閉容器にトビハゼを入れ，ゴードンより，もっと過酷な条件，3日間，トビハゼを空気中に放置する．ただし，3日間では死亡する個体も現れるので，次の実験からは空気中に2日間放置することにした．これ以外に，トビハゼを 15 mM の塩化アンモニウム (NH_4Cl) 溶液に 3～7 日間，放置する実験も行った．そして，このような処置を行った魚の各組織 (血液，筋肉，肝臓，皮膚，脳など) を除タンパク剤とともにすりつぶし，これらの組織に含まれるアンモニア，尿素，遊離アミノ酸 (FAA: free amino acids) を測定した．

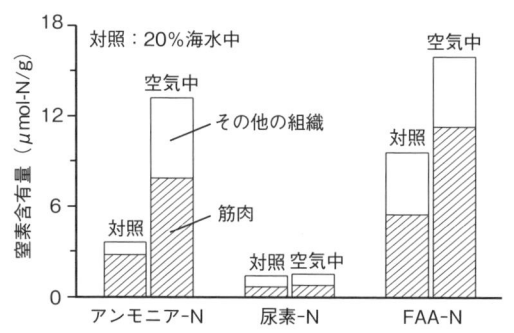

図 4-1　48 時間空気中に放置したトビハゼの魚体に含まれるアンモニア，尿素および遊離アミノ酸 (FAA) の各窒素量 (斜線部分は筋肉の各濃度を示す).

図4-1には，トビハゼを2日間，空気中に放置したときの魚体全体に含まれるアンモニア，尿素および遊離アミノ酸 (非必須アミノ酸の総和) の各窒素量を示している．空気中に放置すると，魚体のアンモニアと遊離アミノ酸は，20%海水中の個体 (対照) に比べて，有意に増加する．

　空気中に出した魚のアンモニア濃度は，各組織で異なり，血しょうのレベルが最も低く，次いで脳，そして筋肉が最も高くなる．また，各組織の遊離アミノ酸では，脳での増加が以下に述べるように最も著しいが，魚体全体から見れば，筋肉での増加量が最も多い．

　空気中に出された個体の遊離アミノ酸の増加は，アンモニアの排出が抑制されたことにより，組織中のアンモニア濃度が増大し，グルタミン，アラニン，グルタミン酸などの生成が促進されたことに加えて，アミノ酸の異化が抑制されたことにより生じる．ところが，このような条件下においても，尿素は，図4-1のようにゴードンたちの結果と違って，全く増加しない[88]．また，トビハゼを15 mMアンモニア溶液に入れても同様な結果が得られる[89]．

　上記の実験を行ってから7年後に，トビハゼがほんとうに，アンモニアを尿素窒素に取り込む能力がないかを再確認するための実験を行った．この実験では，トビハゼを窒素同位体 ^{15}N でラベルした硫酸アンモニウム溶液 (50 atom%[★3]) に入れ，魚体組織のアミノ酸，尿素などに ^{15}N がどのように取り込まれるかを追跡した．

　その結果，CPS III の基質となり，尿素の片方の窒素となるグルタミンのアミド態窒素の ^{15}N 濃度は，^{15}N-アンモニア溶液に魚を入れてから96時間ほどで組織中のアンモニアと同レベル (34 atom%excess) にまで上昇する．これに対して，尿素の ^{15}N 濃度は，168時間を経過しても 1 atom%excess 以下の低い状態を保つ．

　この結果より，ゴードンたちの結論とは全く逆に，トビハゼは，アン

★3 同位体濃度の単位　窒素を例にとれば，空気中など自然界に存在する窒素原子には，窒素の同位体 ^{15}N が約 0.37% (試料の ^{15}N 原子数/その試料の全窒素原子数×100) 存在している．この場合，^{15}N の自然界における濃度は 0.37 atom% (同位体存在比) と表記される．一方，生物がどれだけ ^{15}N を自己の組織に取り込んだかを示す指標には，atom%excess (同位体存在比の超過分) が用いられる．atom%excess は，試料中の ^{15}N 濃度 (atom%) から自然界値 (0.37%) を差し引いた値で，生物体に正味，新たに取り込まれた ^{15}N 原子数の割合を示す．

モニアの無毒化の手段として尿素を使用しないこと，また，O-UC がトビハゼでは，全く機能していないことが明らかとなった[90]．

c. 脳の保護

　脳は，空気中に放置した魚の組織のなかで最も遊離アミノ酸の増加が著しく，なかでもグルタミン (Gln) の増加が突出して大きい．図 4-2 には，グルタミンとグルタミン酸の和 (Gln + Glu) と血中アンモニア濃度の関係を示したが，肝臓に比べて，脳では，血液のアンモニアに鋭敏に反応して，Gln + Glu を顕著に増加させている．そこで，脳に存在する Gln や Glu を合成する酵素，グルタミン合成酵素 (GS) とグルタミン酸脱水素酵素 (GDH) の活性を測定したところ，トビハゼの脳に存在する GS と GDH 活性は高く，これを水生ハゼの脳の活性と比べ

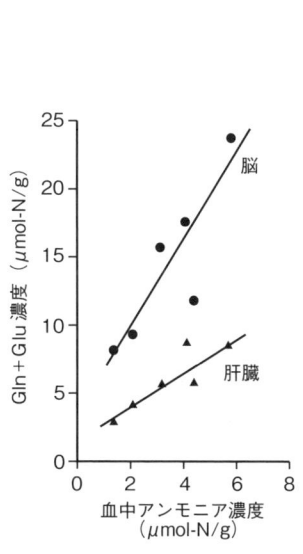

図 4-2 トビハゼの血中アンモニア濃度と脳および肝臓のグルタミン (Gln) とグルタミン酸 (Glu) 濃度の関係．

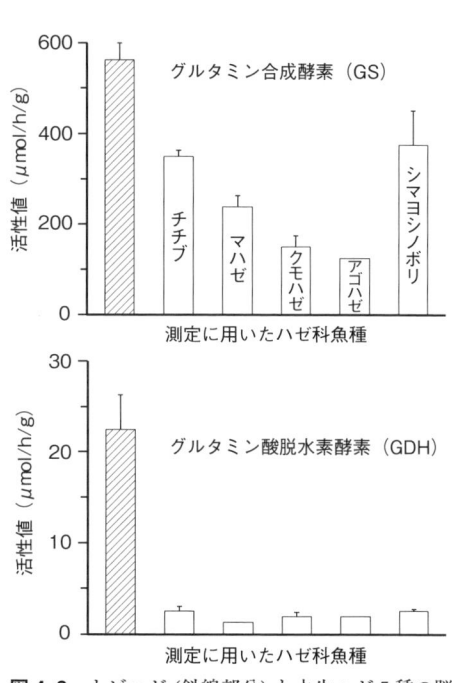

図 4-3 トビハゼ (斜線部分) と水生ハゼ 5 種の脳の GS および GDH 活性の比較．

ると GS では 1.5〜3 倍，GDH では実に 10 倍も高いことが明らかとなった (図 4-3)[89].

これらの結果より，トビハゼは，ゴードンたちの考えるようなカエルへの方向ではなく，アンモニア蓄積に対して独自の対処法を発達させた魚であることがわかってきた．

すなわち，トビハゼは，アンモニアの排出が困難な場合，アンモニアの一部をアミノ酸に変換し，アンモニアのさらなる増加を防ぐが，大部分のアンモニアを体内，特に筋肉に蓄積する．しかし，アンモニアの毒性に対して感受性の最も高い脳だけは，非常に強力な GDH・GS によりアンモニアをグルタミンに変換して，脳内のアンモニアの上昇を防ぎ，その毒性から守る，という戦略がとられていたのである．

なお，一般の魚でも，脳内の GS 活性は高く，脳内の急激なアンモニア上昇を防止する機構を備えている．しかし，これらの脳では，GDH のレベルが低いので，アンモニアの受け手となるグルタミン酸の供給量が少なく，空気中でのトビハゼのような持続的に高濃度のアンモニアが，脳内に流入する状況には対処できないのだ．

d. ゴードンたちが誤った理由

ゴードンたちが実験材料として，最初に使ったマダガスカル産トビハゼは，その当時 *Periophthalmus sorbinus* とされていたが，1989 年にマーディ (E.O. Murdy) が，世界のトビハゼの仲間 (オクスデルクス亜科) の分類の再検討を行い，*Periophthalmus sorbinus* は，沖縄などに生息するミナミトビハゼ (*P. argentilineatus*) と同種に統合され，本州産のトビハゼ (*P. cantonensis*) は *P. modestus* と種名が変わった[9]．私たちは西表産ミナミトビハゼを用いて，トビハゼと同様の実験を行ったが，ミナミトビハゼは本州産のものより空気中での耐性がやや弱く，もちろん尿素合成能はなかった．

カニクイガエルの尿素浸透性 (6 章参照) の解明など輝かしい業績をあげたゴードンがなぜ，トビハゼの窒素代謝については，二度も誤った結論の論文を発表したのだろうか．

次章で述べるように，トビハゼは，尿素を 1 日のある決まった時間にまとめて排出するので，ゴードンたちが行ったように，ある時間断

面の排出量のデータから解釈すると，間違った結論に達する可能性がある．また，空気中に放置するなど，アンモニア排出を抑制するストレスを魚に加えると，アミノ酸の異化が抑制され，アンモニア生成が抑制される[89,93]．一方，ATPの分解や，細胞更新などに伴う核酸分解に由来する尿素生成は，ストレス下においても通常レベルを維持，もしくはやや高くなる．このような要因が複合したことにより，ゴードンたちのような結果が生じた可能性が考えられる．

さらに加えて，「カエルのように陸上で活動するトビハゼは，カエルのような方法でアンモニアを処理するに違いない」というゴードンたちの強い思い込みが，真実を見る目を曇らせてしまった可能性もある．

余談だが，ゴードンが香港産トビハゼ (*P. modestus*) の窒素代謝についての論文を発表した3年後に，私たちは「トビハゼは尿素合成能をもたない」とする論文を発表したり[88]，国際比較生理・生化学学会 (第3回) のシンポジウムで発表したりもした．

しかし，その後も，世界のこの分野の研究者たちは依然として，ゴードン説を引用し続けた．そして，ほとんどの研究者が，尿素合成能をもつ真骨魚の例として，トビハゼをあげなくなったのは，私たちが窒素同位体を使った実験結果[90]を発表した1995年頃からである．

この頃にはさまざまな魚の窒素代謝の詳細が発表され，ほんの少数の真骨魚のみがO-UCを経由して尿素合成を行うことが明らかになってきた時期でもあり，ゴードンのような杜撰な実験結果を誰も信用しなくなったのだ．それにしても，ゴードンの影響は実に26年間，近くも続いた．恐るべしゴードン！

4-3-2 オオトビハゼ

オオトビハゼ (*Periophthalmodon schlosseri*) も，1章で述べたトビハゼと同様なJ字状の巣穴を掘る．巣穴は通常，上部まで無酸素に近い泥水で満たされるが，トビハゼと同様，空気を鰓腔内に溜めて，巣穴の末端部 (膨大部) まで運び，そこに空気室を作成する[91]．特に，繁殖期には，雌がこの膨大部の天井に卵を産み，雄は孵化するまで卵の保護を行う．

オオトビハゼの巣穴は，非常に細かな粒子の泥中に掘られており，巣穴内の水の流通・交換がほとんどなく，酸素もほとんど含まない．干潟の泥には，有機物の嫌気的分解によって生じるアンモニアが多量に含まれるが，水の交換の少ない巣穴内では，魚自身が排出するアンモニアもこれに加算されることになる．このような巣穴内で過ごすオオトビハゼは，非常に強いアンモニア耐性をもち，100 mM 塩化アンモニウム溶液中 (pH 7.2, 10 mM Tris Buffer 含有 50%海水) で 6 日間，生存可能である[92].

オオトビハゼを 100 mM のアンモニア溶液に 6 日間入れると，魚体内のアンモニア濃度は，筋肉で対照 (50%海水中) の 7 倍，血しょうでは 10 倍も増大する．この魚の肝臓には，微弱な CPS III 活性とともに，O-UC 酵素の全ての活性が検出されるが[93]，組織がこのように高濃度のアンモニアに曝されても，組織中の尿素濃度や尿素排出速度には，全く変化が見られない[94]．このようにオオトビハゼの場合も，O-UC は作動していないことが明らかとなっている．

鰓からの NH_4^+ の排出

オオトビハゼは，8 mM 塩化アンモニウムでも，溶液の pH を 9 まで上げると，2 時間以内に死亡する．しかし，pH 7.2 の溶液では，血しょうをはじめ各組織のアンモニア濃度は，対照と同レベルを保つ．また，この環境下でのアンモニア排出速度は，外界のアンモニア濃度が血しょうの約 50 倍も高いにもかかわらず，対照と同じ速度で排出される[92].

このような濃度勾配に逆らったアンモニア排出機構を探るために，高アンモニア環境下に置いたオオトビハゼの鰓組織を調べたところ，オオトビハゼの鰓には，ミトコンドリアの豊富な大型細胞 (MR 細胞) が多数存在しており，この細胞が NH_4^+ を能動的に排出する部位であると推定されている[95].

実際，MR 細胞の側底部に存在する $Na^+/K^+(NH_4^+)$-ATPase を阻害するウワバインの投与や，MR 細胞頂端部に存在する $Na^+/H^+(NH_4^+)$ 交換輸送体を阻害するアミロライドを投与すると，鰓からのアンモニア排出が著しく減少することから[92]，オオトビハゼのアンモニア排出機

4-3 尿素合成能を求めて

構は，図2-3に示した，海水魚によるNH$_4^+$の排出機構をさらに強化したものと考えられている．

トビハゼと同様，オオトビハゼの脳にも，強力なGDHとGSが存在し，体がアンモニアまみれになっているとき，脳をその毒性から守っている[94]．

脳のGDH活性を，オオトビハゼやムツゴロウなど「マッドスキッパー」と総称されるハゼと，これらとは生活様式を異にするハゼとの間で比較した結果を図4-4に示す[96]．

マッドスキッパーと系統的に近縁で，生息場所も干潟の泥中に生息する *Pseudapocryptes lanceolatus* (東南アジアなどの干潟に生息) やワラスボ (*Odontamblyops rubicundus*) のGDH活性は，マハゼなどの水生ハゼ (図4-3参照) と同レベルで，マッドスキッパーに比べて著しく低い．これに対して，一般の魚がアンモニアの毒性から脳を守るために発達させているGS活性は，マッドスキッパーと他のハゼとの間で，GDHほど極端な開きがない (図4-3参照)．

これらの事実から，多くの魚は，火急のアンモニアの増大に伴う脳機能の障害を避けるために，高いGS活性を維持するが，GSのみで

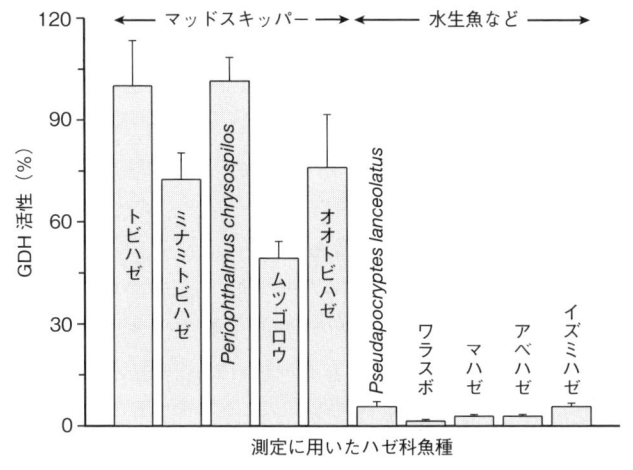

図 4-4 マッドスキッパーの仲間とそれ以外のハゼ5種の脳のグルタミン酸脱水素酵素(GDH)活性の比較(トビハゼの活性値を100とした相対値)．

は，アンモニアの受け手となるグルタミン酸が減少するにつれて，グルタミンへのアンモニアの捕捉機能が低下し，持続的なアンモニアの流入に対応できなくなる．これに対し，マッドスキッパーのようにGDHとGSがともに強化されると，アンモニアが持続的に脳へ流入しても，糖などからα-ケトグルタル酸の供給が続く限り，グルタミン酸が産出され，グルタミンの生成が続く．

空気中で長期間活動を行うマッドスキッパーの各脳が高いGDH・GS活性を備えるのは，これらの陸上での生活に伴って，血中アンモニアが経常的に増大することへの適応と言える．

ただし，図4-4に比較のためにあげたアベハゼとイズミハゼについては，後述するように他のハゼと違って尿素合成能をもっている．したがって，これらの脳の低いGDH活性は，尿素の合成により体内のアンモニアの制御が可能となった結果，二次的に生じた可能性もあり，一般の水生魚と同列に扱うことはできない．

4-3-3 キノボリウオ

キノボリウオ (*Anabas testudineus*) は，鰓室の上部に迷路器官 (図1-4A) と呼ばれる空気呼吸器官をもっており，長期間，水から出て過ごすことが可能な淡水魚である．キノボリウオは，名前のように木登りはしないが，水から出すと，普通の魚のように横倒しとならずに，左右の鰓蓋を広げて立ち，鰓蓋下部に存在する棘をかぎ爪のように使いながら，尾鰭を動かせて，立った姿勢の状態で「歩く?」ことができる．生息場所が干上がると，水を求めて陸上を100 mほども移動すると言われている．

a. キノボリウオの O-UC 酵素活性

インド，North-Eastern Hill 大学のサハ (N. Saha) たちは，このキノボリウオを含めて，インド産の空気呼吸魚5種，ナマズの仲間のレッドキャット (*Heteropneustes fossilis*) とクララ (*Clarias batrachus*)，タウナギの仲間の *Amphipnous cuchia* およびライギョの仲間の *Channa punctatus* の肝臓と腎臓の O-UC 酵素活性を調べている．

ライギョを除く4魚種の肝臓に，O-UC を構成する全ての酵素活性

が検出され，それらの活性も高いことから，サハたちは，「これら4種の空気呼吸魚は全て尿素合成能をもつ」とする論文を1989年に発表している[97]．ただし，サハたちがこの測定に用いた方法は，アンダーソンが改良した鋭敏な方法ではなく，1959年代にブラウンたちがカエルなどの測定に用いた古典的な方法である．

ところが，サハたちが上記の論文を発表してから17年後に，Singapore大学のイップ (Y.K. Ip) たちが，キノボリウオの窒素代謝の再検討を行ったところ[98]，得られた結果は，サハたちと全く異なっていた．それによると，アンダーソンが改良した鋭敏な測定方法を用いても，この魚の肝臓には，CPS III も CPS I 活性も検出されないばかりか，他の酵素活性もサハたちと違って，著しく低いというのだ．

b. イップたちの実験

それでは，キノボリウオは，空気中ではどのような代謝をしているのだろうか．この疑問に対して，イップたちはキノボリウオを空気中に4日間放置する実験を行っている[98]．以下にその実験結果を紹介しよう．

絶食させたキノボリウオを，厚さ2～3 mm ほどの少量の水を入れた密閉容器に入れ，空気中に放置する．この容器内では，魚は立った姿勢を維持できず横倒しとなり，片方の体側の皮膚は，薄い水の層に接する．ただし，鰓蓋は呼吸のために上下に動くが，鰓蓋の表面に棘があるので，鰓や迷路器官が直接，水に触れることはない．このような状態に置かれても，魚はアンモニアと尿素を，皮膚と鰓を通じて，少量の容器内の水に排出する．

興味深いことに，この状態で空気中に1日以上放置すると，空気中に放置した個体のアンモニア排出速度は，水中の個体 (対照) よりも高く，図4-5Aに示したように，4日間の総アンモニア-N 排出量は，空気中に出した個体のほうが，対照よりも多くなる．

魚は極少量の水に，アンモニアを排出し続けるので，容器内の水のアンモニア濃度は，13 μmol-N/ml にまで上昇する．このとき，空気中に出された魚の血しょうのアンモニア濃度は0.6 μmol-N/ml 程度なので，キノボリウオは，上記のオオトビハゼと同様，20倍を超える濃度

勾配に逆らって，皮膚および鰓からアンモニアを排出する機能を備えていると言える．

キノボリウオの尿素-N 排出量は，対照，空気中の個体ともに，アンモニア-N 排出量の 6%ほどでしかないが，アンモニアと違って，空気中に出された個体の尿素-N の総排出量は，対照よりもやや少なくなる (図 4-5 A)．

空気中に 4 日間置かれた魚の体内のアンモニアと尿素の各窒素濃度を測定すると，空気中に出された個体のアンモニアは，対照の 2 倍，尿素では対照の 3 倍，増加していた (図 4-5 B)．空気中でのアンモニア排出速度が，対照を上回るにもかかわらず，なぜ，組織中のアンモニア濃度がこのように増えるのだろうか．

これについてイップたちは，空気中に出された個体は，逃げようと暴れたり，不自然な姿勢を維持したりするのに余分のエネルギーを要し，その多くをタンパク質 (アミノ酸) の異化によって賄うためである

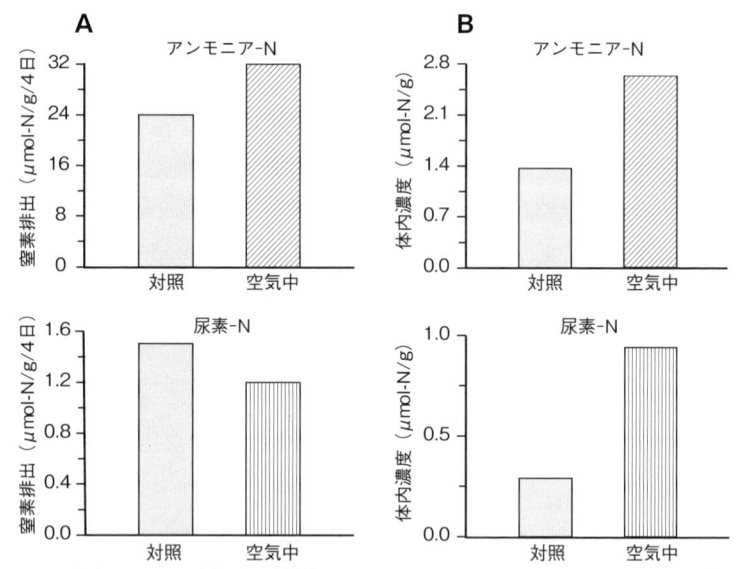

図 4-5 (A) 4 日間，空気中に放置されたキノボリウオのアンモニアと尿素，各窒素の総排出量．(B) 空気中に放置後，4 日目の魚体内の各窒素濃度．各対照は絶食個体の水中での平均値 (文献 98 のデータに基づき著者作図).

と，考えている．

　空気中に出された個体の組織中の尿素も，対照に比べて増加するが，量的に少なく，この程度の尿素は，空気中での尿素排出が抑制されたことに加えて，タンパク質異化の促進に伴い，各組織に含まれるアルギニンの分解量が増えたことで説明できる．

　空気中に出されたキノボリウオの脳のグルタミン濃度は，他のアミノ酸より突出して増加する一方，グルタミン酸のレベルが対照よりやや低下する．これらの事実から，この魚も水がなくなるような緊急事態には，積極的にアンモニアをグルタミンに捕捉して，脳をアンモニアの毒性から守っていると言える．

　トビハゼでは長期間，空気中に出すと，代謝量を低下させ，アンモニア生成をできるだけ減少させようとするが，キノボリウオでは，このような傾向が全く見られないばかりか，むしろ代謝量を上げている．実際，キノボリウオの酸素消費(呼吸)速度は，空気中に4日間放置後も対照との差が見られない[98]．イップたちは，キノボリウオが水を求めて，100 m以上も陸上を移動できるは，このように空気中に出ても，高い代謝を維持できることによると考えている．

　サハたちが，O-UC酵素活性をキノボリウオの肝臓で検出できたのに，なぜ，イップたちが検出できなかったかは，不明である．しかし，真骨魚の場合，サハたちのように，魚の生理機能の詳細を検討することなく，酵素の活性結果だけから，短絡的に尿素合成能の有無を論ずるのは危険である．それは，真骨魚の場合，O-UCによるアンモニアの無毒化，というような陳腐な方法よりも，キノボリウオのように予想外の方法で難局を乗り切る例が，決して少なくないからだ．それでは次に，マングローブメダカの対処法を見ることにしよう．

4-3-4　マングローブメダカ

　マングローブメダカ (Mangrove killifish : *Kryptolebias* (*Rivulus*) *marmoratus*) は，フロリダ，カリブ海諸島，中央アメリカおよび南アメリカの一部のマングローブ林に生息する魚で，大きなものでも体長5 cm，体重2 g程度の小さな魚である．

この魚は, 環境の変化に対して, 信じられないほどの耐性をもつことで有名である. 生息温度範囲は 7～45℃, 淡水から海水の約 2 倍までの塩分変化に耐えることができ, 1 mg O_2/l 以下の低酸素環境や, 高濃度のアンモニア 10 mM NH_4Cl (pH 8.0) にも耐えることができるほか, 落ち葉の中や木の洞のような湿った環境下では, 60 日もの間, 空気中で過ごすことができる.

　そのうえ, 雌雄同体で, 自家受精により 1 尾でも繁殖可能で, 多数のクローンを生み出す能力をもっている. さらに, 卵は, 発生中に干上がるなど環境が悪化すると, 発生を停止し, 休眠状態に入ることが知られている.

　主な生息地は, 大潮や大雨などによって季節的・一時的に形成される不安定なプールであるが, このようなプールが出現すると, このメダカの稚魚が, 忽然と現れると言われている. おそらく水の到来によって卵の休眠が破れて, いっせいに孵化するのだろう. まるで水田のホウネンエビやカブトエビのようなこの魚の生態は, 脊椎動物の域を超えており, まさに超魚とも言うべき魚である.

a. マングローブメダカの尿素合成能

　カナダのライト教授たちは, 高い塩分濃度環境や高アンモニア環境, さらには空気中への放置などを行い, この魚の窒素代謝が, これらの環境下でどのような対応をするか調べている[99, 100].

　マングローブメダカを 50% 海水 (対照) から, 150% 海水に入れると, アンモニア排出速度に大きな変化は見られないが, 尿素排出速度が顕著に低下する一方, 組織中の尿素濃度が, 対照に比べて約 2 倍増大し, 遊離アミノ酸濃度も上昇する. しかし, このメダカを高アンモニア海水 (10 mM NH_4Cl, 50% 海水中) に入れても, 尿素排出速度の増加は見られず, 組織中の尿素やアンモニア濃度も対照と変わらない.

　マングローブメダカにも, 微弱な CPS III をはじめ, O-UC 酵素活性が検出されるが, 高アンモニア環境下においても尿素の排出量が増えないこと, また, 高濃度の海水や, 以下に述べる空気中に置くと, 組織中の尿素は少し増加するが, これは主に尿素排出が抑制されたことにより生じたものであり, 新規の合成とは言えない. これらの結果から,

4-3 尿素合成能を求めて

マングローブメダカにおいても O-UC は機能していないと考えられている[100]．

このメダカを高アンモニア海水に入れると，どの海水濃度においても死亡個体は現れない．しかし，淡水中では，アンモニア実験に用いた個体の全てが 24 時間以内に死亡する[99]．この結果は，高アンモニア環境下でのアンモニア排出には Na^+ と NH_4^+ の積極的な交換が必要であり，このメダカは前記のオオトビハゼと同様，鰓もしくは皮膚から濃度勾配に逆らって，アンモニアを積極的に排出する機構をもっているらしい．

b. アンモニアの気化

ライトたちは，密閉容器の底に湿ったろ紙と綿の薄いパッドを敷き，その上に魚を置くという方法で，魚を空気中に放置する実験を行っている．魚をこのような方法で 10 日間，空気中に置き，その間に「ろ紙 + 綿パッド」上に排出された尿素とアンモニアの各総量を求めた．その結果，尿素では，50％海水中の個体 (対照) が排出する量の約 40％が，アンモニアでは対照の 30％程度が，このろ紙上に排出されていた．

一方，空気中に出した魚の体内に存在する尿素とアンモニアを測定したところ，尿素は空気中での時間経過に伴い，その濃度はゆっくりと上昇し，10 日間で，対照の約 2 倍増加した (図 4-6)．これに対してアンモニアでは，実験を開始してから 1〜2 日後は，対照個体よりやや増大するものの，その後，対照との差がなくなり，空気中に出された魚の体内には，アンモニアが蓄積されない．

なぜ，アンモニアが尿素のように蓄積しないのだろうか．この原因を探るために，密閉容器に緩やかに空気を流し，その中のアンモニアを調べるという手法で，魚が空気中に放出するアンモニアを測定したところ，図 4-6 に示したように，この魚は，空気中で排出する全アンモニアの 42％を気化によって放出していることがわかった．

空気中に出された個体の窒素代謝量が，対照の 60％に低下したと仮定すると (図 4-6)，空気中でのアンモニア-N 生成量 (気化量 + ろ紙への排出量) および尿素-N 生成量 (ろ紙への排出量 + 魚体蓄積量) は，対

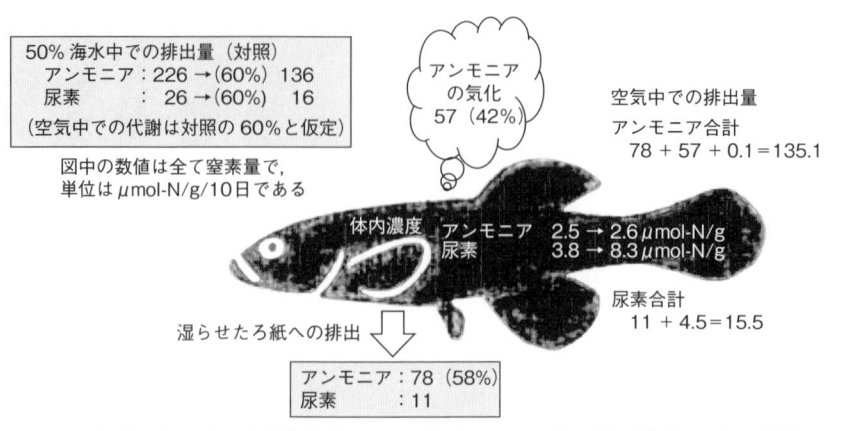

```
┌─────────────────────────────┐
│ 50%海水中での排出量(対照)    │
│  アンモニア：226→(60%) 136  │          アンモニア
│  尿素      ： 26→(60%)  16  │          の気化           空気中での排出量
│ (空気中での代謝は対照の60%と仮定)│       57 (42%)         アンモニア合計
└─────────────────────────────┘                            78 + 57 + 0.1 = 135.1
  図中の数値は全て窒素量で,
  単位はμmol-N/g/10日である
                      体内濃度  アンモニア  2.5 → 2.6 μmol-N/g
                               尿素       3.8 → 8.3 μmol-N/g
                                                           尿素合計
           湿らせたろ紙への排出                             11 + 4.5 = 15.5
                 ┌──────────────────┐
                 │ アンモニア：78 (58%)│
                 │ 尿素      ：11    │
                 └──────────────────┘
```

図 4-6 10日間,空気中におかれたマングローブメダカの窒素収支 (各値は本文参照) (文献100のデータに基づき著者作図).

照の各窒素生成量とよく一致する.

　気化によるアンモニア排出はカニ (Box 6 参照) など,陸生化した無脊椎動物で比較的よく知られているが,脊椎動物ではほとんど知られていない.しかし,ちょうどマングローブメダカの論文が掲載されたのと同雑誌,同巻にイップたちが行ったドジョウによるアンモニア気化に関する論文が掲載されている.

　ライトたちは,個々の実験に用いた魚の大きさを明記していないので,詳細は不明だが,論文の「材料と方法」で述べられているサイズだとすると,0.15 g ほどの小さな魚が,1日当たり 5.7 μmol-N/g/日 (25℃) のアンモニアを気化により排出していることになる.一方,ドジョウ (体重約 10 g) では,同温度で 0.9 μmol-N/g/日 の速度で気化を行う[101].

　単純な比較では,マングローブメダカの気化量が圧倒的に多いが,体重差が 100 倍近くもあることを考慮して,仮に,気化量が体表面積,すなわち体重の 2/3 乗に比例するとして,10 g のマングローブメダカの気化量を推定し,それをドジョウと比較すると,その差は 1.5 倍程度にまで縮まる.

　なお,私たちもトビハゼを用いて,アンモニアの気化について調べ

たことがある．トビハゼでは，3日間の空気放置で致死レベルに近い多量のアンモニアが魚体内に蓄積するのだが，気化による排出はゼロではないものの，ごく微量であった．また，先に述べたキノボリウオでも，アンモニアの気化が検討されたが，その量は微々たるものであるという．

c. アンモニア輸送体の役割

マングローブメダカによるアンモニアの気化は，頭部より体の後半

Box 6　気化によるカニのアンモニア排出

カクレイワガニ (Little nipper ; *Geograpsus grayi*) と呼ばれるクリスマス島などに生息する肉食性のカニは，排出する全アンモニアの80%を気化によって排出している[105]．陸生環境に適応したカニでは，鰓のほかに鰓室の内壁が，空気呼吸器官として働き，空気呼吸を行っている．カニは，鰓室に水を溜め，それを口元から出しては鰓室へと流し，水を繰り返し循環させ，空気呼吸を行っている．このとき，ポンプの役割を担っているのが第2小顎の基部から出る顎舟葉(がくしゅうよう)と呼ばれる突起で，これを動かすことで，水と空気が混ざった液を循環させている．また，カニなどの甲殻類では，触角腺から尿が排出されるが，排出された尿も鰓室内に入り，他の液と混ざって鰓室を循環する．カニの鰓の細胞の粘膜側(頂端部)には，Na^+とNH_4^+およびCl^-とHCO_3^-の交換を担うイオン交換輸送体が存在し，鰓室を循環する液からNa^+とCl^-を細胞内に取り込むと同時に，細胞内からNH_4^+とHCO_3^-を循環液に排出する．その結果，鰓室の液中のNH_4^+とHCO_3^-は，循環を繰り返すたびに濃縮されていく．すると，

$$NH_4^+ + HCO_3^- \longrightarrow H_2O + CO_2 + NH_3$$

の反応によってアンモニアガスが生成し，ガスとして放出される．なお，血液から供給されるCO_2が水と反応してHCO_3^-が生じる際に発生するH^+は，細胞内での反応 $NH_3 + H^+ \rightarrow NH_4^+$ により消費されると考えられている．また，このアンモニアガスの放出は連続して起こるのではなく，3時間～3日間といった不規則な間隔で，間欠的に放出される[105]．

部で多く行われていること，また，空気中に放置した個体の皮膚表面のpHは，放置する前より0.3〜0.6上昇し，皮膚表面のNH$_4^+$濃度は，18倍以上も増大することから，この魚によるアンモニアの気化は主に皮膚で行われるとされている[102].

これと関連して，メダカを24時間，空気中に放置すると，皮膚のアンモニア輸送体，*Rhcg1*と*Rhcg2*遺伝子(Rhcg mRNA)が，それぞれ6〜4倍増大することが明らかとなっている[103]．Rhcgは魚の細胞の頂端部に存在することが知られているので，皮膚からのアンモニアガス排出は，このアンモニア輸送体を介して排出されている可能性が高い．

バクテリアのアンモニア輸送体では，NH$_4^+$がこの輸送体(チャネル)を通過するときには，H$^+$がはぎ取られ，アンモニアガス(NH$_3$)のみを通すと指摘されている[104].

もしメダカの皮膚に存在するアンモニア輸送体が，バクテリアと同様な機構を備えているとすれば，このメダカの皮膚からのアンモニアの気化は，Rhcgを介して行われると考えると理解しやすい．しかし，魚類とバクテリアの輸送体が，同じ機構をもっているかどうかについては，まだまだ議論が多い．

4-3-5 タウナギ

タウナギ(*Monopterus albus*)は本来，熱帯性の湿原に生息する魚であるが，稲作の普及とともに，北方にも分布を拡大したと考えられている．日本に生息するタウナギは，1900年頃に朝鮮半島から奈良盆地に移入されたもので[106]，現在では，奈良県周辺の各府県にも生息している．

この魚もトビハゼと同様，いやトビハゼ以上に陸生環境に適応している．タウナギは，田に水が張られる5月中旬頃から9月頃まで水田で生活するが，田に水が完全になくなる10月頃から翌年の5月頃まで干上がった田の土中(地下0.5〜2m)で休眠する．

奈良県の橿原市や桜井市などでは，水田の下に埋もれている遺跡の調査が，農閑期(冬季)によく行われる．この際，表面から2mほど地面を掘ると，大和時代の遺構や遺物とともに，生きたタウナギが多数，

4-3 尿素合成能を求めて

図 4-7（A）奈良県桜井市の遺構発掘現場．矢印はタウナギの出現位置．（B）タウナギの発掘．（C）人工的に 90 日間休眠させたタウナギ (著者撮影).

発掘！されてくる (図 4-7).

　このようなタウナギを大学に持ち帰り，実験に供する．タウナギを田の土 (最初は水をたっぷり含ませておく) を入れたプラスチック容器に 3～5 ヶ月放置すると，容器の土は，日干しレンガのように固くなる．このような状態で，「ゴロン」と土を取り出し，固くなった土を割ると，干からびた様子もなくタウナギが出てくる (図 4-7 C)．ただし，20°C で 120 日間，室内で休眠させると，体重が休眠前に比べて 20% ほど減少する．また，このような室内での休眠実験は，タウナギが実際に休眠に入る 10～11 月頃に始めると成功する確率が高い．

a. 室内での休眠実験

　120 日間，休眠した魚の体内に蓄積されたアンモニアや尿素量を推定する目的で，土から掘り出した個体をすぐに水に戻してみた．夏眠しているハイギョを，このように水に戻すと，多量の尿素が排出されるので，タウナギも！　と期待しながら実験を行ったのだが，残念なが

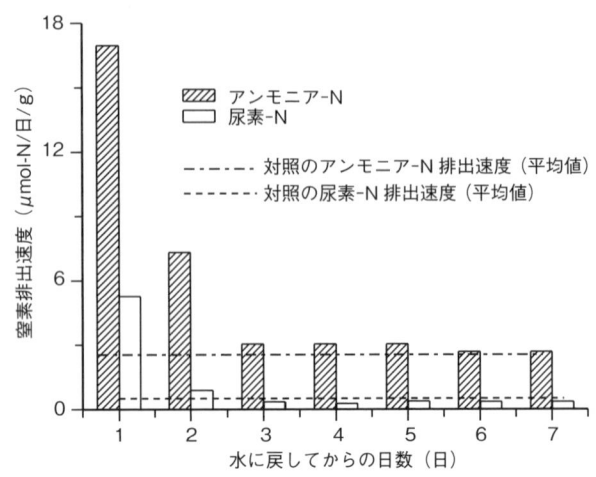

図4-8 120日間土中で休眠した個体を水に戻したときのアンモニアと尿素の排出 ［各バーは1gの魚が1日に排出する窒素量（μmol-N）．対照は絶食個体が水中で排出する窒素の平均値］．

らタウナギでは，図4-8に示したように，尿素よりもアンモニアが圧倒的に多く排出されていた．

この結果から，120日間の休眠の間，魚体に蓄積されたアンモニアと尿素の各窒素量を推定すると，アンモニア-Nでは，水中で絶食させた個体（対照）が排出する量のたった8日相当分（20 μmol-N/g），尿素-N量では18日相当分（6 μmol-N/g）しか蓄積されていないことがわかった．

また，120日間，土中で過ごした個体を土から出し，その直後に解剖して，各組織に含まれるアンモニア，尿素およびグルタミンなどを測定した．血液のアンモニア濃度は，対照とほとんど差がなかったが，筋肉のアンモニア濃度は，対照より約3倍増加していた．一方，グルタミンは，血液で対照の約5倍，筋肉では4倍の増加が見られた．尿素-Nも筋肉で，約2.5倍増加していたが，その量はアンモニア-Nの約1/2にすぎない．

以上の実験結果からタウナギは肺魚のように尿素を蓄積せず，アンモニアの一部をグルタミンなどのアミノ酸に変換するものの，基本的に

はアンモニア排出性を維持しながら干上がった土中で長期間，休眠することが明らかとなった[107].

しかし，120日間もの間，干上がった土中で過ごしたにもかかわらず，なぜ，魚体内に蓄積されるアンモニアや尿素が，このように少ないのだろうか．まず，考えられるのは，(1) アンモニア生成量を含めて土中では代謝量を低下させること，(2) 土中でアンモニアを排出する可能性である．

b. 空気中での呼吸速度

タウナギの空気中での酸素消費 (呼吸) 速度の測定は，図4-9に示したような細いパイプに魚を入れて行った．予想どおり呼吸速度は，図4-9のように空気中に出した時間の経過に伴って急速に低下した．

しかし，意外なことに，この方法で魚を空気中に出すと，実験に用いた個体は，10日間ほどで全て死亡し，それ以降の変化がどうしても追跡できない．

そこで，土中で90日間，休眠させた魚を掘り出し，その直後に呼吸速度を測定したところ，その値は，パイプ中での呼吸速度の減少から求

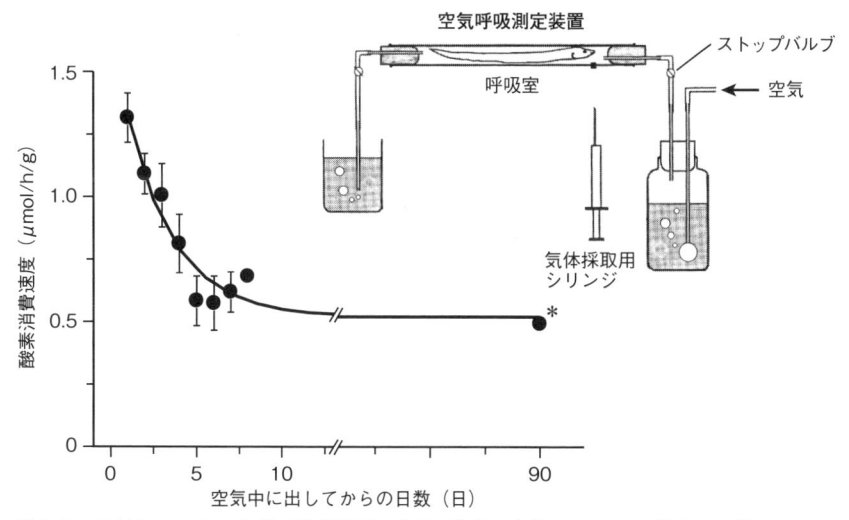

図4-9 空気中でのタウナギの酸素消費 (呼吸) 速度の変化 (＊：90日間土中で休眠させた個体).

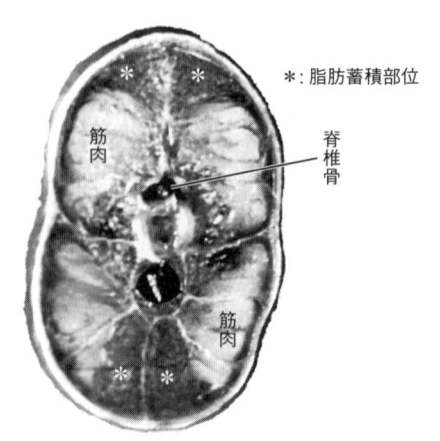

図 4-10 タウナギ尾部の脂肪蓄積部位 (コンゴーレッドで染色) (著者撮影).

めた回帰式とよく一致した (図 4-9). この結果より, 休眠個体の代謝量は, 対照 (水中絶食個体) の 1/3 ほどに低下すると推定される[108].

室内での休眠実験は, 先に述べたようにタウナギが実際に休眠に入る時期 (10〜11 月) に実行しないと, 土中で死亡する個体が多くなる. 図 4-10 には, 休眠初期に野外から掘り出したタウナギの尾部の断面を示したが, 興味深いことに, アフリカ産ハイギョ[156]と同様, タウナギも尾部に多くの脂肪を蓄えている (図の＊の部分). また, この時期の筋肉には, グリコーゲンの含有量も多く, 休眠の経過に伴って低下する[108].

これらの事実から休眠中はグリコーゲンや脂肪の代謝に依存する割合が高いと予想される. これらの代謝が休眠中に促進すれば, タンパク質 (アミノ酸) の異化が抑制され, 休眠個体のアンモニア生成量は, 呼吸速度から推定されるよりもさらに低下する可能性が高い.

c. 土中でのアンモニア排出

土中でのアンモニア排出であるが, 120 日間休眠させた個体の血中アンモニア濃度が, 対照と差のないことから, 土中でアンモニアを排出している可能性が高い.

タウナギの空気中での呼吸器官は, 鰓を含む咽頭と皮膚であるが, 土中にいる間, 皮膚は土と接しており, おそらく粘液などの分泌を介

してアンモニアを排出しているものと考えられる．しかも，土中で排出されたアンモニアは，土壌微生物によって直ちに消費されるので，魚の周囲に蓄積されないという利点もある．

　タウナギと同様，土中で長期間，耐えることのできるドジョウでは，先に述べたように，絶食個体が水中で排出するアンモニアの0.5%ほどを皮膚から気化させている[101]．これについては私たちも，タウナギによるアンモニアの気化量を測定したが，その量は微々たるものであった．ただし，土中から出した直後のタウナギの皮膚は赤っぽく(土から出すとしばらくして消失する)，皮膚表面の毛細血管が拡張している様子なので，土中でアンモニアをガスとして排出する割合は，掘り出した後の測定より高いかもしれない．

　タウナギは，土中では何ヶ月も生存するにもかかわらず，湿らせた空気を通したパイプに入れて放置すると，10日ほどで死亡する．土中では，タウナギの周囲の酸素分圧が低くなっており，酸素濃度の低下に伴って，代謝速度をさらに低下させている可能性もある．これは休眠前の魚の筋肉のグリコーゲン含有量が高く，休眠の経過に伴い低下することからも言える．また，図4-9のパイプの中のような高酸素分圧下では1/3程度の代謝速度の低下は可能だが，それ以下にすることが不可能なのではないだろうか．もしタウナギの土中での窒素代謝速度が対照の1/10程度に減少し，アンモニアが土中で少し排出されたとすると，120日間，土中で休眠した魚の体内に蓄積されていたアンモニア量が，対照個体の排出量の8日分相当でしかなかったことの説明は可能である．この真偽はともかく，土中でのタウナギを用いて，種々の生理的測定を行うのは困難であることから，休眠状態における生理の詳細は不明な点が多い．

　アンモニア排出性の魚類は，アンモニアそのものを一般血流に流している関係で，各組織のアンモニア耐性が哺乳類に比べて高く，組織中のアンモニア濃度の上昇には寛容である．

　そのために，アンモニア排出が妨げられる条件下では，尿素合成といったアンモニアの最終処理手段に訴えなくとも，アンモニアの濃度を致死レベル以下に少し下げるのに有効な，何らかの方法を実行するだ

けで危機を乗り越えることができる．おそらくこれが，これまで述べてきたように，蓄積するアンモニアを致死レベル以下にするという主題に対して，各魚が多様な変奏を演じることが可能な理由だと思われる．

4-4 ついに発見！

4-4-1 マガディティラピア

　アンモニアの鰓からの排出には，鰓と環境との境界層が重要であるとの仮説を提唱したランドール教授をリーダーとするグループは，ニジマスを用いた実験的な手法でこの説の証明を行う一方，世界各地のアルカリ湖に住む魚についての調査を行った．その一つがネバダ州のピラミッド湖 (pH 9.5) に住むノドアカマス (Lohontan cutthroat trout) であり，もう一つが，以下に述べるマガディ (Magadi) 湖のティラピア (マガディティラピア) である．

　このうち，ノドアカマスでは，極端な代謝の改変が見られず，アンモニア耐性を一般のマス類に比べてやや高めることにより強アルカリ環境下を生き抜いていることがわかった．これに対して，マガディティラピアは，次に述べるように，ヒトと同様，窒素老廃物のほぼ全てを尿素として排出する真骨魚であることが，世界で初めて明らかにされた[109]．

a. マガディ湖

　マガディ湖は，アフリカ，ケニア南西部，アフリカ大地溝帯に位置する火山性の湖 (長さ 30 km，幅 3.2 km) である．マガディという名前は，現地の言葉で「苦い」という意味である．

　湖水は地中から湧出する炭酸ナトリウムを多量に含んだ熱水泉によって補充され，湖面の約 90% は，厚さ 5 m ほどのトロナ (trona；主に炭酸ナトリウムと炭酸水素ナトリウムからなる鉱物) と呼ばれる堆積物で覆われており (図 4-11)[110a]，トロナを原料とするソーダ工場が湖岸で操業している．

　ただし，湖岸から多量の地下水 (温泉) が，湖へと流入する所にの

4-4 ついに発見！　　　　　　　　　　　　　　　　　　　　　　　　　105

湖水の化学特性.	
pH	9.98
温度	37℃
浸透圧	525 mOsm
Na^+	342 mmol/l
K^+	2.2 mmol/l
Ca^{2+}	0.7 mmol/l
Cl^-	109 mmol/l
$HCO_3^- + CO_3^{2-}$	190 mmol/l

（写真中の矢印：トロナ）

図 4-11　マガディ湖と湖水の化学特性 (文献 110,110a. McMaster 大学 C.M.Wood 教授および JEB の許可を得て掲載).

み，水面が開いた，浅い小さな潟が出現する．このような潟の2～3カ所に唯一の魚，マガディティラピア (*Alcolapia grahami*) が生息している．魚のサイズはランドールやウッドたちの論文を見る限り，大きな個体で12g，それ以外は，1～4gの個体が実験に用いられており，このサイズで成魚になると報告されている．

　魚が生息する潟の水温は，37℃もあり，湖水には炭酸ナトリウムと炭酸水素ナトリウムが多量に溶解し，炭酸ナトリウムを主成分とする緩衝液のような状態で，そのpHは約10と強アルカリ性である．また，湖水の浸透圧は海水の1/2ほどもある (図 4-11)．

b. 尿素合成とその部位

　2章で述べたように，鰓と環境との境界層のpHが血液よりも低いときには，血液中のアンモニアガス，NH_3濃度は，外界に比べて高くなり，NH_3は拡散によって環境へと排出される．

　しかし，マガディ湖のようにpHが高く，しかも緩衝液のような湖水では，鰓から分泌されるH^+（プロトン）が，湖水によって直ちに中和され，消費される．この状況では，魚の血液のpH (8.14) が，鰓の境界層 (pH 10) より低くなり，アンモニアを排出できなくなる．

　このためにマガディティラピアは，窒素老廃物として生じるアンモ

表 4-1 マガディティラピアの筋肉と肝臓の O-UC 酵素活性 (μmol/min/g-組織)[111].

O-UC 酵素	筋肉	肝臓
CPS III [*1]		
基質　アンモニア	0.19 ± 0.02	0.06 ± 0.02
基質　グルタミン	0.17 ± 0.02	0.04 ± 0.01
OCT [*2]	4.37 ± 1.10	3.00 ± 0.50
ASS + ASL [*3]	0.19 ± 0.06	0.01 ± 0.01
ARG [*4]	38.00 ± 12.00	51.00 ± 5.70
GS [*5]	0.31 ± 0.01	6.20 ± 2.20

*1　CPS III: カルバモイルリン酸合成酵素.
*2　OCT: オルニチンカルバモイルトランスフェラーゼ.
*3　ASS+ASL: アルギニノコハク酸合成酵素と分解酵素.
*4　ARG: アルギナーゼ.
*5　GS: グルタミン合成酵素.

ニアの全てを尿素として排出している[109]．また，この尿素の主たる排出部位は鰓で，鰓から80％，残りは尿から排出される[110a]．

マガディティラピアについての最初の論文が，ランドールたちによって発表されたときには，この魚の肝臓の O-UC 酵素活性のみが調べられ，その結果が報告された[109]．しかし，その10年後，筋肉の O-UC 酵素活性を調べると，その活性は表4-1に示したように，肝臓よりも CPS III で3〜4倍，ASS では20倍も高いことが判明し[111]，このティラピアの主要な尿素合成部位は肝臓ではなく，筋肉であることが明らかとなった．

しかも，興味深いことに，筋肉に存在する CPS III はグルタミンを基質とする以外に，アンモニアに対しても高い反応性をもっており，筋肉に蓄積するアンモニアを効率よく除去することができる．

c. 希釈湖水中での実験

カナダ McMaster 大学のウッド教授たちは，マガディ湖の湖水を段階的に希釈し，マガディティラピアの代謝が，希釈された湖水中でどのように変化するかを調べている[112]．

希釈した湖水への魚の順応は，湖水濃度を毎日10％ずつ低下させ，最終的に，ほぼ淡水レベルの1％希釈湖水まで，市販のティラピアのペレットを与えながら慣らす．そして，この順応と同期間，100％湖

水で同様に飼育した個体を用意して対照とする．なお，湖から捕獲直後の魚は非常に活発で，酸素消費速度や，尿素排出速度も高いが，水槽で飼育すると，体色が黒ずみ，動きが鈍くなる．

図4-12には，捕獲直後(A)，対照(B)，希釈湖水，それぞれの魚の酸素消費速度と，窒素(全て尿素-N)排出速度を示した．いずれの値も，捕獲直後が最も高く，次いで対照，希釈湖水順応個体の順に低くなる．希釈湖水に順応した個体の酸素消費速度(エネルギー代謝量の目安)が対照に比べて低くなるのは，湖水に存在する多量のHCO_3^-などのイオンを体外に排除するのに要するエネルギーが，希釈湖水ではほとんど不用となることによる[112]．

また，この実験で興味深いことは，1%希釈湖水に順応させて，アンモニア拡散の障害を完全に取り除いても，魚は尿素を排出し続け，アンモニアを全く排出しないことである．なぜ，アンモニアを排出しないのか，詳細は不明だが，鰓組織に高いグルタミン合成酵素やO-UC酵素が存在し，鰓に流入するアンモニアをグルタミンや尿素に変換しているのではないかと考えられている[112]．

希釈湖水への順応に伴うO-UC酵素活性の変化については，まず，順応個体の尿素排出速度が，捕獲直後に比べて著しく低下するのと関連して，肝臓のGSとCPS III活性が捕獲直後の1/2〜1/3に低下する(表4-1および表4-2)．ところが，O-UC酵素活性を対照と1%希釈湖水の魚との間で比べると，希釈湖水の個体の尿素排出速度が対照より有意に低くなっているのにもかかわらず，両者のGSやCPS III活性には差がなく，代わりに希釈湖水の魚のASSとARG活性が対照に比べて顕著な低下を示す(表4-2)．なぜ，希釈湖水に順応させた個体の肝臓の酵素がこのような振る舞いをして尿素合成速度を調節するのかは，この魚の主たる尿素合成部位である筋肉の各活性値が調べられていないのでよくわからない．

図4-12には，マガディティラピアと比較するために，マガディティラピアとほぼ同体重(約1g)のトビハゼの酸素消費速度およびアンモニアと尿素の各窒素排出速度を示した．マガディティラピアの調査は，湖岸のソーダ工場のバルコニー(31〜35℃)で行われたが，トビハゼは

20℃の恒温下で測定したので, $Q_{10} = 2$★4 として各値を2倍して図に示している.

このような操作をしてトビハゼと比較してみると, 希釈湖水に順応したティラピアの酸素消費速度はトビハゼとほぼ同程度ある. これに対して, ティラピアの窒素 (尿素-N) 排出速度はトビハゼの窒素 (アンモニア-N + 尿素-N) 排出速度の約2倍になる. また, マガディティラピアでは, 捕獲直後の個体から希釈湖水に順応した個体まで, 窒素 (尿

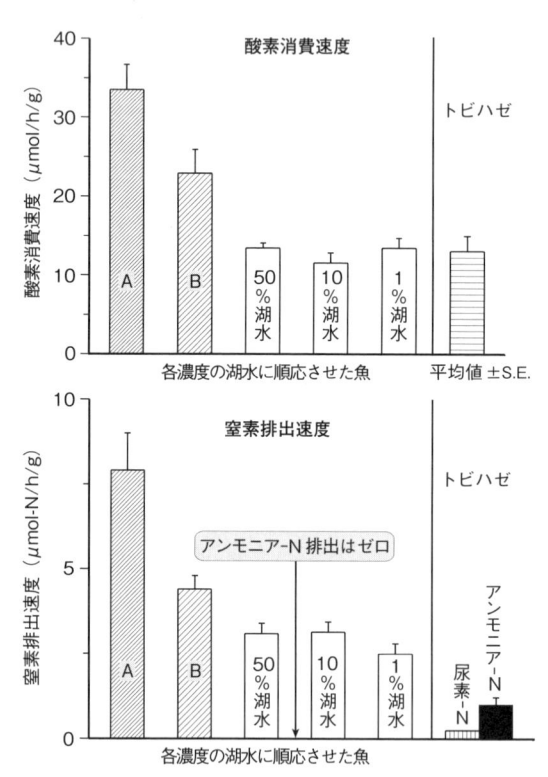

図4-12 希釈湖水中でのマガディティラピアの酸素消費 (呼吸) 速度と窒素 (全て尿素-N) 排出速度 (文献112のデータに基づき著者作図). A: 捕獲直後 (100%湖水). B: 希釈湖水順応と同期間, 100%湖水中で飼育. トビハゼについては本文参照.

★4 Q_{10}　　温度が10℃変わると, 代謝などの反応速度が何倍変わるかを示す指標. 常温では, 通常2〜3の値をとる.

表 4-2 尿素合成能をもつ真骨魚の肝臓の主要な O-UC 酵素活性 (μmol/min/g-組織) と種々のストレスがこれらの活性に及ぼす影響[*1]．比較のためにアンモニア排出性の近縁種の活性値も示す．

魚種	CPS 対照	CPS S	OCT 対照	OCT S	ASS 対照	ASS S	ARG 対照	ARG S	GS 対照	GS S	ストレス(S)の種類	排出様式[*2]	文献
マガディティラピア[*3]	0.018	0.016	0.98	0.96	0.016	**0.005**	17.0	7.3	3.0	3.8	1%希釈湖水	U	112
ガマアンコウ[*4]	0.21	0.19	45.0	43.8	0.04	0.04	78.1	72.9	2.3	**10.4**	閉じ込め	FU	120
レッドキャット[*5]	0.05	**0.15**	2.6	**5.5**	0.55	**1.40**	31.7	31.7	★1.2	★**2.8**	高アンモニア★泥中での休眠	FU	124 125
クララ[*6]	0.09	**0.14**	2.5	2.9	0.80	**1.04**	17.3	19.4	1.4	**2.3**	強アルカリ pH 10	FU	128
オイスタークラッカー[*7]	0.15	–	21.6	–	–	–	29.1	–	1.3	–		Am	118
アフリカンクララ[*8]	0.00	0.00	0.1	0.1	–	–	24.7	28.5	0.5	0.5	高アンモニア	Am	131

[*1] 太字：対照に比べて統計的に有意な変化．
[*2] Am：アンモニア排出性，U：尿素排出性，FU：条件的尿素排出性．
[*3] *Alcolapia grahami*.　[*4] *Opsanus beta*.　[*5] *Heteropneustes fossilis*.　[*6] *Clarias batrachus*.
[*7] *Opsanus tau*.　[*8] *Clarias gariepinus*.

素-N) 排出速度と酸素消費速度との比 (N/O_2) が，約 0.2 ときわめて高い[112]．

魚はタンパク質をエネルギー源として用いる割合が哺乳類よりも高いが，この N/O_2 比からティラピアの総エネルギー代謝に占めるタンパク質代謝の割合を推定すると，総エネルギーの実に 70% がタンパク質の異化によることになる．ちなみに，比較のために示したトビハゼ (図 4-12) の N/O_2 比は，窒素としてアンモニアと尿素を合わせても 0.1 程度にしかならない．

なぜ，マガディティラピアのタンパク質異化がこのように高いのだろうか．これについては，魚の湖中での餌が，フラミンゴなどが主食とするシアノバクテリア (藍藻) で，これが高タンパク質代謝を支えていると考えられている[112]．また，タンパク質への高依存体質は，2週間ほど市販のペレットを魚に与える程度では変化しないらしい．

4-4-2 アベハゼ

a. 研究経緯

大学では授業などの義務的な仕事に加え，雑用に食われる時間が勤務時間の 6〜7 割を超すと，研究をしたくても細切れの時間しかとれ

ず，私のような実験を主たる研究手段とする分野では腰を落ち着かせて実験に取り組むことが不可能となり，実験室をただ，うらやましげに眺めるだけの生活となる．やがて，自分の手を動かせて実験することをあきらめ，学内の権力争い，はてまた碁やテニスに打ち込むなど，学問とはあらぬ方向へ力を注ぐか，学内のこと全てに無関心を装い，かといって研究にも打ち込めず，もんもんとして日々の雑用をこなすかのいずれかとなる．ちょうどこのような状態に陥りかけていた頃，長年申請していた文部科学省長期在外研究の順番がやっと回ってきた．そして，1992年9月にカナダ，VancouverのBritish Columbia大学 (UBC) 動物学学科生理学研究部門，ランドール教授の研究室へと旅立つことができた．

　私がUBCの客員教授として滞在した頃，ランドール教授の研究室では，上記したように鰓表面と環境の境界に生じる酸性の薄層の形成とその役割が主要な研究テーマとなっていた．

　ランドール教授は皆からデイブと呼ばれており，私もいつしかデイブと呼ぶことに慣れた．デイブはUBC到着後すぐに，「アルカリ環境下でのニジマスの窒素代謝についての研究をしないか」と私を誘った．マガディティラピアのように鰓の境界層が破壊されると，一般の魚はどのような影響を受けるか，といったテーマは私自身の興味とも合致したので，もちろんその申し出を喜んでお受けした．そのようなわけで，私は到着後1週間ほどで，緩衝化されたアルカリ環境にニジマスを置く実験を開始することができた．

　デイブは魚類生理学の分野で世界的に有名なこともあって，世界中に知己をもっておられ，横の繋がりの広さに感心した．また，和歌山大学という小さな地方大学からUBCに来て驚いたのは機器類の豊富さではなく，研究を行うための環境，特に図書館が充実していたことである．

　実は，私の恩師，京都大学の故三浦泰蔵さんも，かつてこのUBCの動物学学科生態学研究部門 (魚類生態学) に留学されており，私が院生の頃，先生から留学時代の話をいろいろとうかがった．そのなかで，動物学科，恒例のビールゼミが強く印象に残っていたのだが，私が

UBC に滞在していたときも，このゼミが続けられていた．

　ビールゼミは動物学科の研究者が一同に集まり，ビールを飲みながら，互いの研究について討論する会である．確か月2回ほど，金曜日の夕方に開催される．このゼミは，異分野の最新の話題や多様な分野の研究者の考え，研究手法などが学べる貴重な場となる．各教室もち回りでゼミの世話 (プログラム，ビールの用意，つまみなし) をし，毎回2人くらいの演者 (演者もビール可) を選び，その発表を肴にしながらワイワイと議論するのだ．ビールがまわる分 (といっても 350 ml 瓶1本程度)，当然，議論は白熱する．

　在外研究中は 100% 自分の研究に打ち込むことができ，錆付いた頭をまさにリフレッシュすることができた．しかし，悲しいことに在外研究期間は，あっという間に終了した．そして，大学に戻ると，出発前にも増して雑用が，どっと回ってきた．

　大学に戻った直後の生物学実習の授業で，私は学生たちに，比色定量の方法を学ばせる目的で，魚が排出するアンモニアと尿素を測定させようと思った．

　そこで，材料となる魚を探しに動物飼育室に行くと，私がカナダへ出発前に飼育していた魚のほとんどは死に絶え，3尾のアベハゼ (図 4-13) のみが，汚れた容器の中で生き残っていた．それらを 20 ml の希釈海水を入れた容器に1尾ずつ入れて2時間ほど放置後，学生たちのところに，容器中の海水を試験管に入れて持って行き「この液のアンモニアと尿素をこのマニュアルに沿って分析して，アベハゼのアンモニアと尿素の排出速度を求めなさい」と言って試験管を渡した．

図 4-13　アベハゼ (*Mugilogobius abei*) のレリーフ (著者制作).

2時間ほどして，学生たちがもってきたデータを見ると，驚いたことに尿素の値が3尾とも異常に高い．これはてっきり測定ミスだと思って，「尿素はヒトの手にいっぱいついてるんや，これはコンタミやろ，もう一度，尿素はやり直し」といって再測定してもらった．もちろん，今度は学生たちの測定をじっくり観察し，嫌みの一つや二つ言ったことは言うまでもない．が，やはり値が異常に高い．

b. アンモニア環境下での尿素合成

この時点では長期間，劣悪な環境にいたアベハゼが，何らかの異常で高濃度の尿素を排出したのだと思った．でも，やはり気になったので，アベハゼの尿素排出の異常に，最初に気づいた学生の一人，梶村さん (現在，和歌山大学准教授) の卒論に「アベハゼの尿素合成能」という課題を与えた．

彼女は，まず，アベハゼを高アンモニア環境下に置くことから，この課題に着手した．普通の魚なら致死的な濃度である，pH 8 に調整した 10 mM 塩化アンモニウム溶液 (20%海水に溶解) にアベハゼを入れても，全く平気なので，アベハゼをこの液に 1 週間入れ，排出する尿素量を測定してみた．すると，どの個体も 20%海水中の個体 (対照) より著しく高い尿素を排出していた．これはすごい！ と測定した本人をはじめ，研究室の全員が色めき立った．もしこれが事実なら，アベハゼは，世界で 4 番目に発見された尿素合成能をもつ魚なのだ．

しかも，ハゼ科は日本を含むインド・西太平洋を分布の中心とし，海水魚のなかで最大の種類数を誇る魚であるが，アベハゼは，尿素合成能をもつハゼ科の魚として世界で初めての発見となるのだ．もちろんこれを世界に発信するためには，アベハゼが O-UC を用いてこの尿素を合成していることを証明しなければならない．

修士課程に進学した梶村さんが，この課題を引き続き追求することとなった．まず，アンモニアが確実に，尿素窒素に取り込まれることを調べなければならない．

アベハゼを高アンモニア環境 (この時点では，低濃度で強力な効果の出る 2 mM 炭酸水素アンモニウム NH_4HCO_3 を使用) に 8 日間置き，アンモニアや尿素の排出速度の変化を調べた．魚をアンモニア溶液に

入れると，移行3日頃まで尿素排出速度は，時間に伴って増加するが，4日頃からほぼ一定の排出を示すようになる．

図4-14Aには，アンモニア溶液へ移行させてから4～8日後の尿素とアンモニアの各窒素排出速度（μmol-N/日/g）の平均値を示した．尿素-N排出速度は対照（20％海水中）に比べて6倍増大し，アンモニア-N排出速度は対照の約60％に減少した．その結果，尿素-Nの排出割合[尿素-N/（アンモニア-N＋尿素-N）×100]は，対照の15％からアンモニア負荷の62％にまで上昇し，アベハゼは，アンモニア環境下で，アンモニア排出性から尿素排出性に移行することが明らかとなった[113]．

c. ^{15}N-アンモニアの尿素への取り込み

次に，この尿素の増加がどのような経路で合成され排出されたかを確かめる必要がある．そのために，^{15}Nでラベルされたアンモニア溶液中（1 mM ^{15}N-(NH$_4$)$_2$SO$_4$ 99.7 atom％ pH 8）にアベハゼを入れ，ラベルされたアンモニアが尿素分子中の窒素にどのように取り込まれるかを，質量分析機を用いて分析した．魚をこのようなアンモニア溶液に4～5日入れると，魚体中のアンモニアと尿素濃度は対照の3倍，グルタミンでは6倍も増える．そして，これらの^{15}N濃度を測定すると，図4-14Bに示すように，魚体中のアンモニアやグルタミンのアミド態

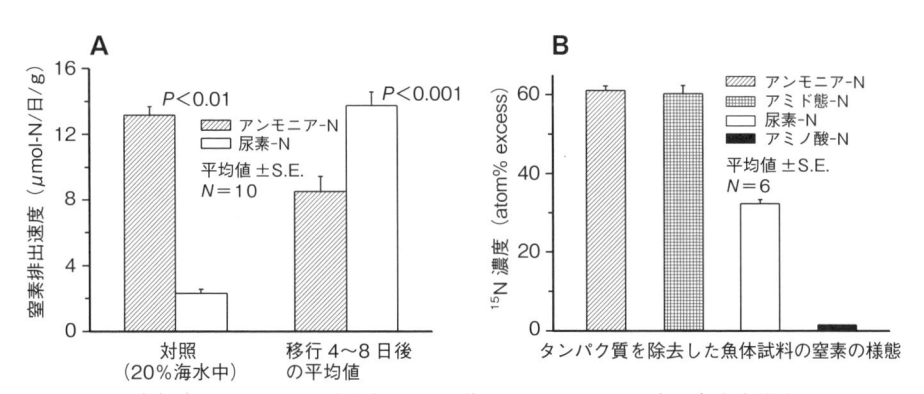

図4-14（A）高アンモニア環境移行4～8日後のアンモニアと尿素の各窒素排出[各バーは1gの魚が絶食下で1日に排出する窒素量（μmol-N）の平均値，対照は20％海水中での値]．（B）^{15}N-アンモニア溶液移行5日後の魚体内のアンモニア，グルタミンのアミド態窒素，尿素およびアミノ酸に含まれる^{15}N濃度．

窒素の ^{15}N 濃度は，60 atom%excess (p. 84 の脚注★3 参照) と非常に高いが，グルタミン酸などのアミノ態窒素に取り込まれる量は，2〜3 atom%excess と非常に少ない．

一方，組織中や排出された尿素の ^{15}N 濃度は，先に述べたトビハゼと違って，30 atom%excess とアンモニアやアミド態窒素の ^{15}N 濃度のちょうど半分となっていた[113]．これは，尿素分子の二つの窒素のうち，一つはグルタミンのアミド態窒素やアンモニアからカルバモイルリン酸を介して導入され，もう一つはアスパラギン酸のアミノ態窒素からくるとすると説明できる．ただ，残念なことにこの結果のみだと，アベハゼが O-UC を用いて尿素を合成していることの証明にならない．というのは，もし，アベハゼがグルタミンを窒素源として尿酸を合成し，それを分解したとしても同じ結果になるからである．

そこで，高アンモニア環境に 5 日間，放置した魚体に含まれる尿酸濃度を測定してみると，尿素と違って尿酸値には，アンモニア負荷個体と対照の差が認められず，その濃度も尿素の 1/10 と非常に少ない．

一方，O-UC の中間代謝産物であるシトルリンの魚体中の濃度は，尿素の 1/10 程度であるが，アンモニア負荷によりその濃度は 2 倍，有意に増加していることがわかった．これらの結果からほぼ間違いなく，アベハゼは体内に流入するアンモニアを無毒化するために，O-UC を用いて尿素を合成していること，すなわち，アベハゼは機能的尿素合成能をもつことが明らかとなった．これで最後に残るのは，各組織の O-UC 酵素活性，尿素合成部位を特定することである．

d. O-UC 酵素活性と *CPS III* 遺伝子の発現

O-UC 酵素の測定が最後となったのは，アベハゼは成魚でも 1 g にも満たない小さなハゼなので，酵素活性の測定には，多くの個体を殺戮しなければならなかったからである．分析は，当時，大阪市立大学の博士課程に進学した梶村さんと手分けして行ったが，多くの命を奪う以上，できるだけ組織を無駄なく活用しようと，肝臓と筋肉以外に，まだ，誰も測定した者がいない皮膚と鰓についても調べることにした．

O-UC に窒素を導入するうえで，重要な役割を果たすグルタミン合成

酵素 (GS) は，アンモニア負荷個体の筋肉と肝臓でその活性を増大させていた．また，O-UC 酵素活性は CPS III を除いて，何とか全て測定できたが，CPS III 活性は低く，比色法の検出限界に近かった．

そこで，アンダーソンが考案した ^{14}C を使用する鋭敏な測定方法を用いることに決め，梶村さんが，放射性同位体の実験施設のある大阪市立大学へ，和歌山から日参して測定した．その結果，筋肉，意外なことに鰓や皮膚にも，微弱な活性が検出できたが，肝臓には活性が認められなかった．ただ，いずれの組織の活性値も低く，どうもすっきりしない．

このような時期に開かれた動物学会に出席した折，当時，広島大学助手の坂本竜也 (現在，岡山大学教授) さんに「CPS III 活性が低く，どの組織で尿素を合成しているのか，よくわからず悩んでいる」と話したところ，坂本さんから「*CPS III* 遺伝子の発現を調べたらどうですか，ついでがあるから私がやってもよい」との親切な申し出があった．渡りに船と，広島大学にアベハゼ組織の凍結サンプルを持って行き，CPS III mRNA (*CPS III* 遺伝子) がどの組織で，どのように発現しているかを RT-PCR (Box 5 参照) という手法を用いて調べていただいた．

その結果，*CPS III* 遺伝子の顕著な発現が見られた組織は，鰓，皮膚，筋肉で，肝臓ではその発現がほとんど見られなかった．また，その後，アベハゼの脳や目にも *CPS III* 遺伝子の発現が認められている (図 4-17)．いろいろと悩んだが，私たちが行った酵素活性の測定結果は正しかったのだ．

アンモニア負荷が CPS III mRNA の発現に及ぼす影響を調べると，アンモニア負荷により *CPS III* 遺伝子が最も大きく増加する組織は，鰓で，次いで皮膚，筋肉の順であった[113]．筋肉に *CPS III* 遺伝子が発現することについては，すでにニジマスで明らかにされていたが，鰓や皮膚でも *CPS III* 遺伝子が発現することの発見は，私たちが初めてである．

さて，これらの結果からアベハゼでは，どの組織が尿素合成を主に担っているのであろうか．筋肉の組織当たりの CPS III 活性は，他の組織に比べて高くないが，筋肉は魚体重の半分近くを占める組織なので，魚体全体から見ると筋肉の尿素合成量が最も大きく，マガディ

マクマスター大学ウッド教授 (左) とマイアミ大学ウォルシュ教授 (右)

ティラピアと同様，アベハゼも筋肉が主要な尿素合成部位と言える．

　あんなこんなで，いろいろと悩んだが，1999 年 8 月，カナダの Calgary 大学で開かれた第 5 回国際比較生理・生化学学会でアメリカ，Miami 大学のウォルシュ (P. J. Walsh) 教授とカナダ，McMaster 大学のウッド (C.M. Wood) 教授が主催する魚類の窒素代謝に関するシンポジウムに招かれ，そこでアベハゼの尿素合成能について口頭で発表することができた．

　私は，カエルのような生活をするトビハゼこそが，尿素合成能を発達させているに違いないと思い込み，トビハゼについての研究を始めた．結果的には，トビハゼはカエルと全く異なる方法でアンモニアの処理をしていることがわかったのだが，当時は，トビハゼばかりに目が行き，他の魚を調べてみようとも思わなかった．

　現在，和歌浦のトビハゼ個体群は河川改修などの影響でほぼ壊滅してしまっている．しかし，1980 年頃では，大学から自転車で 15 分ほどの和歌浦干潟に，多くのトビハゼが生息しており，実験に必要な個体を苦もなく集めることができた．その採集時にアベハゼとは何度も出会っている．

　また，アベハゼを集団で飼育していると，劣位の個体が，体を完全に空気中に露出させ，水槽の壁に何時間も張り付いているのをたびた

び目撃していた．しかし，「灯台下暗し」というか「魚も見かけによらぬ」と言うべきか，まさか普通のハゼの姿をしたアベハゼが，尿素合成能をもつなど，全く想像もしなかった．

　実験を進めると，さまざまな副産物が見つかるものだが，アベハゼの場合も次の三つの副産物が見つかった．第1は，次章で述べるように，尿素を非常にきれいな24時間周期で排出すること．第2は，アベハゼを狭い容器に閉じ込めるだけで，尿素排出性に変わることを見つけたことである．これは後述するガマアンコウと同じで，両者とも物理・化学的なストレスだけでなく，「閉じ込め」という心理的ストレスによっても尿素合成量を増大させる能力をもつ．そして，第3の副産物は，アベハゼを高アンモニア環境下で飼育すると，対照個体 (20%海水中) より，明らかに死亡率が少なく，成長も早いことに気づいたことである．

e. アンモニア環境下での成長

　アベハゼがほんとうにアンモニア環境下で高い成長を示すのかどうかを確かめるために，アンモニア (2 mM NH$_4$Cl) を負荷する区と，負荷しない区 (対照) を設け，それぞれに単独飼育および6尾の集団飼育群 (雌雄比 1:1) を設置した．そして，魚が1尾当たりに占有する面積を，単独飼育と集団飼育で等しくするとともに，1尾当たりの餌 (冷凍赤虫) の量も一定とした．また，各水槽には，単独飼育では1個，集団飼育では4個の塩化ビニール製のパイプ (ϕ13 mm × 40 mm) をシェルターとして入れておいた．

　実験を始めてから2週間後の成長率を求めると，集団飼育群では，アンモニア区の成長率は対照区よりも有意に高くなった (図 4-15)．これに対し単独飼育のアンモニア区では，その成長率に統計的に有意なほどの差は生じなかった．このような成長実験に加えて，両区の個体の脳下垂体を摘出し，成長ホルモン (*Grh*) 遺伝子 (Grh mRNA) の発現量を調べたところ，アンモニア区の発現量は対照区よりも有意に増加していることがわかった[114]．

　さらに，集団飼育下での各個体の行動を観察すると，対照区では，飼育を始めて数日もすると，個体間に優劣が生じ，優位個体は，劣位

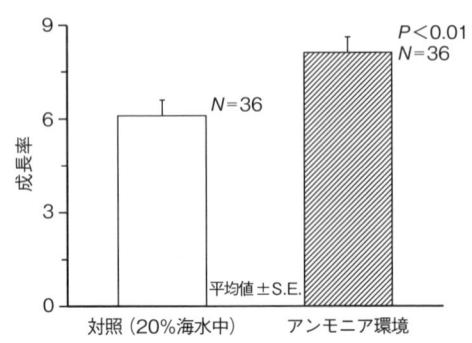

図 4-15 アンモニア環境下でのアベハゼの成長．成長率 = $(\ln Wt_2 - \ln Wt_0)/(t_2 - t_0) \times 100$．$Wt_2$：2 週目の体重，$Wt_0$：0 週目の体重．

個体をたえず攻撃して餌やシェルターを占有し，そこに他個体が侵入すると，威嚇，攻撃，追い回しなどを行うので，水槽内の魚の動きが激しい．

一方，アンモニア区では，個体間の優劣があまりなく，シェルターを共有しあい，ある個体が他個体を攻撃する頻度も著しく少ない．

このような両区の行動の違いを量的に比較するために，水槽内の個体の動きをタイムラプスビデオで撮影し，飼育水槽の中央に引いた線を 30 分間に通過した延べ個体数（活動量）を計測した．

その結果を図 4-16 に示したが，餌投入後のしばらくは，アンモニア区，対照区とも活動量が増えるが，餌を食べ尽くすと，アンモニア区では，急速に活動量が低下する．特に，両区の活動の違いは，餌を与えないときに顕著となる．

図 4-16 のように対照区の活動量は餌の有無にあまり関係しないが，アンモニア区では，餌がないと極端に少なくなる．また，これと関連して，両区の個体の酸素消費速度を測定すると，アンモニア区の酸素消費速度は対照に比べて有意に低下していた．

高アンモニア環境下では，おそらく，アンモニアが中枢神経系に影響を及ぼし，さまざまなストレスに対する感受性を低くし，いわば鎮静剤のような作用を及ぼした結果，集団飼育のようなストレスの多い環境下での成長に明瞭な差を生じさせたものと思われる[114]．また，ア

4-4 ついに発見！

ンモニア環境下では，成長ホルモン遺伝子の発現量が対照よりも増加することから，アンモニアによるストレス緩和作用は，成長ホルモンの分泌を促す働きがあるとも言えるだろう．

アベハゼとよく似た現象が，養殖下でのフグについても知られている．トラフグを人工の餌のみで育てると，毒をもたないトラフグとなる．この無毒フグを集団で飼育すると，個体間の噛みつきが激しく，互いに傷つけ合うために養殖フグの価値を著しく減じることになる．

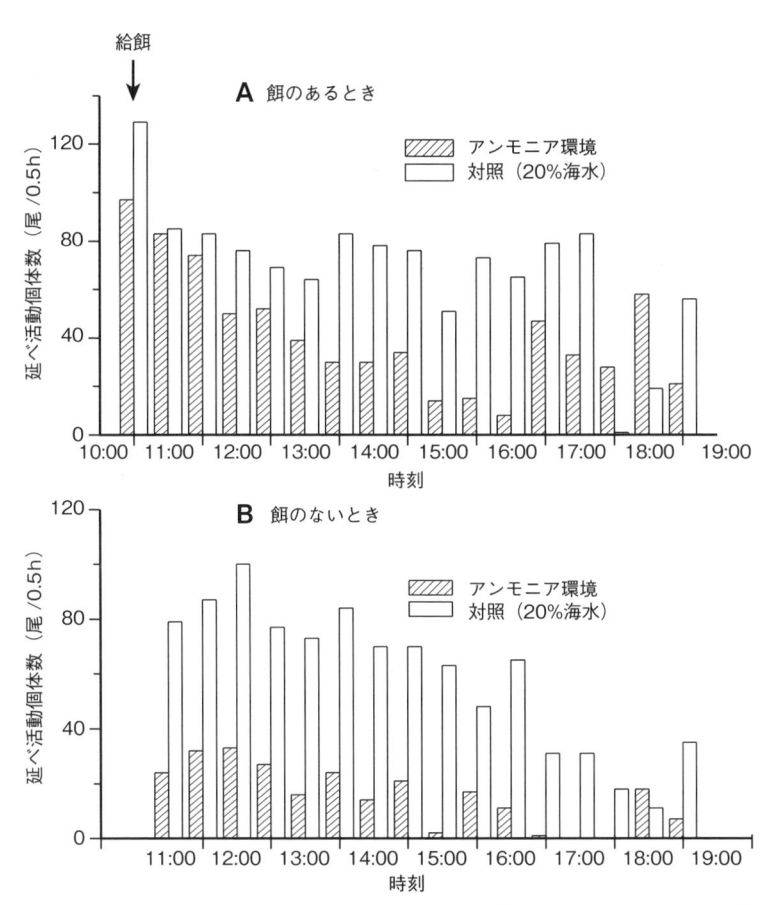

図 4-16 アベハゼの活動に及ぼすアンモニアの影響（各バーは 30 分間の延べ活動個体数）．

これを避けるために，フグの養殖では各個体の歯を切除することが慣例となっている．

しかし，人工餌料にフグの卵巣や肝臓から抽出したフグ粗毒を混ぜた餌を与えて，毒化させたトラフグでは，個体間の噛みつきや追い回しが激減し，成長も良くなることが報告されている[115]．アンモニアもフグ毒も神経系に対する強力な毒性をもっており，これらが魚の集団内でのストレスを軽減する鎮静剤のような作用をもつことは興味深い．

f. アベハゼとその近縁種

アベハゼ属のハゼは，オーストラリアの北部，東南アジアなどの熱帯・亜熱帯に分布する魚で，このうちアベハゼはアベハゼ属の最北限種である．日本にはアベハゼ属のハゼが5種生息するが，アベハゼを除き，いずれも南西諸島のマングローブ林内の淡水が流入し，有機堆積物の豊富な場所に生息している．

本州に住むアベハゼも，淡水(多くの場合下水)が流入する湾奥の非常に有機汚濁の進行した場所に生息しており，有機汚濁があまりにも進行した結果，多くの魚種が消滅した場所に唯一，生き残る魚としてよく知られている．

有機汚濁が進行した場所では，バクテリアの活動により酸素が奪われるために，泥中は無酸素の還元的状態となり，有毒な硫化水素やアンモニアが多量に生成される．このような環境下で，高い尿素合成能をもつことが生存に有利なことは容易に想像できるが，アベハゼは，この能力をどのように獲得したのであろうか．

本州のアベハゼに最も近縁な種は，沖縄や西表に生息するイズミハゼであることが向井貴彦さん(現在，岐阜大学教授)によるミトコンドリアDNAの解析によって明らかにされている．

日本に生息するアベハゼ属5種(アベハゼ，イズミハゼ，ナミハゼ，ホホグロハゼ，タヌキハゼ)のうち，4種の尿素合成能を比較すると，沖縄や西表に生息するイズミハゼが，アベハゼとほぼ同じ能力をもち，次いでナミハゼ，そしてタヌキハゼはほとんど合成能がないことが明らかにされている[116]．

興味深いことに，このような尿素合成能の高低と，ミトコンドリア

DNAによる種間の近縁度とが一致することである[116]．これらの事実から，アベハゼが北方へと進出する前に，その祖先種が生息していた熱帯もしくは亜熱帯域で尿素合成能を獲得したものと推測される．

熱帯・亜熱帯に生育するマングローブは，その群落から供給される落ち葉などの有機物に加え，陸から供給される有機物が堆積する場所で，これらの有機物の嫌気的分解によって多量のアンモニアが発生することが知られている．おそらくアベハゼの祖先種は，このようなマングローブ林内での生活を通じて，尿素合成能を獲得したものと思われる．なお，マングローブで生成されたアンモニアを含む栄養塩類は，やがて外海に運ばれ，サンゴなどの生育に重要な役割を果たしている．

g. *CPS III* の発現と個体発生

CPS III 遺伝子の発現をアベハゼの個体発生に沿って見てみると，図 4-17 に示すように発眼前後の卵をはじめ，仔魚および成魚の鰓，皮膚，筋肉，脳などの組織で発現が認められる．しかし，アベハゼ属と系統的に近縁であるが，尿素合成能をもたないオーストラリア原産のデザートゴビー (*Chlamydogobius eremius*) を用いて *CPS III* 遺伝子発現の有無を調べると，発眼卵と仔魚期には発現が認められるが，成魚のどの組織にも発現が認められなくなる (図 4-17)．

すでに述べたように，大部分の真骨魚の胚では O-UC 機能の発現が見られるが，その機能は孵化後，急速に消失する．しかし，アベハゼでは，胚の時期に発現した O-UC 機能が，成魚になっても持続し，仔魚期の形質を保持したまま成熟する，一種のネオテニー (幼形成熟) 的な現象が起こっている．

繁殖期のアベハゼでは，泥に半ば埋もれた石やカキ殻の下に雄が巣をつくり，そこに雌を誘導して産卵放精後，雄が孵化まで卵の保護を行う．アベハゼの生息環境のように酸素が乏しく，アンモニア濃度の高い環境での胚発生にとって，親魚による卵保護に加えて，胚自身のアンモニア処理機能の発達は胚の生存に不可欠である．一方，巣内の狭い空間にとどまり，卵保護を行う親魚にとっても，尿素合成能をもつことは，アンモニアの毒性から親魚自身を守るうえでも，また，卵を取り巻く狭い環境のさらなる汚染を防止するうえでも重要であろう．

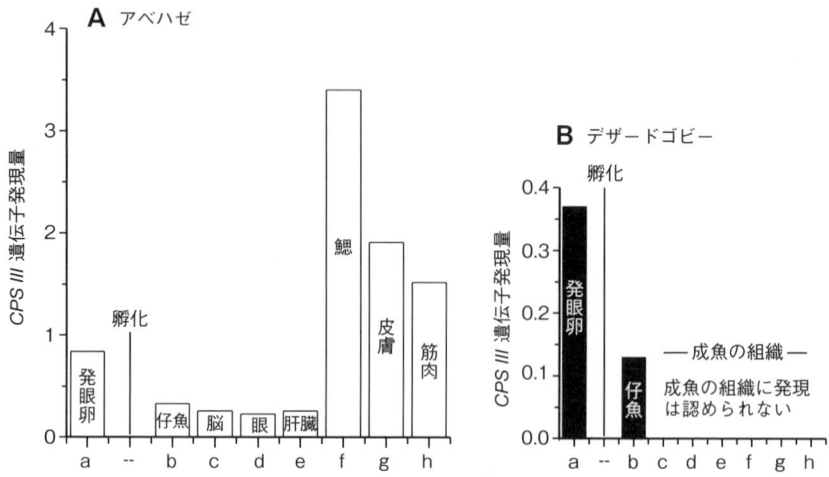

図 4-17 アベハゼ (A) およびデザートゴビー (B) の個体発生に伴う *CPS III* 遺伝子の発現. *CPS III* 遺伝子発現量はハウスキーピングな解糖系酵素の遺伝子, グリセルアルデヒド-3-リン酸脱水素酵素 GAPDH mRNA の発現量に対する比として示す (Box 5 参照). 図 B の横軸 a~h は, 図 A の各組織と対応.

4-4-3 ガマアンコウ

ガマアンコウ (Toadfish) には, 近縁種の Gulf toadfish (*Opsanus beta*) と, Oyster toadfish (*Opsanus tau*) の 2 種が, 北米の東海岸を中心に生息している. 本書では, 紛らわしいので, Gulf toadfish をガマアンコウと呼び, Oyster toadfish はオイスタークラッカーと呼ぶことにする.

ガマアンコウは, フロリダ南東部からメキシコ湾岸に分布する底生魚で水深 250 m 付近まで生息している. これと近縁なオイスタークラッカーもアメリカ東岸に生息するが, 分布範囲は, メーン州から西インド諸島とガマアンコウよりも広い.

ガマアンコウの窒素代謝に関する研究は, 最初, ガマアンコウではなく, オイスタークラッカーが真骨魚としては例外的に高い O-UC 酵素活性, 特に CPS 活性をもつことが, リード (L. J. Read) によって明らかにされたことから始まった[117]. 確かに表 4-2 に示すように, オイスタークラッカーの肝臓の O-UC 酵素活性は, 活性のみを比較するか

ぎりガマアンコウとあまり大差がない．

しかし，その後の詳細な分析で，CPS III にグルタミンを供給するうえで重要な働きをするグルタミン合成酵素 (GS) が，ガマアンコウでは，細胞質に加えてミトコンドリアにも存在するが，オイスタークラッカーでは，ミトコンドリアに存在しない．また，ガマアンコウの肝臓から単離したミトコンドリアに，オルニチンとグルタミンを加えて最適な条件のもとで反応させると，多量のシトルリンが生じる．しかし，オイスタークラッカーのミトコンドリアを用いて，同じ反応をさせてもシトルリンが全く生じない．このようにガマアンコウは機能的尿素合成能をもつが，オイスタークラッカーはもたないことが明らかとなっている[118]．

なお，オイスタークラッカーの肝臓に高い O-UC 酵素活性があることを最初に発見したリードも，論文のなかで「この魚の尿素排出量は少なく，一般の魚と変わらない」と述べている[117]．

ガマアンコウが高い尿素合成能をもつことを 1990 年に発見して以来，この魚の尿素合成をめぐる多様な研究を先導してきたのは，Miami 大学 (現在，Ottawa 大学) のウォルシュ教授を中心とするグループである．以下にその研究のいくつかを紹介する．

a. 不安定な尿素排出

ガマアンコウによる尿素の排出は変動が大きく，ストレスの少ない状態で測定しても尿素-N の排出割合が 15〜90％と大きく変化する．この原因は，次章で述べるように，この魚が尿素をほぼ 1 日に 1 回，脈動的に，しかも不定期に排出することや，この魚の窒素代謝は，さまざまなストレスにより容易に変わるので，測定に用いた個体の履歴の違いが，このような大きな個体差を生み出す要因の一つと考えられている．ただし，この魚を空気中に 8〜12 時間放置したり，アンモニア環境下に置いたりすると，尿素の排出量が一斉に増加する．例えば，低濃度 (0.1 mM) の塩化アンモニウムを溶かした海水に魚を入れるだけで，尿素排出速度は対照の 10 倍以上増加する[119]．

この魚で特に興味深いのは，海水を流した細いパイプに魚を 24〜48 時間，閉じ込めると，アンモニア排出量が尿素に比べて激減し，尿素-

N の排出割合が 80％以上に急増することである．この効果は魚の密度 (群れ) を高くしても起こるが，ストレスを加える前にコルチゾル (副腎皮質ホルモン) の合成を阻害するメチラポン (metyrapone) を投与しておくと，尿素-N の排出割合の増加は起こらない．ガマアンコウは，このように心理的・社会的なストレスによっても，窒素排出様式をアンモニア排出性から尿素排出性へと変える能力をもっている[120,120a]．

b. 尿素合成機構

ガマアンコウは，アンモニア排出性から尿素排出性への転換をどのようにして起こすのだろうか．ウォルシュたちは「閉じ込め」などのストレスを加える前後の肝臓の O-UC と，その関連酵素の活性を測定し，解明に迫っている[120,121]．

これによると O-UC 酵素活性は，ストレスを加える前後でほとんど違いが見られない (表 4-2)．しかし，「閉じ込め」のストレスを加えると，CPS III の活性化因子である N-アセチルグルタミン酸 (N-AGA) の肝臓での濃度が，ストレスを加える前 (対照) の約 2 倍になるとともに，グルタミン合成酵素 (GS) 活性が約 5 倍増大する (表 4-2)．

また，CPS III mRNA と GS mRNA の発現量を測定すると，48 時間「閉じ込め」のストレスを加えた個体の肝臓の CPS III mRNA は，対照に比べて 5〜10 倍増加し，GS mRNA では 5 倍の増加が起こる．

GS の酵素タンパクそのものをウェスタンブロティングの手法で調べると，ストレスを加えた個体の肝臓の GS の酵素タンパク量が対照に比べて，約 8 倍も増加していることがわかった[121]．ガマアンコウでは，このように肝臓の GS の酵素量をストレスに応じて増減させることで，アンモニアと尿素の排出割合を変えている．

ネズミに高タンパク食を与えると，尿素排出量が急増するが，このとき，肝臓の O-UC 酵素や GS などの活性も一斉に増大する．哺乳類の肝臓では，O-UC 酵素は肝小葉外側，門脈側の細胞に多く分布し，GS は肝小葉内側の中心静脈近傍の細胞に多いことが明らかとなっている．

腸から肝臓に入るアンモニアに富んだ門脈血は，まず，肝小葉の外側の細胞により，そのアンモニアの大部分が尿素に変えられ，中心静

脈側へと流れる．一方，中心静脈近傍の細胞では，肝小葉外側の細胞が取り逃がしたアンモニアを GS によりグルタミンに変え，肝静脈にアンモニアが流入しないようにしている．このように哺乳類の肝臓での GS は，有毒なアンモニアの一般血流への流入を阻止するための防御装置として機能している．

　これに対して，ガマアンコウの GS の役割は，哺乳類とは違い，まず，アンモニアを O-UC の窒素供与体であるグルタミンに変え，その O-UC への供給量を変化させることで尿素合成量を調整しており，GS は言わば自動車のアクセルの役割を果たしている．

c. 野外での尿素排出

　ガマアンコウの繁殖期は 2〜3 月で，主にフロリダ西部の沿岸で行われる．雄が巻き貝の殻などに巣をつくり，雌がその中で産卵した後，雄は孵化まで卵を保護する．野外で卵保護を行う雄が，尿素排出性に移行しているかどうかについての調査が行われている．

　魚が産卵のために訪れる海底に内径 5 cm，長さ 25 cm の一端を閉じた塩化ビニール性のパイプを多数，沈めて置く．そして，これらのパイプ内で雄が卵保護を行っていると，パイプ内の海水を採水して分析を行う．その結果，パイプ内のアンモニア-N と尿素-N の平均濃度は，それぞれ 8.9 と 14.2 μmol-N/l であった．これらが主に親魚により排出されたと仮定すると，その尿素-N の排出割合は約 62％となり，ガマアンコウは自然状態でも狭い空間に閉じこもると，尿素排出性へと変わることを示唆している[122]．

　また，この調査で採取した卵を孵化，発育させ，卵，仔・稚魚の CPS III，GS 活性を調べると，どの発育段階においても高い活性を示し，この魚の尿素合成能は発生初期から発達していることが明らかにされている．実際，卵黄嚢を吸収してから，1 週間以内の稚魚の尿素-N の排出割合は，80％を超えており，稚魚段階から尿素排出性を示す．ただし，小さな稚魚の尿素排出速度を測定するためには，どうしても小さな容器に閉じ込めて，測定しなければならず，この高い排出割合は「閉じ込め」ストレスによって生じた可能性もある[122]．

4-4-4 レッドキャット

a. O-UC 酵素の特性

インド，スリランカ，ネパールなどの淡水域に生息するヘテロプネウステス科のナマズで，胸鰭には有毒なするどい棘をもつ．英名では，このために Stinging catfish とも呼ばれている．

このナマズの幼魚の体色が赤いことから，ペットショップなどで，レッドキャットとして売られており，本書でも，このナマズをレッドキャットと呼ぶことにする．

このナマズは，主に湿地に生息し，乾期には泥中に潜って過ごす．空気呼吸器官として鰓腔から尾部にかけて細長い1対の気囊をもち (図 1-4 B)，空気中で 60〜70 時間，生息可能である．

この魚は，アンモニア耐性が高く，75 mM のアンモニア (NH_4Cl) 溶液中で，全く支障なく長期間過ごすことができる[123]．この魚の尿素合成能については，キノボリウオのところで紹介した，インドのサハたちを中心に，さまざまな研究が行われている．

レッドキャットの肝臓と腎臓には O-UC に関する全ての酵素が存在するが，興味深いことに ARG がサメと同様，ミトコンドリアに存在している．また，このナマズの CPS は，CPS I 様の性質をもち，アンモニアをグルタミンとほぼ等しく，窒素供与体として用いることができる[123]．なお，サハたちはレッドキャットや，後述するクララの CPS III がグルタミンだけでなく，アンモニアに対する反応性も高いことから CPS I の性質をもつとしているが，CPS I かどうかは，基質に対する反応性だけでは判断できないので，本書では CPS III と扱うことにする．

b. 肝臓の灌流実験

サハたちは，哺乳類でよく用いられる灌流実験を行って，レッドキャットの O-UC 機能を調べている．

レッドキャットの肝門脈から，アンモニア濃度を変えた灌流液 (ヘモグロビンなし，オルニチンを含む) を流すと，アンモニアの増加に伴い，流出する灌流液の尿素濃度は直線的に増大する．しかし，0.45 μmol-N/min/g で頭打ちとなり，灌流液のアンモニア濃度を増や

しても，流出する尿素はこれ以上増えない．

このように灌流液を1時間流し，尿素濃度が最大値に達した時点で，肝臓のO-UC酵素活性を測定すると，ARGを除く全ての酵素の活性値が，アンモニアを含まない灌流液を流した場合(対照)より，有意に増加した(表4-2)[124]．これとほぼ同じ結果は，ナマズを高アンモニア環境(50 mMNH$_4$Cl)に2週間，放置しても得られている[124a]．ここで注目すべきは，いずれの場合も組織中のアンモニアの増加に応じて，CPS III 活性が有意に増大することである．

両生類や哺乳類では，CPS I が尿素合成速度を制御するうえで，最も重要な酵素であることはよく知られている．しかし，表4-2に示すように，尿素排出性のマガディティラピアでさえ，1%希釈湖水に順応した魚の尿素排出速度は対照よりも低いが(図4-12)，肝臓のCPS III 活性には変化が見られない．また，上に述べたガマアンコウの場合でも，尿素合成速度の調節は，CPS III ではなくGSが担っている．

表4-2に示したマガディティラピアのO-UC酵素活性は，2週間ほど飼育下で順応させた魚の数値だが，湖から捕獲直後の魚のCPS III は，飼育下の個体に比して，約3倍高い活性を示す(表4-1, 4-2)．この違いは，魚が湖で摂取する餌(藍藻)のタンパク質の含有量が，通常の飼料に比べて極端に高いことによると考えられている．

このマガディティラピアの例を除くと，真骨魚の肝臓においてCPS III が尿素合成速度を直接，制御するという例は，サハたちが実験に用いているレッドキャットと，次に述べるクララだけである．しかも，サハたちの実験では，アンモニアを含んだ灌流液を肝臓に1時間流すだけで，CPS III 活性が劇的に変化するというのは，まさに驚異である．

c. 野外での休眠実験

レッドキャットは，乾期(夏期)に干上がった泥中で休眠するが，サハたちはキャンパス内の人工池の水を抜き，乾期の自然状態に近い泥中で休眠させるという大規模な野外実験を行っている[125]．

30日間，人工池の泥中で休眠させた個体の血しょうのアンモニア濃度は，水中で絶食させた個体(対照)の約4倍(2.1 μmol-N/ml)，尿素は約8倍(2.5 μmol-N/ml)に増加する．このとき，肝臓のO-UC酵素

は，表4-2に示す活性とほぼ同様な変化を示し，CPS III で約3倍，ASS および GS で約2倍，それぞれの活性が対照に比べて増加する．なお，このような O-UC 酵素活性の変化は，この魚の腎臓でも認められる．

泥中に30日間，休眠させた個体を水に戻し，アンモニアと尿素の各窒素排出量を求めると，対照個体が排出するアンモニア-N の 2 日分 (18 μmol-N/g)，尿素-N では 8 日分 (24 μmol-N/g) しかなかった．この方法で推定される休眠個体のアンモニアと尿素，各窒素の蓄積量は，魚体組織のこれらの濃度を直接，測定した値とほぼ等しい．

このように尿素合成能をもつレッドキャットの場合でも，休眠個体のアンモニアと尿素の蓄積量は，先に述べたタウナギと同様，対照個体の排出量から推定される値に比べて著しく少ない．この原因として，サハたちは，泥中での魚は代謝量を著しく低下させる一方，何らかの方法で，アンモニアを泥中に排出するのではないかと考えている[125]．

d. レッドキャットについての疑問

これまでのサハたちのレッドキャットを用いた一連の実験結果は，上に紹介した灌流実験を含めて，アンモニアの排出が抑制される環境に魚が置かれると，組織のアンモニア濃度が上昇する．これが引き金となって肝臓と腎臓の尿素合成に関連する酵素，とりわけ CPS III 活性が増大して尿素合成が促進し，アンモニアが致死レベルにまで増えるのを防止するというストーリーに読み取れる．

しかし，泥中で長期間，休眠させた場合，このナマズは高い尿素合成能をもつのに，なぜ尿素をもっと多量に合成しないのだろうか．また，サハたちが考えているように休眠中の魚は，代謝速度を低下させる一方，体内に蓄積するアンモニアを泥中に排出するのであれば，なぜ O-UC 酵素活性を大幅に増大させる必要があるのだろうか．サハたちの論文を読んで，どうも腑に落ちないのだが，でも，これが事実なら仕方がないと，あきらめていた．

ところが，先に述べたイップたちのキノボリウオの論文を読んでいると[98]，サハたちがキノボリウオに存在するとした CPS III 活性が，イップたちによる再検討では，「全く検出できない」と記した数行後に「鋭敏な方法を用いてレッドキャットの肝臓を測定しても，CPS III や

CPS I 様の活性が検出できない」と記されていた．私はこの記述を見つけて「やっぱり！」と「まさか！」の思いが交錯した．

サハたちが 1989 年に「インド産空気呼吸魚 4 種 (キノボリウオ，タウナギの仲間，レッドキャット，クララ) には，高い尿素合成能が存在する」[97] と発表したときの測定手法は古く，サハたちは，キノボリウオとタウナギの仲間についての論文をそれ以来，発表していないので，これは，サハたちの勇み足と言えるかもしれない．しかし，その後，サハたちが発表したレッドキャットと，次に述べるクララに関する数々の論文を見るかぎり，全て創作とはとても思えない．

サハたちは，レッドキャットに引き続き，クララについて，さらに掘り下げた研究を行っている．一方，イップたちも，クララと同属のアフリカンクララ (*Clarias gariepinus*) について，サハたちと同様な研究を行い，サハたちとは，全く異なる結論の論文を発表している．そして，この論文のなかで，イップたちはサハたちの研究をまたもや批判しているのだ．このサハたちと，イップたちのナマズのアンモニア処理様式の相違を紹介しながら，イップたちが，サハたちの研究の何を問題としているかを見ていこう．

4-4-5　クララ

ヒレナマズ科の淡水魚で，レッドキャットとも系統的に近縁なナマズである．このナマズの上鰓腔には，空気呼吸のための呼吸樹と呼ばれる補助呼吸器官が存在する．英名では Walking catfish と呼ばれるが，この名前は雨の後などに池から池へと，陸上を移動することからきている．

原産は東南アジア，インドなどであるが，雑食性で，低酸素の汚濁した水域でも飼育が可能なことから，フィリピン，アフリカなどに移植され食用として養殖されている．アメリカにも，1960 年代にタイからフロリダに持ち込まれた個体が逃げ出し，現在はフロリダ以外の池沼でも繁殖している．

ペットショップなどでは，このアルビノをクララという，可愛い名前で売っているので，本書でもクララと呼ぶことにする．ただし，こ

の可愛い名前とは全く逆に，気性が荒く悪食で，同居する生き物を片っ端から襲うので注意が必要である．

a. クララによるアンモニア処理

サハたちは，10年前にも，クララの肝臓と腎臓にO-UC酵素活性の存在を示す論文を発表しているが (「4-3-3 キノボリウオ」参照)[97]．10年前とは違い，酵素の細胞内の局在を明らかにするなど，より精密な方法で酵素の活性を測定し，このナマズの肝臓，腎臓および腸には，O-UCを構成する全ての酵素活性が存在することを明らかにしている[126]．まず，O-UCの鍵酵素のCPS IIIであるが，レッドキャットと同様，クララの酵素もアンモニアに対して高い反応性がある．また，GSとARGも，ミトコンドリア内に存在する．

クララを25 mM アンモニア (NH_4Cl) 溶液に入れると，移行3日以降では，尿素排出速度が対照 (移行前) に比べて5倍増大する．また，この環境下に魚を置くと，尿素に加えて，アラニン，アスパラギン酸，グルタミン酸，グルタミンなどの遊離アミノ酸が，各組織で顕著に増加する．特に，脳でのグルタミンの増加が著しい[127]．

このようなアンモニア排出性から尿素排出性への変化は，クララを強アルカリ (pH 10) 環境に3～7日間放置しても起こり，これに呼応して，肝臓，腎臓，筋肉のO-UC酵素活性が増大する．表4-2に示すように，強アルカリ環境に3日間，魚を置くと，肝臓のO-UC酵素，CPS III，ASSおよびGSの各活性が対照に比べて有意に上昇する[128]．

さらに，クララの肝門脈から5 mMおよび10 mMアンモニアを含む灌流液 (ヘモグロビンなし，オルニチンを含む) を流すと，尿素が0.5 μmol-N/min/gとほぼ一定の濃度で流出してくる．ところが，この10倍もの窒素が，アラニン，セリン，グルタミンなどのアミノ態窒素として灌流液中に出てくる[129]．また，レッドキャットと同様，アンモニアを含む灌流液を1時間流すと，肝臓のO-UC酵素のうち，CPS IIIとASSの活性が有意に上昇する[130]．

サハたちは，これらの結果より，このナマズは，アンモニアをまずアミノ酸に取り込み，次いで，これを尿素窒素に変えてアンモニアを無毒化する，と考えている[129]．

b. イップたちの批判

　イップたちは，このクララに関するサハたちの論文に対して，さまざまな批判を行っている[131]．イップたちの論文は，クララに対する直接的な反論ではなく，アフリカンクララのアンモニア処理機構に関する，自分たちの研究結果を発表する傍ら，サハたちのクララの尿素合成能に横やりを入れるという内容となっている．

　まず，この論文の「緒言」では，サハたちが，クララに尿素合成能があるとする根拠の数値が図と表で一致しないこと．また，2002年にサハたちが発表した論文でのクララの尿素排出速度が，前報 (1989年) の1/10しかなく，データの信憑性に疑問があるとか，自分たちの実験とは関係の薄い内容を長々と述べている[131]．ただし，この尿素排出速度に関しては，イップたちが，サハたちの論文のアンモニア排出速度を，尿素と取り違えたことによる，全くお粗末なもので，よくもまあ，このような内容の記述をレフェリーが通したものだと思う．

　論文の「結果」のなかでも，^{14}Cを用いる鋭敏な方法で測定してもアフリカンクララの肝臓や筋肉には，CPS III 活性が検出されず (表4-2)，GS，OCTなどの活性値も非常に低いことを記す一方，唐突に，地元 (シンガポール) で入手したクララの肝臓には，CPS III 活性が全く検出できないことや，サハたちの活性値に比べてGSでは1/2，OCTでは1/30しかないことを記している[131]．

　また，「議論」では，サハたちが行った肝臓の灌流実験に対して，次のような批判を行っている．

　クララの肝臓が灌流液中のアンモニアを取り込む速度は，約 $1\,\mu mol\text{-}N/min/g$ であるのに，アミノ態窒素が上述のように，その5倍も肝臓から流出している．この事実は，これらのアミノ酸が灌流液のアンモニアを取り込んで生成されたものでないことを示しており，アンモニアの無毒化にアミノ酸が寄与するとする，サハたちの結論は，この灌流実験からは支持されないと断じている[131]．

　サハたちの灌流実験に関する論文は，2報に分かれており，最初の論文には[130]，灌流された肝臓のアンモニアの取り込み速度が明記されている．しかし，続報には[129]，アンモニアの取り込み速度に一切触れ

ないで，灌流肝臓から流出するアミノ酸の種類や量のみが記されている．イップたちは，前報の数値を基に批判しているわけだが，続報で，取り込み速度の記述がない以上，アンモニアの取り込み量を大幅に超えるアミノ酸の流出である，と言われても仕方がない．

　サハたちは，同主旨の論文であるにもかかわらず，なぜ，前報の結果を続報に引用しなかったのか，疑問である．また，サハたちが主張するように，アミノ酸がアンモニアの無毒化の主役であるなら，なぜ，クララのCPS IIIがアンモニアに対して，高い反応性をもつのか，という素朴な疑問も残る．

c. アフリカンクララのアンモニア処理

　イップたちの論文では，サハたちの結果にこのような横やりを入れながら，自分たちの実験結果を発表しているのだが，アフリカンクララのアンモニア処理機構を要約すると，このナマズは，50〜100 mMもの高アンモニア環境下で生存が可能である．

　しかし，このような環境下でも，サハたちのクララと違って，尿素排出量にも，組織中のアミノ酸や尿素濃度にも，大きな変化がほとんど見られない．そればかりか，50〜100 mMのような高アンモニア環境下に5日間，放置しても，血しょうのアンモニア濃度は2.5 μmol-N/ml以上増加せず，ほぼ一定値を保つ．

　このナマズが，このような高アンモニア環境下でも生存が可能なのは，先に述べたキノボリウオやオオトビハゼと同様，アンモニアを濃度勾配に逆らって排出するための強力な機構が，この魚の鰓や皮膚に存在するからであると，イップたちは考えている[131]．

　なぜ，サハたちのクララには高いO-UC酵素活性があり，シンガポールで調達したクララやレッドキャットにはないのか，その詳細は不明だが，品種の違い，あるいは，アフリカンクララとクララは，容易に交雑するとのことなので，そのような雑種が測定に用いられた可能性も考えられる．このような実験結果の真偽の判定は，実験に用いた動物が純系なら容易であろうが，野外から入手した動物の場合には難しい．また，この相違は，魚の尿素合成能に大きな変異のあることを絶えず念頭において，さまざまな事象を解釈する必要のあることを

教えてくれているのかもしれない．

d. カエルへの道

　この章を終えるにあたって，カエルへと向かう道を歩んだ祖先の魚は，どのような環境で尿素合成能を獲得したのか考えてみよう．本章で紹介してきた事例から類推すると，水生生活を行うアンモニア排出性の魚が尿素排出性へと移行するには，トビハゼのような生活様式ではなく，マガディティラピアのようにライフサイクル全般にわたってアンモニア排出に支障が生じる環境に生息する必要があると考えられる．その理由は，トビハゼのような生活だとアンモニアが体内に貯留する期間が限られるので，各組織のアンモニア耐性を高め，体内に蓄積するアンモニアを何らかの方法で致死レベル以下に減じるだけで難局を乗り越えられるからである．これはあくまで真骨魚の事例からの類推で，古代魚にあてはまらない可能性もある．しかし，祖先の魚も水生生活から陸上へと進出したとすると，その際に改変すべき生理・生化学的な基本は現在の真骨魚と同じと考えるのは妥当だろう．

　最後に，尿素合成能をもつ真骨魚の生息環境から，カエルの祖先となる魚が過ごした環境をあえて想定すると，火山などからアルカリ性の淡水が流入し，ときには干上がるような浅い沼地，あるいはアベハゼ類が生息するマングローブ林の内奥のような多量の有機物が堆積し，高濃度のアンモニアが継続して発生する淡水の湿地などとなる．

5 尿素排出の周期性

　アンモニアや尿素などの老廃物は各組織で生成された後，血流に乗って鰓まで運ばれ，そこから外界へと排出される．そのために，魚を食物異化などの影響のない条件下におけば，これら老廃物は，ほぼ一定の速度で排出されるものと信じられてきた．

　しかし，先に述べたウォルシュたちのグループは，ガマアンコウが排出する尿素は，絶食下においても一定ではなく，1 日にほぼ 1 回その大半をまとめて，脈動 (パルス) 的に排出されることを見いだした．ただし，このパルス排出には，一定の周期性は認められない．

　これに対して，私たち和歌山大学のグループは，アベハゼを用いて同様な測定を行い，尿素が明瞭な周期性をもって排出され，この周期は概日リズムに従うことを真骨魚で初めて明らかにした[132]．

　また，私たちは，アベハゼやガマアンコウのような高い尿素合成能をもつ魚だけでなく，その機能をもたないアンモニア排出性のハゼの多くも，尿素を明瞭な 24 時間周期で排出していることを見つけている．この事実から尿素排出の日周性は，O-UC 機能の有無と関わりなく起こる現象であるといえる．その一方，生物には例外がつきもので，明確な周期性を示さないハゼも存在することも見つけ出している．

　この章では，まず，明瞭な周期的尿素排出を示す魚と，示さない魚の排出の詳細を紹介する一方，なぜ，尿素が周期的に排出されるのか，そのメカニズムについても探っていく．

5-1 尿素排出の日周性

5-1-1 アベハゼ

25℃の恒温，12時間明期・12時間暗期 (12L 12D) の明暗条件のもとで，1尾がやっと入れる大きさのパイプに魚を入れ，定量送液ポンプにより，パイプの一端から希釈海水を流し，他端から流出した液をフラクションコレクターによって分画採取し，液中の尿素とアンモニアを測定する．アベハゼをこの測定のように，狭い容器に閉じ込めると，尿素-N 排出量がアンモニア-N よりもはるかに多くなる (図 5-1)．したがって，前章のガマアンコウと同様，アベハゼは「閉じ込め」ストレスによっても窒素代謝を尿素排出性に変える能力をもつといえる．

これまで測定したどの個体においても，尿素の排出は，図 5-1 に示したように明期の中点付近をピークとする，非常に明瞭な 24 時間の排出周期を示す[132]．これに対し，アンモニアでは 3〜6 時間というような

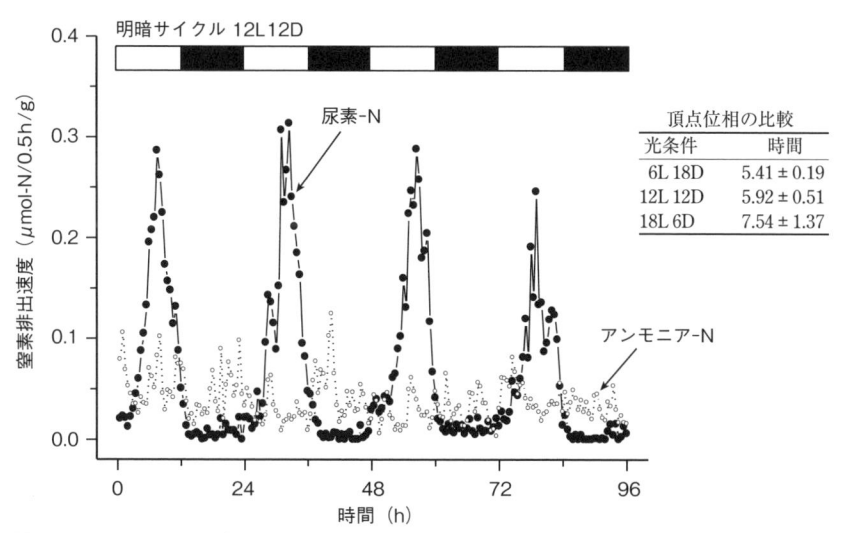

図 5-1 アベハゼの尿素とアンモニアの排出 (図は窒素値で表示)．図中の表は，6L 18D，12L 12D および 18L 6D の明暗条件に順応させた魚の尿素排出の頂点位相 (明期の開始から排出が最大となるまでの時間．平均値 ± S.D. ($n=5$) を示す．

短い周期の排出が見られるが，尿素のような1日に1回の大きなパルスとなって排出されることは少ない．ただし，まれに，この短い周期の排出が収束して大きなパルスとなり，有意な24時間周期となる場合もある．

　恒暗条件 (DD) での尿素排出周期 (自由継続リズム) では，明瞭な排出周期を持続する個体もいるが，尿素排出の周期性が乱れ，有意な周期性を示さない個体が多くなる[132]．また，長日 (18L 6D) および短日 (6L 18D) に置くと，いずれの条件でも明瞭な24時間の尿素排出周期を示すが，長日の場合では，尿素排出パルスの山が緩やかなのに対し，短日でのパルスは鋭く，パルスの高さ (振幅) も長日に比べて高くなる．また，尿素の排出ピーク (頂点位相) が，明期の開始から何時間後に生じるかを比べると，いずれの場合も，その平均時間 (約6時間) に有意差は見られないが，18L 6D や 12L 12D に比べて，6L 18D では，頂点位相の時間的ばらつきが少なくなる (図 5-1)．ただし，いずれの光条件でも，1回のパルスで排出される尿素は，魚が24時間に排出する量の 70～80% を占める．

　6L 18D の明暗サイクルに順応させた個体を180°光周期の位相を変化

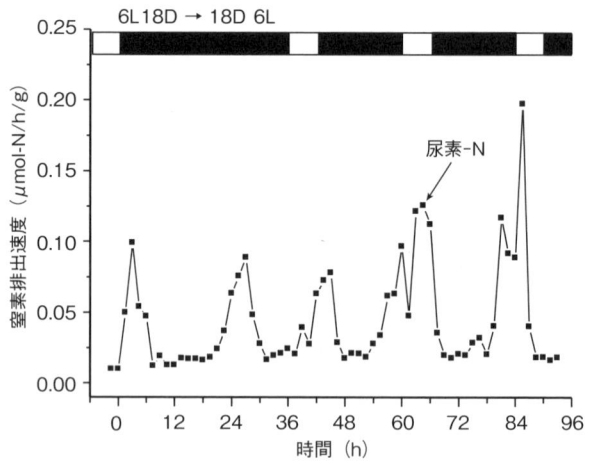

図 5-2 明暗サイクルを 6L 18D から 18D 6L に逆転させたときのアベハゼの尿素排出 (図は窒素値で表示)．

させた環境に置くと，位相の逆転直後は，暗期 (主観的明期) に排出ピークがくるが，逆転 72 時間後には，逆転した光の位相に同調して尿素を排出するようになる (図 5-2)．このように尿素の排出周期では，光が同調因子として重要な役割を果たしている．

5-1-2 O-UC 機能をもたないハゼの尿素排出

アベハゼやガマアンコウなど O-UC 機能をもつ魚では，上記したように尿素を短期間にまとめて排出するが，O-UC 機能をもたない真骨魚の尿素排出ではどうだろうか．ほとんどの魚は尿素合成能がないので，どのような魚をこの測定に用いても良いのだが，やはり，ハゼ科の魚を用いることにする．理由は，ほとんどのハゼは底生魚で，小さなパイプに閉じ込めて測定するのに適するからである．

表 5-1 には，O-UC 機能のないアンモニア排出性のハゼ，11 種の排出周期を調べた結果を示した．調査した 11 種のハゼのうち，4 種は以下に述べるように，尿素排出に有意な 24 時間の周期性が認められないが，他のハゼでは，有意な日周性が認められた．

図 5-3 には，これらの典型としてトビハゼの尿素の排出周期を示した．図に示すように，トビハゼが排出する尿素-N は，アンモニア-N よりも少量であることを除いて，尿素の周期的排出の様相はアベハゼと同じで，1 日に 1 回生ずるパルス内 (約 10 時間) で排出される尿素は，24 時間に魚が排出する量の約 80% を占める．

ヨシノボリ属 3 種，トビハゼおよびミナミトビハゼは，アベハゼと同様に，尿素の排出の頂点位相が明期の中点，点灯時から約 6 時間後に生じる．しかし，アゴハゼの頂点位相は，明期の開始から約 2〜3 時間後に，マハゼでは，明期の終了時 (12 時間後) にくるといった魚種間の違いが存在する (表 5-1)．このような魚種間の違いはあるが，明瞭な 24 時間の排出周期は，全て光と密接に関連して生じており，暗期に頂点位相がくるような排出周期を示すハゼを発見できなかった．

ハゼ科以外で明瞭な 24 時間周期の尿素排出を行う魚は，マングローブメダカ[133]やフランス料理によく使われるヒラメの一種，チュルボ[134]で報告されている．これらの報告のうち，マングローブメダカの

排出周期の頂点位相は，ハゼと同様，明期であるのに対して，チュルボでは，暗期に大きなパルス排出が生じる．

なお，前章で述べたレッドキャットの尿素排出も明期よりも暗期に

表 5-1 12L 12D の明暗条件においたハゼ 11 種の尿素排出の日周性の有無 [表の数値は測定に用いた個体数 (分母) と有意な日周性を示した個体数 (分子) を示す．また，頂点位相は明期の開始から排出が最大となるまでの時間．排出周期の有意性の判定はコレログラム用いた]．

光条件：12L 12D	有意な 24 h 周期を示した個体		尿素の頂点位相 (時間) 平均値 ± S.D.
	尿素	アンモニア	
トビハゼ	4/4	1/4	5.7 ± 0.3
ミナミトビハゼ	2/2	0/2	6.0
アゴハゼ	4/4	0/4	2.3 ± 1.1
マハゼ	5/5	0/5	11.8 ± 0.2
ゴクラクハゼ	5/5	0/5	5.9 ± 1.8
シマヨシノボリ	5/5	0/5	6.1 ± 2.0
カワヨシノボリ	4/5	0/5	5.3 ± 1.5
タビラクチ	0/2	0/2	–
ミミズハゼ	0/3	0/3	–
ウロハゼ	0/5	0/5	–
デザートゴビー	0/4	0/4	–

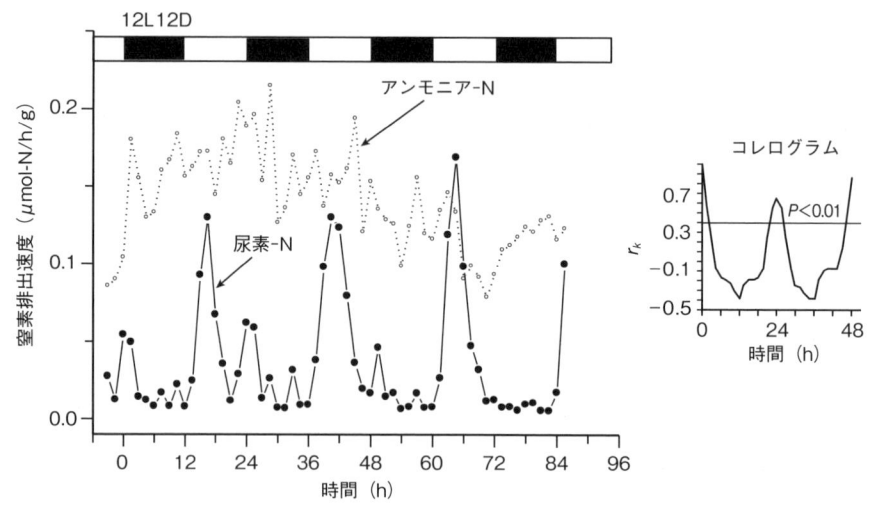

図 5-3 トビハゼの尿素とアンモニアの排出 (図は窒素値で表示)．コレログラムについては p. 139 の脚注★5 を参照．

多いと報告されている．ただし，これは尿素の排出を連続的に測定した結果ではなく，明暗，各12時間の排出量を比較したもので，その違いも暗期は明期の1.5倍多い程度である．ちなみに，ハゼ科の周期的な尿素排出を行う魚では，パルス時の積算尿素排出量は，同じ期間のパルス外の排出量に比べて7〜10倍も多い．

これまで測定に用いたハゼのほとんどは，潮間帯・汽水域などに生息する種類である．そのために，これらの周期的尿素排出が，潮汐周期と何らかの関わりがあるかどうかを確かめる目的で，近縁種であるが生息環境が異なるヨシノボリ属のハゼ，カワヨシノボリ，シマヨシノボリ，ゴクラクハゼの尿素排出周期を調べてみた．

このなかでカワヨシノボリは陸封魚，純淡水魚である．一方，シマヨシノボリとゴクラクハゼはともに両側回遊魚で，仔・稚魚期まで海で過ごし，幼魚期からは淡水域で生活を行う．しかし，ゴクラクハゼは，下流域，時には海水の影響のある河口付近にまで分布するのに対して，シマヨシノボリは河川のかなり上流域にまで遡上して成熟する．このように純淡水から汽水域に生息するヨシノボリ属3種の尿素の排出周期性は，表5-1に示したように違いが認められず，3種とも明瞭な24時間の周期性を示すことから，尿素の周期的排出に，潮汐や塩分濃度の変動のような環境要因が関わっているとは考えにくい．

5-1-3 不規則な尿素排出を示すハゼたち

上記のような明瞭な24時間の周期的な尿素排出を示すハゼが存在する一方，タビラクチ（図5-4），ミミズハゼ，ウロハゼ，デザートゴビーには，コレログラム★5を用いて解析を行っても有意な排出周期が認められない（表5-1）．

タビラクチは，トビハゼなどと同様，オクスデルクス亜科に属するハゼで，泥中に深く掘られた穴の中で生活を営み，目が小さな，特異

★5 **コレログラム**　時系列に伴って生じる変動に周期性があるかどうかを解析するための基本的な方法の一つ．この方法では，変動に一定の周期が存在する場合，図5-3に示したように，相関係数値 (r_k) がその周期と一致して大きくなる．そして，この値がある統計基準値を超えれば，その周期は統計的に有意であると見なされるが，図5-4のように基準値を超えなければ，周期に有意性があると結論できない．

な顔つきのハゼである．ミミズハゼも石の下や穴の中で隠遁的な生活を行っている．ハゼつぼ漁で有名なウロハゼでは，5例中3例がタビラクチのような短い周期をもつ排出，2例は大きな排出の山が1日に1回生じるものの，周期は不定で，5例とも有意な24時間の排出周期が見られなかった．なお，これらの魚のアンモニア-N排出量は，もちろん尿素-Nに比べてはるかに多く，いずれの魚種においても，その排出に日周的要素は認められない．

デザートゴビーは，オーストラリアの乾燥地帯の河川に生息する強広塩性のハゼで，その野外における生態は不明であるが，測定した全ての個体の尿素排出は，タビラクチと同様な変化を示した．生態の詳細が不明なデザートゴビーを除いて，尿素排出に明瞭な日周性が見られないハゼは，穴居生活もしくは隠遁的な生活を行っており，このような生活と尿素排出の無日周性との間に，何か意味があるのかもしれない．なお，実験動物として，よく利用されるゼブラフィッシュ (*Danio reio*) の尿素とアンモニアの排出周期が調べられているが，いずれの排出にも全く周期性が見られない[133]．

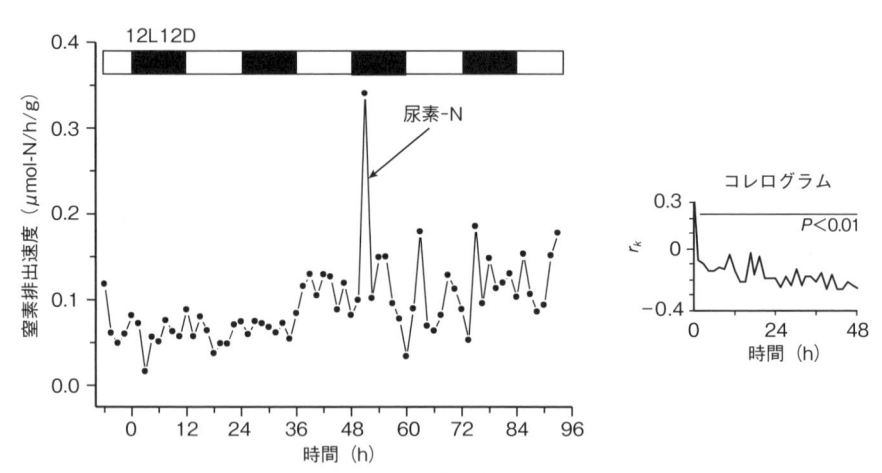

図 5-4 タビラクチの尿素排出 (図は窒素値で表示). コレログラムについては p. 139 の脚注★5 を参照.

5-2 周期的尿素排出の機構

5-2-1 真骨魚の尿素輸送体

　尿素輸送体 (UT) については 2 章の軟骨魚の項でも述べたが，真骨魚では，さまざまな魚種の鰓に，軟骨魚や哺乳類の腎臓に存在する UT-A と相同性の高い輸送体が存在することが明らかにされている[135]．また，私たちはアベハゼの UT をプローブ★6 として，ハゼ科魚類，各組織の *UT* 遺伝子の発現を調べたところ，マハゼ，スジハゼ，トビハゼ，タビラクチ，ワラスボの各鰓に発現していることを確認している．

　ウナギの eUT (eel から命名) は鰓の塩類細胞に存在する[136]．私たちが東京大学海洋研究所准教授，兵頭博士より分与していただいたドチザメ (*Triakis scyllia*) の UT に対する抗体を用いて，アベハゼ の鰓を染色したところ，塩類細胞に免疫陽性の反応が検出された．この事実から，アベハゼはもちろんのこと，これら汽水域のハゼの UT も塩類細胞に存在する可能性が高い．なお，真骨魚の UT-A 類似の尿素輸送体は鰓にのみ発現するが，ウナギの腎臓には，これまで明らかにされているタイプと異なる尿素輸送体 eUT-C が近位細尿管に存在することが明らかとなっている[137]．

　従来，尿素は細胞膜を自由に透過できると考えられていた．しかし，ゼブラフィッシュ仔魚の *UT* 遺伝子をノックダウン (Box 5 参照) すると，尿素排出の 90% が抑制される[138]．この事実から，尿素は細胞膜を自由に透過するのではなく，膜の速やかな透過には，尿素輸送体の存在が必須であると考えられるようになってきている．ちなみに，尿素排出性のマガディティラピアは多量の尿素を鰓から排出するが，この魚の鰓には，非常に多くの尿素輸送体 mtUT (magadi tilapia から命名) が存在している．そのために，鰓の尿素透過性は，一般の魚に比べて約 60 倍も高い[139]．

★6 プローブ　　probe (探り針の意)．さまざまな DNA のなかから特定の塩基配列をもつ DNA のみを検出する際に用いる DNA の断片のこと．

5-2-2 周期的排出機構

ガマアンコウの尿素排出は，ほぼ1日に1回，まとめて排出されるパルス排出であるが，アベハゼなどのような明瞭な周期性は認められないことはすでに述べた．この魚の尿素のパルス排出は，鰓に存在する尿素輸送体 tUT (toadfish から命名) の活性化によって生じることが，これまでにたびたびご登場願ったウッド教授たちによる，以下のような一連の実験によって明らかにされている．

実験を手短に紹介すると，まず，魚の動脈に細いチューブを挿入(カニュレーション) しておき，尿素のパルス排出が終了した時点に合わせて，チューブを通じて一定量の尿素を注入する．こうすると，パルス排出でいったん低下した血中尿素濃度は排出前のレベルに戻る．しかし，このような操作を行ってもパルス排出が起こらないことから，尿素のパルス排出は，単なる血中尿素濃度の増大やパルス的な尿素合成によって起こるのではない[140]．

次に，鰓の水や尿素などに対する透過性を調べると，尿素のパルス排出が起こっている時間帯では，尿素透過性のみ，パルス前に比べて35倍以上も増大する．しかし，水などの物質の透過性には変化がない．また，尿素輸送体は拡散型輸送体で，濃度勾配に応じて双方向的に尿素を輸送することができる．そのために，血液の尿素濃度よりも3倍高くした尿素溶液に魚を入れると，尿素のパルス排出が生じる時間帯に一致して，環境から体内に尿素が急激に流入する[141]．

これらの結果に加えて，尿素のパルス排出時においても，ガマアンコウの尿素輸送体遺伝子，tUT mRNA の発現量の増大が認められないことから[142]，ガマアンコウによる尿素のパルス排出は輸送体タンパク質の増減によるのではなく，輸送体のパルス的活性化，いわば尿素専用のゲートが開いたり閉じたりすることによって生じることが明らかとなった．

5-2-3 バソトシン (VT) それともセロトニン (HT)？

尿素輸送体の活性化に関しては，哺乳類の腎臓，集合管の管腔側細

胞の頂端部に存在する UT-A1 はバソプレッシン (VP：vasopressin) によって活性化され，VP の存在下で尿素透過性が急激に増大することが知られている．ガマアンコウでも，このようなホルモンによる活性化が起こるかどうかが確かめられたが，魚類での VP に相当するホルモンであるバソトシン (VT：vasotocin) を投与しても，ガマアンコウの尿素輸送体の活性化は生じない[143]．

a. アベハゼとセロトニン

アベハゼの尿素排出のパルスは明期に生ずるが，魚を含めて脊椎動物の血液および脳内のセロトニン濃度は，明期に高く，暗期に低下することがよく知られている．そこで，私たちはセロトニン (5-ヒドロキシトリプタミン，5-HT) が光と同様な作用をアベハゼに与えるかもしれないと考えて，次のような実験を試みた．

まず，魚を 6L 18D の明暗条件に長期間順応させておき，毎回の尿素の排出ピークが明期の終了付近にくることを確認しておく．そして，このような魚を用いて，暗期の中点に 200 ppm のセロトニンを溶解した海水を 2 時間流してみた．すると，予想どおりに，本来なら明期終了付近に生ずる尿素の排出パルスが暗期から生じるようになる．しかし，同様な実験を 3 日間連続して行うと，やがてセロトニンに対する「馴れ・脱感作」が生じ，暗期に投与したセロトニンの効果は薄れ，光に追従した尿素排出に戻った．

やはり周期的尿素排出を制御しているのはセロトニンだったのだ！確か，2003 年も終わろうとする頃，実験を行った大学院の畠井さんたちとともに，この実験結果を写す PC のディスプレイを見ながら手をたたき合って喜んだ．後は，この実験の裏をとること，まずは，同じことを繰り返して，同じ結果が得られるかどうか確かめることだ．

年明け早々から，同じ実験を行ったが，今度は，なぜか前のような明瞭な結果がどうしても出てこない．個体レベルでの実験では，よく起こることだが，個体によってセロトニンに対する感受性が大きく変わるようだ．いろいろと試みたが，どれも最初の実験ほど明瞭ではない．何しろ，最大でも 1 g ほどの小さな魚なので，もどかしいことに打つ手が非常に少ない．それでも何とかならないかと，今度は，抗う

つ剤のクロミプラミン (セロトニンの増強剤) や，セロトニン受容体の拮抗阻害剤であるミアンセリン，ケタンセリンなどの薬剤を注射して，鰓の尿素透過性がどのように変わるかを調べてみた．

b. ガマアンコウとセロトニン

このようにいろいろと苦闘しながら，何とかセロトニンが，アベハゼ UT を制御するという輪郭をつかみかけたとき，最新刊のイギリスの雑誌 (Journal of Experimental Biology) を見ると，ウォルシュ教授のポスドクが，「5-HT$_2$ 様受容体が尿素のパルス排出の誘発に関わる」という題目の論文を発表していた．

急いでこれに目を通すと，ガマアンコウの尾動脈に挿入した細いチューブからセロトニンを注入すると，注入後に大きな尿素のパルス排出が生じること．また，セロトニン受容体 (5-HT$_2$-receptor) の拮抗阻害剤であるケタンセリンを注入すると，薬剤の濃度に応じて，尿素のパルス排出が抑制されることなどから，鰓に存在するセロトニン受容体が尿素輸送体の活性化に関わっているという内容であった[144]．ガーン！，残念ながら，私たちがもたもたしている間に，先を越されてしまったのだ．

周期的な尿素排出を示すハゼ科の魚では，その頂点位相が明期の初期，中期もしくは終了時といったように，全て明期と関わって，尿素のパルス排出が生じる．これは光が視床下部，松果体などを刺激して，セロトニンの産生を促進させ，これが尿素輸送体の活性化に直接もしくは間接的に働き，尿素のパルス排出が起こるとの予想は立てやすい．

これに対してガマアンコウでは，尿素の排出周期に規則性が見られないと報告されているが，この魚でも，セロトニンは明期に多く産生され，暗期に低下すると思われる．それではなぜ，ガマアンコウの尿素排出周期が明期と関連した 24 時間のリズムではなく，不規則なパルス的尿素排出となって現れるのか，説明するのは難しい．また，同様な疑問は，上記の無日周性の尿素排出を示すハゼたちについても生じる．

5-2-4 尿素排出周期の意義

a. 臭い隠蔽説

　なぜ，魚は尿素をパルス排出するのだろうか．これについてウォルシュたちは，「尿素の臭い隠蔽説」というような仮説を出している．

　魚がアンモニアやアミノ酸を排出すると，捕食者はその「臭い」を感じて探餌し，獲物の居場所を探り当てるが，このとき，尿素が同時に排出されると，居場所がわからなくなるという説である．実際，このような仮定に基づいて，尿素の臭い隠蔽効果についての実験結果が報告されている[145]．

　ウォルシュたちは以下のような実験を行って，この仮説の検証を試みている．ガマアンコウのシェルターに見立てたパイプから微量の誘因物質を流し，ガマアンコウの捕食者 (フエダイの仲間) のそれに対する反応を解析するという方法である．

　これによると，ガマアンコウの肉汁，アンモニア，アミノ酸などを流すと，捕食者のシェルターへの接近行動が，生理食塩水を流した場合よりも有意に増加する．このとき，尿素を同時に流すと，アンモニアによる誘因を顕著に削ぐ効果が見られた．しかし，尿素は，アミノ酸や肉汁の誘因を削ぐ効果をほとんどもたない．この結果をもとに，ウォルシュたちは，魚がアンモニアとともに尿素を排出することで，捕食者から発見されにくくしていると考えている．

　ガマアンコウが狭いシェルター内に閉じこもっている場合には，尿素の排出量がアンモニアよりも多いので，不規則なパルス的尿素排出とともにアンモニアを少量排出することにより，アンモニア臭を隠蔽する効果があるのかもしれない．しかし，アンモニア排出性の魚の場合，アンモニア臭を隠蔽するのなら尿素を連続的，あるいはタビラクチ (図 5-4) のように小刻みに排出すべきで，トビハゼやマハゼのように尿素を周期的に，しかも明期に集中して排出しても隠蔽効果は全く発揮できないだろう．そのために，ウォルシュたちの仮説は，私たちが行ったハゼの周期的尿素排出には当てはまらないと思われる．

b. 周期的排出の意義

　それでは尿素の周期的排出にどんな意義があるのだろうか．残念ながら，私たちはその意義について明確な答えをもち合わせていない．あえて答えるとすれば，次のようである．

　(1) 周期的な尿素排出そのものには何の意味もなく，体内で起こるさまざまな日周的な変化 (例えば，血中セロトニン濃度や，赤血球などの細胞更新に伴う DNA 分解の周期的変化など) の統合された結果が，尿素輸送体の活性化を引き起こし，周期的な尿素排出となって現れる．

　(2) 全く根拠はないが，個体群内で尿素を一種のシグナル伝達物資として利用し，何らかのコミュニケーションを図っている．

　(3) 尿素輸送体の活性化とタイアップした何らかの物質の吸収・排出と関係する．例えば，アデニンやグアニンなどのプリン塩基が尿酸を経て尿素に分解されると，反応過程で有害な活性酸素が除去されるが，明期での尿素排出の増加は，この活性酸素の除去と関連して生じる．

　また，最後に，これが意義とは言えないが，カナダなどの研究者の多くは，魚のアンモニアや尿素の排出量を測定する際，バクテリアによる分解や吸収の影響を警戒するあまり，ストップアンドフロー方式をよく用いている．これは魚を入れた小さな容器に，通常は水を勢いよく流しておくが，測定するときにのみ水の流れを止め，2〜3 時間放置した後，容器内のアンモニアや尿素の増加から，その間の排出量を推定する方法である．もし，このような測定の間に尿素の排出ピークが生じると，尿素排出量を過大評価する結果となる．

　それにしてもマガディティラピア，ガマアンコウ，アベハゼなど，多量の尿素の排出に迫られる魚ならともかく，アンモニア排出性の魚が出す少量の尿素のために，セロトニンなどで活性化される尿素輸送体を成魚になっても保持し，これを働かせ続けているのはなぜだろうか．もし，これが全く無意味な機能ならば，とっくに淘汰され排除されていたに違いない．とすると，やはり何か積極的な役割があると，考えざるをえない．

窒素老廃物とオズモライト

　海産無脊椎動物の体液の浸透圧や，無機イオン組成は海水に近く，これらの動物にとって，海水は第二の体液とも言える．しかし，このような無脊椎動物においても，その細胞機能を正常に維持するには，細胞内の無機イオン組成や，それらの濃度を海水とは，全く異なる状態に保たなければならない．

　この体液と，細胞内液の濃度差や，組成の違いによる浸透圧ギャップを埋めるために，海産無脊椎動物は細胞内に多価アルコール，遊離アミノ酸 (タウリン，グリシンなど)，TMAO (トリメチルアミンオキシド) など，一般に，オズモライト (osmolyte：細胞内浸透調節物質) と呼ばれる有機物を多量に蓄積し，体内の浸透圧を底上げしている．

　図 6-1 には，魚類がオズモライトとして利用する代表的な物質の化学構造式を示す．魚類では，無脊椎動物がオズモライトとして用いる

$CH_3-N^+(CH_3)_2-CH_3$　　$CH_3-N^+(CH_3)_2=O^-$　　$CH_3-N^+(CH_3)_2-CH_2-CH_2-OH$　　$CH_3-N^+(CH_3)_2-CH_2-COOH$
トリメチルアミン　　トリメチルアミンオキシド　　　　コリン　　　　　　　　　　ベタイン
　　(TMA)　　　　　　　(TMAO)

$CH_3-NH-CH_2-COOH$　　$(NH_2)_2C=O$　　$NH_2-CH_2-CH_2-SO_3H$
　　サルコシン　　　　　　　尿素　　　　　　　　タウリン

図 6-1　魚類の主要なオズモライトとその関連物質．

遊離アミノ酸やTMAOに加えて，重要なオズモライトが尿素である．これまで述べてきたように尿素は，窒素老廃物であり，体内にとどまる限りは，これ以上分解もされなければ，新たに分子が付け加わることもない，きわめて安定な物質である．

　軟骨魚などは尿素を，やはり一種の窒素老廃物である安定なTMAO (TMAOの由来参照)などとともに体内に保持し，オズモライトとして再利用している．また，魚類のオズモライトとして重要なタウリンも，シスチンなど含硫アミノ酸の代謝産物で，一種の老廃物とみなすことができる．ただし，タウリンは安定な最終代謝産物ではなく，最終的には硫酸イオンにまで分解されるらしい．なお，図6-1のトリメチルアミン (TMA) は有毒で，動物組織に多量に蓄積されないが，TMAOの主要な前駆体なので，図にあげている．

　本章では，尿素などの窒素老廃物を，魚がどのように利用しているのか，系統に沿って見ていくことにするが，本題に入る前に，脊椎動物の血液濃度が，魚類や哺乳類といった動物の体制の垣根を越え，驚くほど類似している理由について，まず考えてみたい．

6-1 脊椎動物の血液組成と濃度

　表6-1 A, Bからもわかるように，無顎類のホソヌタウナギ (*Myxine glutinosa*) と軟骨魚を除いて，脊椎動物の血しょうのNa^+, Cl^-など無機イオン濃度はほぼ等しく，その浸透圧も，淡水産，海産，陸生を問わず，海水の約1/3，300 mOsm[★7]前後である．

　軟骨魚の血液浸透圧は高く，海水にほぼ等しいが，血しょうに含まれる無機イオンの約85％を占めるNa^+, Cl^-の濃度を比較すると，海産真骨魚よりもやや高いものの，ホソヌタウナギや海産無脊椎動物(ミドリガニ)に比べるとはるかに低い．軟骨魚でも，淡水に適応した

[★7] **浸透濃度**　オスモル (osmole)，単位記号 Osm．1 Mの非電解質(ショ糖など)と同じ氷点降下度 ($-18.6℃$) をもつ溶液を1オスモル (1 Osm = 1,000 mOsm) と定め，これを基準に溶液中で浸透的に働くさまざまな物質(溶質)を一まとめにした濃度の比較に用いる単位．オスモルは浸透濃度を表す単位であるが，特別な場合を除き，浸透濃度と浸透圧は区別なく用いられる場合が多い．

6-1 脊椎動物の血液組成と濃度

表 6-1 A 血しょうの主要な溶質濃度の比較.

動物の種類		環境	浸透圧[*1]	Na⁺	Cl⁻	尿素	文献
脊椎動物							
哺乳類	ヒト	陸	295	142	104	−	150
鳥類	ニワトリ	陸	294	154	122	−	150
爬虫類	アリゲーター	淡水	278	140	111	−	150
両生類	カニクイガエル[*2] (成体)	淡水	290	125	98	40	160
	〃 (成体)	80%海水	830	252	227	350	160
	〃 (幼生)	80%海水	494	263	233	<1	161
軟骨魚	ガンギエイの一種[*3]	海水	1,020	254	255	320	157
真骨魚	ウナギ	海水	377	175	155	−	154
	〃	淡水	328	150	105	−	154
	コイ	淡水	274	130	125	<1	154
無顎類	ヤツメウナギ	海・淡	253	120	96	−	154
	海水		1,078	480	560	−	
無脊椎動物							
節足動物	ミドリガニ	海水	1,000	468	524	−	155
	サワガニ	淡水	506	259	242	−	155

[*1] 単位: mOsm/l.　　[*2] *Rana cancrivora*.　　[*3] *Raja erinacea*.

表 6-1 B 血しょうおよび細胞内液 (筋肉) の主要な溶質濃度の比較.

魚の種類		環境	血しょう (mmol/l)					筋肉 (mmol/kg)				文献
			浸透圧[*1]	Na⁺	Cl⁻	尿素	TMAO	Na⁺	K⁺	尿素	TMAO	
無顎類	ホソヌタウナギ[*2]	海水	1,152	548	563	−	−	132	144	2	110	148, 149
肉鰭類	シーラカンス	海水	931	197	187	377	122	29	107	438	237	151, 152
軟骨魚	アブラツノザメ	海水	1,096	250	240	350	70	18	130	333	180	155, 156
	南米淡水エイ[*3]	淡水	308	146	135	<1	−	−	−	<1	−	60
	アジア淡水エイ[*4]	淡水	416	167	164	44	−	−	−	71	−	60
		57%海水	571	231	220	83	−	−	−	107	−	60
真骨魚	カレイの一種[*5]	海水	364	194	180	<1	<1	15	157	<2	41	153
	南極 A 種[*6]	−1.9℃	608	276	236	24	94	−	−	19	154	166, 167
	南極 B 種[*7]	−1.9℃	623	248	241	24	84	−	−	19	148	166, 167
	北極圏 キュウリウオ[*8]	秋 +3℃	−	−	−	1	6	−	−	1	55	169
		秋 −0.4℃	−	−	−	18	43	−	−	17	57	169

[*1] 単位: mOsm/l.　　[*2] *Myxine glutinosa*.　　[*3] *Potamotrygon motoro*.　　[*4] *Himantura signifer*.
[*5] *Pleuronectes flesus*.　　[*6] *Dissoticus mawsoni*.　　[*7] *Gymnodraco acuticeps*.　　[*8] *Osmerus mordax*.

種類 (南米淡水エイなど) の血しょうの無機イオン濃度と浸透圧は，ヒトとほぼ等しい (表 6-1 B).

一方，海水にも生息可能なカニクイガエルの無機イオン濃度と浸透圧は，淡水中ではヒトと同じであるが，海水中では海産のサメとほぼ等しくなる．また，無顎類でもヤツメウナギの血液の無機イオン濃度は，ヒトとほぼ同じである．脊椎動物の血液の無機イオン濃度は，ホソヌタウナギを除いて，なぜ，このように類似するのだろうか．

この理由に関して，(1) 脊椎動物共通の祖先がかつて生活していた，海の塩分濃度は現在の 1/3 程度と低く，現在の脊椎動物の血液は，その太古の海の名残であるとする説，(2) 脊椎動物共通の祖先は，いったん淡水域で進化した，とする淡水起源説がある．

6-1-1　淡水起源説

海水の塩分濃度は，少なくとも今から 7 億年前から現在まで，ほぼ不変であることが，海成堆積岩から推定されている．脊椎動物の共通の祖先であるナメクジウオ (頭索類) が出現するのは，今から約 6 億年前であるので，(1) の仮説はロマンチックであるがこの時点で却下される．そして，最も有力なのが淡水起源説である．

この説は，本書で何度も登場していただいた，スミス[146]やずっと後のグリフィスたちが提唱している説で[147]，脊椎動物の祖先は，一度，淡水域で進化を遂げてから，あるものは淡水にとどまり，あるものは陸上へ，そして，あるものは海へと再進出したというのだ．

その証拠の一つに，脊椎動物は，全て濾過 (正確には限外濾過)・再吸収型の腎臓をもっていることがあげられる．濾過・再吸収型の腎臓では，まず，糸球体でタンパク質のような大きな分子を除いて，血液中の小さな分子の全てを濾過し，原尿として排出した後，体に必要な無機イオンやアミノ酸，水などを細尿管で再吸収して回収している．スミスは，このようなタイプの腎臓は，脊椎動物の祖先が淡水域で生活するなかで，体内に流入する多量の水を排出する必要に迫られて発達させたと考えた．

この淡水域に進出する前の祖先 (ナメクジウオなど頭索類) は，もち

ろん海で生活していたのだが，これらが汽水域や，淡水域へと進出するにつれて，血液の無機イオン濃度 (浸透圧) を下げて行き，それが腎臓や鰓などによるイオンの再吸収能力に見合う濃度にまで，ちょうど低下したときに，血液から環境へのイオンの流出と，鰓や腎臓などでのそれらの回収が平衡状態に達し，それが子孫の血液の無機イオン濃度 (浸透圧) として定着したと考えている．これは，現在の淡水産無脊椎動物の体液の無機イオン濃度 (表 6-1 A) が，脊椎動物に近いことからも類推できる．

脊椎動物の各細胞を取り巻く，第二の海と言うべき血液の濃度が，低下した状態で，さまざまな組織や器官が分化し，その体制が進化すると，その時点の血液濃度が初期設定値 (デフォルト) となり，体のあらゆる機能がそれに合わせて整備される．その結果，血液濃度を後から変更しようとすると，多大の労力が必要となるばかりか，危険さえ伴う．このように淡水での血液濃度をデフォルト化した動物が，海に再進出しようとすると，今度は，高浸透圧の海水と，低い血液浸透圧のギャップから生ずる脱水と，過剰の塩類の流入に苦しむことになる．

尿素合成能をもつ軟骨魚やシーラカンスは，すでに述べたように，このギャップを高濃度の尿素や TMAO を細胞内のみならず血液中に保持することで克服している．これに対して，海産真骨魚では，海水を飲み，塩分のみを排出する機能を特異的に発達させることで，低浸透の血液を維持したまま，海での生活を営んでいる．

ここで悩ましいのは，血液濃度を外囲環境にあわせて変えながら，海での生活を営んでいるホソヌタウナギの存在である．この魚は，原始的な脊椎動物の浸透調節機能を保持したまま，現在まで生き延びてきたのだろうか．なお，ホソヌタウナギはかつて，メクラウナギと称されていたが，動物名から可能な限り，差別用語を削除するとの方針から新和名に改められたことを記しておく．

6-1-2 浸透調節様式

無顎類のホソヌタウナギは，水深 200～300 m の水温の低い海に住み，主に死んだ魚などに潜り込んで腐肉を食べる．攻撃されるとおびた

だしい量の粘液を分泌して逃れる．このヌタウナギをバケツに1尾入れておくだけで，海水が，すっかり粘稠な液に変わると言われている．

　この魚は，脊椎動物のなかで唯一，浸透順応型 (osmoconformer) の浸透調節を行い，血液の Na^+ や Cl^- など1価イオン濃度は，海水とほぼ同じである (表 6-1 B)．細胞内液の浸透組成は，K^+ などの無機イオンが約40%を占め，残りがTMAOやタウリン，ベタイン，アミノ酸などの有機物が占める[148,149]．

　血液浸透圧は，環境の変化に同調して変化するが，当然，体を構成する全細胞の浸透圧も血液に同調して変化する．このような過激な調節が行われるにもかかわらず，この魚は，70〜150%海水という比較的幅広い海水濃度に適応できる．

　この魚を70%から150%海水に移すと，血液濃度の上昇に伴って細胞 (筋肉) の水分含有量が減少し，150%海水における細胞内の K^+ 濃度は，70%海水の約2倍にまで増大する．この魚の筋肉には，オズモライトの一つとして，表 6-1 Bのように約 110 mM (100%海水中) のTMAOが存在するが，70%から150%海水への移行に伴って，その濃度も約2倍となる．このほかにプロリン，アラニンなどの非必須アミノ酸の濃度も，それぞれ3および9倍増大する．

　ホソヌタウナギの場合，環境の塩分濃度の上昇に伴って，血液の浸透濃度が増大すると，個々の細胞は体積を減少させるとともに，TMAOやアミノ酸などのオズモライトを上昇させ，血液と細胞内の浸透圧的ギャップを埋め合わせている[148,149]．この浸透調節様式は，無脊椎動物のカニなどと基本的に同じである．

　上にも述べたように，このような調節様式が原始的なものか，二次的なものかについての議論がある．この魚の腎臓には糸球体があり，不完全ながらも濾過・吸収型の機能を果たしている．この事実から，この魚の浸透調節様式は，脊椎動物の祖先種が設定した初期値をリセットしなおして，二次的に獲得したものであると考える人が多い．

　ホソヌタウナギと同じ無顎類に属するヤツメウナギは，海と淡水域を回遊する種類が多く，ホソヌタウナギと違って広塩性の魚である．

ヤツメウナギの浸透調節様式は浸透調節型 (osmoregulator) で，これは真骨魚と基本的に同じである (表 6-1 A).

6-2 軟骨魚

6-2-1 尿素浸透性

　軟骨魚の血液の Na^+ などの無機イオン濃度は，表 6-1 A, B に示すように真骨魚に比べてやや高いが，海水よりもはるかに低い．しかし，軟骨魚はギンザメなどの真軟頭類を含めて，血液に高濃度の尿素とTMAO を保持することによって，その浸透圧を海水と同レベルにしている．このような浸透調節様式は尿素浸透性 (ureosmotic) と呼ばれている．

　この尿素や TMAO を保持し，血液浸透圧の底上げを行う意義は，海水よりも低張な血液浸透圧を維持し，たえず脱水の危機に曝されている海産真骨魚の尿量が 0.3〜0.4 ml/h/kg と非常に少ないのに対し，サメなどの尿量は，1 ml/h/kg と真骨魚の 3 倍も高いことからもうかがえる．

　3 章で述べたように，海産軟骨魚は，タンパク代謝の老廃物であるアンモニアを徹底して管理し，それを尿素合成に振り向けて，高い尿素合成を維持する一方，鰓では尿素透過性を低くし，腎臓では尿素の大部分を再吸収して高濃度の尿素を体内に保持している．

　軟骨魚のほとんどは海産であるが，南米アマゾン流域には，純淡水産のエイ (*Potamotorygon* sp.) が生息する．この南米淡水エイは，アンモニア排出性で，血中に尿素や TMAO をほとんど含まない (表 6-1 B). *Potamotorygon* の仲間は，1,500〜2,300 万年前，中新世の海進に伴って内陸部に侵入したエイから生じたとされている[158]．尿素浸透性のサメが，純淡水魚となるのに 2,000 万年も要したのだ！　この南米淡水エイは，1967 年に発見されたが，今ではペットショップで購入が可能である．

　南米淡水エイが発見されてから 15 年後，今度は，スマトラ島にお

いて，アジア淡水エイ (*Himantura signifier*) が発見されている[159]．このアジア淡水エイは，南米産と系統的に近いが，南米産が淡水から37％海水 (13‰) までしか耐えられないのに対し，アジア産は57％海水 (20‰) まで生存可能である (表6-1 B)．

南米淡水エイは O-UC 機能を完全に失っているが，アジア淡水エイは，肝臓と胃に O-UC に関する全ての酵素をもち，機能的尿素合成能を有している．このエイを淡水から57％海水に移すと，アンモニア排出量が激減する一方，血しょうと筋肉の尿素濃度は，それぞれ83および100 mmol/kg まで上昇する[60]．この淡水エイの場合，TMAO のレベルは低く，希釈海水に順応させても，そのレベルは変化しない．

a. カニクイガエル

ここで，サメと同様な浸透調節を行う魚類以外の動物についても，少し触れておきたい．

カエルの仲間は，一般に淡水域に生息するが，4章で紹介した UCLA のゴードンたちは，1961年に，タイの干潟に生息するカニクイガエル (*Rana cancrivora*) が80％の希釈海水に耐えること，そして，このカエルを淡水から80％海水 (28‰) に入れると，外界の浸透圧の上昇に伴って，サメと同様，血液の尿素濃度を増大させ (表6-1 A)，尿素浸透性の浸透調節を行うことを発見した[160]．

このカエルの幼生の時期は尿素合成能がなく，尿素を体内に蓄積できないので，血液の浸透圧は海産真骨魚と同様，外界の海水よりも低く維持される (表6-1 A)[161]．しかし，やがて幼生に四肢が生じるようになると，肝臓の O-UC 酵素活性が増大し，尿素浸透性の調節が可能となる．なお，この幼生は，一時的には80％海水に耐えることが可能であるが，20％海水 (7‰) 以上では，変態できない[161]．

尿素合成には高いコストがかかり，しかも，この尿素は袋小路の物質で，他に転用の道がない．サメ，シーラカンスそしてカニクイガエルは，高コストの尿素を単に老廃物として廃棄せずに血液の浸透圧の底上げに使用している．このような尿素の利用は，これら三者が，独立に獲得したものである．

b. 腎臓にサメ！

尿素をオズモライトとして利用することは，哺乳類でも行っている．砂漠に生息するネズミの仲間やラクダ，海洋のクジラの仲間など，水 (クジラでは真水) の乏しい環境に生活している哺乳類は多い．当然，このような環境での水は貴重で，体から不可避的に排出される水，尿量をできるだけ少なくする必要がある．

尿を濃縮する能力は，動物界のなかで哺乳類が最も優れている．その理由は，腎髄質内にヘンレループと呼ばれる，ヘアピンのような形をした管からなる尿の濃縮装置を発達させているからである．

ヘンレループの周囲の浸透圧は，腎髄質の深部，腎乳頭へと下るほど高くなっており，ループの上端と下端の浸透圧較差が大きければ，大きいほど，尿の濃縮能が増大する．この腎髄質内の浸透圧を底上げするのに，尿素が深く関わっているので，腎髄質内の尿素濃度が高いほど，より濃縮された尿が生成される．

ポケットマウス (*Peroganthus parvus*) では，腎乳頭間質 (ヘンレループの下端) の尿素濃度は 1,130 mmol/l で，尿の尿素濃度は 1,900

Box 7　ボーディル・シュミット-ニールセン

尿の濃縮に尿素が深く関わっていることを明らかにした，女性科学者，ボーディル・シュミット-ニールセン (Bodil Schmidt-Nielsen；1918-) を紹介しておこう．彼女の父は，2章で紹介したノーベル生理学医学賞を受賞したデンマークの偉大な比較生理学者のアウグスト・クローグで，母親も医師で呼吸生理学の研究者である．彼女は 1939 年に，やはり卓抜した動物 (比較) 生理学者のクヌート・シュミット-ニールセン (1916-2007) と結婚し，1946 年には二人でアメリカへ移っている．彼女は，可能な限り動物を殺さずに，その血液と尿を調べることで，軟骨魚の腎臓の尿素の再吸収機能，砂漠に住むカンガルーラットの尿の濃縮機構や，後に尿素輸送体の発見につながる腎臓での尿素の輸送機能の解明など，さまざまな動物の腎機能について広範な研究を行っている．

mmol/l (ヒトでは 350 mmol/l 程度) に達する[162].

　自由水の摂取が困難な,非常に乾燥したオーストラリアの砂漠に住む,トビネズミの一種 (*Notomys alxis*) の尿の尿素濃度は 5,430 mmol/l (尿素 32.6 g を水に溶かし,100 ml にした濃度) もあり,尿の浸透圧は実に,9,370 mOsm (ヒトでは最高 1,400 mOsm) にもなる[163]. そう,このように哺乳類の腎臓にもサメがいたのだ！　また,視点を変えると,哺乳類の遠い祖先にあたる魚が水生から陸生へと移行するにあたって,いくつかの可能な方策から体内に蓄積する有毒なアンモニアを尿素に変えるという機能を選択した. そして,この選択が哺乳類の腎臓の濃縮能を飛躍的に高め,生活圏の拡大を促す契機となったのだ,ともいえよう.

6-2-2　尿素/TMAO 比

　サメなど尿素浸透性動物は,当然,細胞内の尿素濃度も高いが,尿素はタンパク質を変性させる作用が強く,酵素反応など細胞諸機能に重大な影響を与える. 尿素が,酵素とその基質の反応に及ぼす影響について,California 大学 SanDiego 校 Scrips 海洋研究所のソメロ (G.N. Somero) たちが行った有名な実験がある[156].

　それによると,アブラツノザメの筋肉から抽出した酵素 (ピルビン酸キナーゼなど) のミカエリス・メンテンの定数 (K_m) 値は,反応液に加えた尿素濃度の増大に伴って大きくなる. これは,酵素と基質 (ピルビン酸) との親和性が低くなることを意味している.

　同様な実験を TMAO を使って行うと,反応液中の TMAO 濃度が上昇するにつれて K_m 値は小さくなり,尿素の場合とは逆に,酵素と基質との親和性が高くなる. そして,尿素と TMAO の濃度比が 2:1 の反応液では,互いの効果が相殺される結果,両者の濃度をこの比率で上昇させても K_m 値に大きな変化は見られなくなる.

　興味深いことに,このような試験管での実験結果から導かれた尿素/TMAO ≒ 2 という関係は,多くの軟骨魚の筋肉の尿素と TMAO (正確にはメチルアミン類の和) の存在比と一致する. サメと同様,尿素浸透性のシーラカンスの筋肉に存在する尿素と TMAO 比も,やはり 2 に近

い (表 6-1 B).

なお，このような軟骨魚に含まれる TMAO の由来については，研究例が少なく詳細は不明だが，基本的には後述する真骨魚と同じ，と考えられている．また，上記したように哺乳類の腎髄質内には，高濃度の尿素が蓄積されており，尿の濃縮に重要な役割を果たしている．これと関連して，哺乳類の腎臓にも尿素に対抗する物質として，ベタイン，Glycerophosphoryl-choline などのメチルアミン類が尿素とともに蓄積されている[162].

6-2-3 尿素浸透性の由来

軟骨魚は終生軟骨性骨格を保持し，鰾(うきぶくろ)の基となる肺も，早々に失った．これらのことは軟骨魚類が古くから，広くて深い酸素の豊富な水域で，生活していたことを意味している．それなのに，なぜ軟骨魚類は，高い尿素合成能を獲得したのだろうか．

まず，軟骨魚も硬骨魚と同様に，淡水域で進化を遂げた後に，海洋へと再進出したのであろう．このように淡水域での低い血液浸透圧をもったまま，海へと進出する場合，高い尿素合成能をもち，高濃度の尿素を保持できれば，海水中での脱水の危機を回避するうえで，きわめて有効であっただろう．これは，高い尿素合成能をもつシーラカンス，またカニクイガエルも，全く独立に尿素浸透性の調節機構を海の環境下で発達させたことからも推測できる．

問題は，海に進出する前に「どうして高い尿素合成能を獲得したか」である．これについて，私は，軟骨魚が淡水域で，「極端な大卵少産的繁殖様式を獲得した」ことに関係すると考えている．

現在の軟骨魚には，卵生と胎生の種が存在するが，いずれの場合も，その卵サイズは大きく (卵生のトラザメの仲間の卵径は 15～25 mm)，誕生までに長期間を要する．例えば，卵生のサメの孵化までに要する日数は，トラザメ約 8 ヶ月，ナヌカザメ 7～10 ヶ月，ネコザメ約 12 ヶ月と非常に長い．また，胎生種の妊娠期間も長く，シロザメやヨシキリザメなどでは 10～12 ヶ月，アブラツノザメでは 22～24 ヶ月もかかると言われている．なお，サメと同様に尿素浸透性のシーラカンス

も胎生で，妊娠期間は1年ほどと推測されている．また，この魚の卵巣内で見つかった成熟卵も巨大で，直径が70 mmもある．

このように孵化期間や，妊娠期間が長いと，当然，胚は，卵殻あるいは子宮といった狭い空間内で，タンパク質の異化に伴って必然的に生じるアンモニアを処理しなければならない．卵サイズが小さく，孵化期間も短い真骨魚の胚でさえも，排出機能が未分化な間はO-UC機能を備えているので，軟骨魚の胚は，長期の孵化期間や妊娠期間に合わせて，高いO-UC機能を発達させたと考えるのは妥当だろう．

おそらく，軟骨魚の祖先が，淡水から海へと進出する前，淡水と海水の両域にまたがって生活していた時期があり，このときにO-UC機能を保持して尿素浸透性を発達させた種は，それを発達させなかった種よりも海域での生活にいち早く適応し，海域での豊富な餌資源と相まって，多くの子孫を残したと考えられる．

6-3 真骨魚

6-3-1 TMAOの由来

真骨魚に含まれるTMAOの由来について，これまで外因説から多く論じられてきた．これは，餌となる藻類や動物プランクトンなどに含まれるTMAOやTMA (トリメチルアミン) 量は，海産のほうが，淡水産より圧倒的に多いことによる．

図6-2は，和歌山県富田川河口周辺で採取した，チチブ属3種の筋肉のTMAO濃度を比較したものだが，淡水域で生活を行うヌマチチブが最も低く，次いで汽水域に住むチチブ，そして，淡水がほとんど流入しない，潮間帯に生息するアカオビシマハゼが最も高くなっている．また，これと同様な傾向はヨシノボリ属のハゼ (カワヨシノボリ，シマヨシノボリ，ゴクラクハゼ) でも認められる．チチブ属やヨシノボリ属のハゼは，ともに雑食性で藻類から小動物まで何でも食するが，これら筋肉のTMAO濃度の違いは，外因説で説明可能で

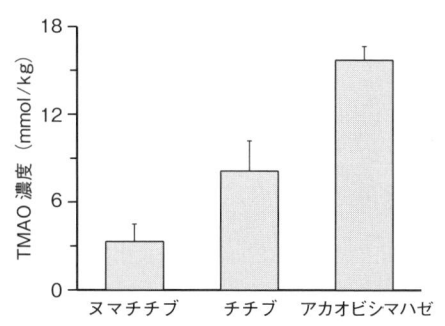

図 6-2 チチブ属 (*Tridentiger*) 3 種の筋肉に含まれる TMAO 濃度.

ある.

一方,魚体に蓄積された TMAO は,絶食下においても,ほとんど減少しないことや,絶食させたウナギを,淡水から海水に移すと TMAO が増加することから,内因説も考慮する必要がある.

TMAO など真骨魚の筋肉に含まれる低分子の窒素化合物の代謝についての先駆的研究は,京都大学の坂口教授 (現在,四条畷学園大学教授,京都大学名誉教授) たちによってなされてきた.坂口教授たちは,広塩性のティラピア (*Oreochromis niloticus*) を用いて,この魚がどのような物質から TMAO を生成させ,それを蓄積するかを詳細に調べ,TMAO 蓄積の外因・内因説を統括できる機構の存在を明らかにしている[164].

これによると,魚体内に存在する TMAO の主たる前駆物質は,食物中のコリン (ホスファチジルコリンなども含む) と TMA もしくは TMAO である.コリンの場合は,魚の消化管で腸内細菌により TMA に分解されてから吸収され,肝臓や腎臓に存在するモノオキシゲナーゼ (mono-oxygenase) により無毒な TMAO に変えられる.また,魚が摂取する食物に含まれる TMAO も,その全てではないにしろ,コリンと同様,一度,消化管内の細菌により,TMA に分解されてから再度 TMAO に変えられ蓄積される.

また,これまで TMAO の内因的な前駆物質は,コリン,アセチルコリン,カルニチンなど,魚体内に存在する 4 級アンモニウム化合物で

あり，これらの魚体内での最終代謝産物の一つが，TMAO であると考えられてきた．しかし，魚に (^{14}C-メチル)-コリンを経口および腹腔内投与した実験では，経口投与のみ ^{14}C-TMAO が生成される．この結果より，内因起源の4級アンモニウム化合物が分解される場合でも，それらは一度，消化管内に分泌され，腸内細菌により TMA にまで分解を受けてから吸収され，肝臓内で TMAO に変えられていることが明らかとなった[164]．

6-3-2 TMAO の生理機能

TMAO が真骨魚の塩分適応に関して，どのような機能を果たしているかについての直接的な研究は少なく，梅花女子大学の大黒教授 (現在，梅花女子大学名誉教授) による先駆的な研究があるのみである．彼女は，広塩性のグッピーと狭塩性のキンギョに，TMAO の前駆物質である TMA を添加した飼料を与えて，淡水で飼育した後，魚を直接，海水 (キンギョの場合は 50％海水) へ移し，その後の生存率の変化を調べている[165]．

これは，上記の坂口たちによる，TMAO の代謝機構が解明される 25 年も前に行われた実験であるが，TMA 添加飼料を投与された，グッピーの海水移行後の生存率は，無添加飼料の個体よりも大幅に上昇するのに対し，純淡水魚のキンギョでは，50％海水中での生存に及ぼす TMA 添加効果が見られないことを明らかにした．

また，大黒たちは，グッピー，ウナギ，サケなど広塩性の魚に TMA 添加飼料を与えると，淡水中でもこれらの肝臓や腎臓のモノオキシゲナーゼの活性が上昇することや，これらを海水へ移すと，酵素活性は飛躍的に増大し，それに伴い筋肉の TMAO 濃度も，顕著な増大を示すことを明らかにしている[165]．

このように TMAO は，魚が海水に適応する際にその生成が促進されて体内に蓄積される．海水魚の血液浸透圧は，海水よりも低く，絶えざる脱水と過剰な塩分の流入を受けている．細胞内への Na^+ や Cl^- の過剰な流入は，酵素の機能に重大な影響を与えることが知られており，TMAO はこのような障害に抗して，タンパク質を安定させる働き

があり[156]，海水中での魚の生存にとってきわめて重要な役割を果たす物質である．

a. TMAO と極低温

南極，マクマード湾では水温が年間を通じて極端に低く，海水の氷点 ($-1.9℃$) に近い．この極低温の環境に生息する魚たちの筋肉には，表 6-1 B に示したように，150 mmol/kg もの TMAO が含まれている．

海産真骨魚の筋肉の TMAO 濃度は，一般に，白身魚のほうが赤身魚に比べて高いが，最も高いものでも 70 mmol/kg ほどである．しかし，この南極のノトセニア亜目の *Dissostichus mawsoni* (メロと呼ばれる場合もある) などの TMAO 濃度は，これより 2 倍以上も高く，軟骨魚に匹敵するほどである (表 6-1 B)．また，これらの魚の仲間では，血しょうの TMAO が 84〜94 mmol/kg，尿素濃度が 20〜26 mmol/kg と，真骨魚としては驚くほど高い[166]．

これら極低温に生息する魚の血液には，不凍剤として，特殊な糖タンパク質が存在することに加えて，これらの血液の浸透圧や，Na^+ および Cl^- の濃度は，一般の海水魚よりも約 1.5 倍高い[167]．

不凍剤の存在とともに，血液の浸透圧を上昇させることは，血液の凍結を防ぐためにも，また，海水と血液との浸透圧較差を小さくし，浸透調節に要するエネルギーを軽減するためにも重要である．しかし，むやみに Na^+, Cl^- 濃度を上げると，血液と細胞とのイオン濃度の較差が広がるので好ましくない．

これに対し，血しょう中の TMAO や尿素濃度を増大させて，浸透圧を底上げできれば，非常に好都合である．当然，血液の浸透圧が上昇すると，それに合わせて細胞内の浸透圧も上昇させなければならないが，上記のように細胞内に高濃度に存在する TMAO は，この浸透圧の底上げに大きく寄与しているに違いない．

b. 深海魚と TMAO

上記のような環境に生息する魚以外に，深海に生息するソコダラの仲間の筋肉には，サメやシーラカンスに匹敵する 260 mmol/kg もの TMAO が存在する．そして，この濃度は，魚が生息する深度とともに

直線的に増大する[168]. 深海での高い圧力は，酵素などのタンパク質の諸機能に深刻な影響を与えるが，TMAO やベタインなどメチルアミン類は，高圧下におけるタンパク質の機能変化を，緩和する働きのあることが実験的に確かめられている.

このように深海魚では，超高圧，南極では極低温・凍結というようなタンパク質の高次構造に重大な影響を及ぼし，結果として細胞機能に重大な障害を及ぼす条件下において，ともに細胞内に高濃度の TMAO の蓄積が見られる．この事実は，TMAO がこのような過酷な条件下でのタンパク質の安定化に，重要な役割を果たしていることの紛れもない証拠であろう.

TMAO は尿素と違って，魚類の餌となる海産無脊椎動物などに多く含まれており，海水魚は，排出によって TMAO を失っても，それを補充することは比較的容易である．TMAO は，これまでに述べたようなオズモライトとしての役割や，高濃度の尿素，高圧，低水温，高塩分などに対抗してタンパク質を安定化させる機能のほかにも，タンパク質の熱安定性の保持，抗酸化機能などさまざまな機能をもつと言われている.

6-3-3 尿 素

a. 北極圏の魚

南極に住む魚の血液の尿素濃度が高いことはすでに述べたので，北極の魚について紹介しよう．北極圏に生息する魚，キュウリウオ (*Osmerus mordax*) の筋肉および血しょうの尿素濃度は，冬季に 18 mmol/kg にも達し，これは秋に採集した魚の濃度より，約 18 倍も高い (表 6-1 B).

キュウリウオの肝臓には微弱な CPS III 活性が検出される．しかし，NaH^{14}CO$_3$ を魚体に注入し，^{14}C の尿素への取り込みを調べても，ラベルされた尿素は全く検出できない．この事実から，蓄積された尿素は，O-UC を経て生成されたものではないことが明らかとなっている[169]. この例のように，真骨魚では，組織の尿素濃度の高さと，O-UC 機能とは必ずしも結びつかないことが多い．この魚の場合，肝臓に非常に

強いアルギナーゼ活性があることから，尿素は，主に食物中のタンパク質に含まれるアルギニンの分解によって生成され，それが腎臓で再吸収されて，組織中の尿素濃度を高く維持しているのではないかと考えられている．

表6-1 Bに示したように，冬季におけるキュウリウオは，上記の南極の魚には及ばないものの，血しょう中のTMAOレベルも結構，高く，尿素とともに血液の浸透圧を上昇させ，不凍剤としての機能を果たすと考えられている[169]．

b. 尿素の役割

尿素とTMAOは体内に留まる限り，分解されたり，他の分子の骨格に用いられたりすることのない安定な最終代謝産物である．しかし，TMAOは，多様な海水魚の体内に保持されているのに対し，尿素は軟骨魚やシーラカンスなどの尿素浸透性魚類を除き，ほとんどの魚の組織濃度は低い．

一般の海産真骨魚の場合，尿素に比べて，TMAOの組織濃度は高いが，TMAO濃度があまり増えると，酵素と基質との親和性が高くなりすぎたり，タンパク分子がコンパクトに折り畳まれすぎたりして，反応性がかえって低下する．このような場合，その逆の働きをする尿素の存在は，TMAOの作用を緩和すると考えられている．前記した南極など超低温環境下に生息する魚が，高濃度のTMAOとともに，比較的高濃度の尿素を共存させているのは，このような理由によるのかもしれない．

前章で述べたように，真骨魚の鰓には尿素輸送体 (UT) が存在し，これによって効率よく，尿素を鰓から排出している．

尿素合成能をもつアベハゼを高浸透圧環境下 (120%海水) に置き，生成された尿素が浸透調節に利用され得るかどうか検討したことがある．その結果では，120%海水中での尿素合成量は，20%海水に比べて増大したが，そのほとんどは体外に排出され，魚体への蓄積は見られなかった．

ウナギの鰓の塩類細胞にeUTが存在し，海水に魚を適応させると，塩類細胞の発達に伴ってeUT発現量も増加することが報告されてい

る[136]．アベハゼの鰓の塩類細胞にも UT が存在するが，アベハゼが高塩分環境に順応すると塩類細胞も増加し，尿素の排出がより促進された可能性がある．

このように UT が真骨魚の鰓に普遍的に存在するとすれば，なぜ，南極など低水温に生息する魚が，血液の尿素濃度を高く維持できるのだろうか．これについての詳細は不明だが，3 章で述べた，サメの鰓細胞の側底部に存在する能動的な Na^+ と尿素の交換輸送系 (戻し輸送) が，南極の魚の鰓にも備わっているのかもしれない．

酸素不足に対する闘い

　魚に限らず動物が直面する酸素不足には，激しい運動時のように一時的に生じる酸素不足と，生息環境の酸素が低下する長期的・持続的な酸素不足がある．まず，魚類が一時的酸素不足にどのような方法で対処し，それが広義の意味で魚の窒素代謝と，どのように関係するかを見ていこう．

7-1　一時的酸素不足

7-1-1　高速遊泳魚

　回遊魚のカツオやマグロ類は，一時も休むことなく海洋を遊泳している．これは，これら回遊魚が一般の魚のように鰓蓋（えらぶた）を動かして呼吸することができず，「ラム換水」と呼ばれる特殊な方法で呼吸していることによる．ラム換水というのは，口を開いたまま，一定の速度で泳ぐことで，鰓に新鮮な水を送る呼吸法である．このような呼吸法では，泳ぎ続けなければならないが，通常は巡航速度と呼ばれる，最もエネルギーコストのかからない速度で遊泳している．

　骨格筋には，白筋と赤筋の二種類あるが，この巡航速度での遊泳に関わる筋肉は，主に赤筋である．赤筋は白筋と違い，ミトコンドリアに富み，毛細血管の分布も豊富で，好気的代謝が盛んである．カツオやマグロ類では，特に，赤筋が体側の深部にまで入り込んでおり，こ

の赤筋の運動により生じる熱を奇網 (図 7-1) と呼ばれる精巧な熱交換装置で外に逃がさないようにしている．

奇網では，毛細動脈と静脈が合い接して束ねられており，鰓を通過して外水温まで冷やされた動脈血が，赤筋を通って暖められた静脈血と相対して出会い (対向流)，そこで熱を効率よく交換し合う．この奇網の存在により，赤筋付近の温度は，外水温より 10℃ 以上高く保たれている[170]．このために，これらの魚はヒトと同様，内温動物に属する (Box 8 参照)．

Box 8 内温動物と外温動物

　従来，環境温度と関わりなく体温を一定に保つ動物を恒温動物 (homeotherm)，そのような能力のない動物を変温動物 (poikilotherm) と区別してきた．そして，哺乳類や鳥類を温血動物と呼ぶ一方，魚などを冷血動物と，あたかも血も涙もない動物かのように取り扱ってきた．しかし，冷血とされる動物のなかにも，体温を環境温度よりも高く維持できる動物が存在する一方，哺乳類など温血とされる動物のなかにも，外温の変化に伴い体温を変動させる動物の存在が，次第に明らかとなり，動物の体温に関してもっと普遍的に適用できる基準や，用語を再定義する必要に迫られた．そこで体温の核となる熱が，どこからくるかに基づく，次のような基準と用語が設けられた．

　(1) 内温動物 (endotherm)： 体温の核となる熱を自らの代謝によって産出する動物．

　(2) 外温動物 (ectotherm)： 体温の核となる熱が環境から供給される動物．

　この新たな定義では，体温が一定であるかどうかは問題にされないが，あえて恒温性を強調する場合には，恒温性内温動物 (homeothermic endotherm) と呼ぶ．もちろん，体温が驚くほど一定に保たれている深海魚のような場合は，恒温性外温動物 (homeothermic ectotherm) である．一方，カツオやマグロのように，内温動物ではあるが，体温が体の部位によって大きく異なる場合は，局所異温性内温動物 (regional heterothermic endotherm) と呼ばれる．また，コウモリ，ヤマネ，ハチ

7-1 一時的酸素不足　　　　　　　　　　　　　　　　　　　　　　　　　167

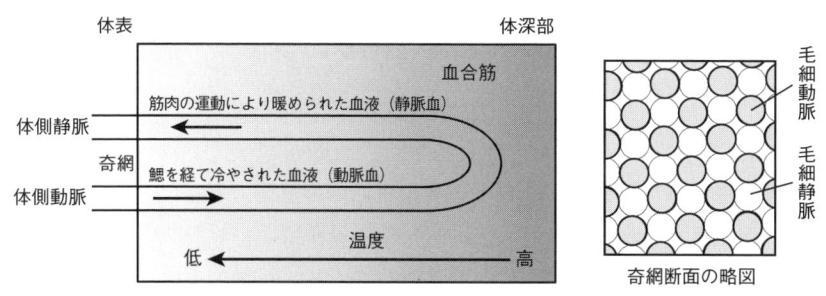

図 7-1　カツオ・マグロ類の赤筋 (血合筋) に存在する奇網 (熱交換器) の概念図.

ドリなど小型の哺乳類や鳥類では，体温が昼夜や季節によって大きく変動するが，これらの場合には，時間異温性内温動物 (temporal heterothermic endotherm) と呼ばれている．

内温動物は，通常，「ふるえ」によって体温を上昇させる．しかし，時間異温性内温動物などは，この「ふるえ」なしで，外気温まで冷えた体，特に脳を通常の体温まで急速に温めることができる．このようなことが可能なのは，これらの動物が，褐色脂肪組織と呼ばれる，発熱器官を首や肩など脳の近くに発達させているからである．褐色脂肪組織は通常の脂肪組織と異なり，血管が密に分布し，細胞はミトコンドリアに富んでいる．しかも，このミトコンドリアには，脱共役タンパク質 (UCP：uncoupling protein) またはサーモジェニンと呼ばれる，特殊なタンパク質が存在しており，このタンパク質によりミトコンドリアの呼吸が，ATP 産出と切り離され，生じたエネルギーをひたすら熱発生にのみ向かわせている．

カツオやマグロに発達している赤筋は，ミトコンドリアに富み，熱発生量が大きく，褐色脂肪組織に類似する組織であると言われている．また，カジキの仲間は，マグロ類のような内温動物ではないが，脳の直下，両眼窩の間に，眼球を動かす筋肉が変化して生じた発熱器官が存在し，これにより脳を暖めて，水温の低い深海 (200〜600 m) でも，餌を求めて活発な遊泳が可能である[193]．

7-1-2 白筋 (普通筋) と赤筋 (血合筋)

カツオやマグロ類は，獲物を捕獲するようなときに，数十秒間 100 km/h 近くの猛スピードで泳ぐことができる．ただし，このスピードでの遊泳は，体長が 2 m 以上の大型魚にのみ可能である[171]．これは魚体が大きくなると，水の抵抗に関わる体表面積が相対的に小さくなる一方，推力に関わる筋肉の断面積が，サイズに比例して増大するからである．それにしても，水中で秒速 27 m を超えるスピードは驚異というほかない．

このような爆発的な遊泳は，骨格筋の大部分を占める白筋によって行われる．白筋は毛細血管の分布が少なく，もっぱら嫌気代謝，解糖により強大なエネルギーを発生させている．

カツオが通常の遊泳をしているときの白筋の乳酸濃度は 5 μmol/g 程度であるが，爆発的なスピードで遊泳すると，この濃度は 70 μmol/g 以上にもなる[172]．これはカツオやマグロが，スプリンターとしての優れた筋肉を備えているからこそ可能で，コイなどでは，激しい運動後でも白筋の乳酸濃度は，20 μmol/g 程度にしか増えない．

このような解糖では，1 分子のブドウ糖当たり 2 分子の乳酸とともに 2 分子の ATP が生成される (グリコーゲンからでは 3 分子の ATP)．激しい運動を行うと，筋肉内に乳酸が増加するとともに，クレアチンリン酸や ATP などが分解されるが，これによって細胞内の pH が低下し，解糖機能も低下してくる．

さて長々と前書きを書いたが，この章の前半の主題は，運動によって必然的に引き起こされる，筋肉の pH の低下を魚がどのようにして克服しているかである．

なお，魚の骨格筋には，上記のように白筋と赤筋の 2 種類存在するが，マグロのように白筋が赤い魚もいれば，マダイのように，まさに白筋と言える魚もおり，紛らわしいので，本書では，白筋を普通筋，赤筋を血合筋と呼ぶことにする．

7-1-3 エキス成分と緩衝能

a. エキス成分

魚介類の味，そのコクやうま味の違いは，これら可食部に含まれるエキス成分 (Box 9 参照)，特に，遊離アミノ酸などのエキス窒素の成分の相違によって決まると言ってよい．

表 7-1 A には，10 種の魚の普通筋に含まれる，主要な遊離アミノ酸

表 7-1 A　普通筋に含まれる遊離アミノ酸濃度 (μmol/g-筋肉) の比較[173].

魚種	Tau	Ala	Gly	Glu	Lys	Ser	Thr	Val[*1]
カツオ	4.0	2.6	1.2	0.6	2.3	0.5	0.6	0.8
マグロ類	5.1	2.3	1.6	0.8	1.1	0.4	0.6	0.6
クロカジキ	0.6	1.6	2.3	0.1	0.8	0.6	0.7	0.3
マイワシ	3.6	2.2	0.8	0.8	0.8	0.6	0.3	0.1
マサバ	1.4	1.1	0.3	0.1	4.5	0.2	1.6	+
マアジ	6.0	2.4	1.3	1.2	3.7	0.3	1.3	0.5
マダイ	14.5	1.3	1.7	0.3	0.9	0.8	0.2	0.2
アユ	14.9	2.3	2.9	0.6	3.9	0.4	1.3	0.3
ウナギ	2.8	1.4	1.8	0.3	0.9	0.3	0.2	0.4
コイ	12.2	2.2	7.3	0.1	3.3	1.3	1.2	+

*1　+：痕跡．

表 7-1 B　筋肉に含まれるヒスチジンとその誘導体濃度[*1] (μmol/g-筋肉) の比較[173, 174].

魚種	筋肉[*2]	His[*3]	Car[*4]	Ans[*5]	計
カツオ	普	89.5	4.5	15.4	109.4
〃	血	17.3	0.7	4.0	22.0
マグロ類	普	62.9	0.3	27.3	90.5
〃	血	11.0	+	1.6	12.6
クロカジキ	普	15.9	2.6	105.0	123.5
マイワシ	普	39.6	+	+	39.6
マサバ	普	24.9	0.3	0.1	25.3
マアジ	普	11.2	+	+	11.2
マダイ	普	0.4	+	0.1	0.5
アユ	普	1.8	+	5.3	7.1
ウナギ	普	0.4	18.3	0.3	19.0
コイ	普	10.1	+	+	10.1

*1　+：痕跡．　*2　普：普通筋，血：血合筋．
*3　ヒスチジン．　*4　カルノシン．　*5　アンセリン．

8種の量を示したが[173],タウリン,グリシン,リジンなどの含有量が魚種によってかなり違っており,これらが各肉の微妙な味の違いを生み出しているものと思われる.

しかし,これらの差異は,表7-1Bに示したヒスチジンなど,イミダゾール化合物と総称される物質の魚種間の違いに比べると,著しく小さい[174]. マグロ,カツオ,カジキなど高速遊泳魚の普通筋には,他の魚に比べて桁違いに多くのヒスチジンや,その誘導体(カルノシン,アンセリン,図7-2)が含まれている.カツオなどに多量に含まれるヒスチジンは,魚の死後,細菌の作用を受けて,重篤なアレルギー症状を引き起こすヒスタミン(図7-2)に容易に変わる.このために,中世では,カツオなどを毒魚と称したそうである[171].

魚介類のエキス成分に関する研究は,古くから日本が世界をリードしてきた分野で,カツオなどの筋肉のエキス成分に多量のヒスチジンが存在することや,これと関連して,この種の魚のエキスが中性付近に高い緩衝能をもつことについては古くから日本で研究され,よく知

Box 9　エキス成分

　魚介類の可食部に含まれる,水溶性の物質を示す水産学の用語で,可食部をすり潰してから,加熱あるいはエタノール,過塩素酸などのタンパク質を凝固させる薬剤を入れ,タンパク質を除去した液に含まれる物質を指す.エキスのなかには,遊離アミノ酸,核酸など,魚介類の風味,コク,旨みといった,魚介類それぞれの味の違いを決める物質が多数含まれている.その関係でエキス成分に関する研究は,昔から日本が世界をリードしてきた.

　このような研究の成果の一つとして,日本で開発された世界的なヒット商品を紹介しよう.それは「カニ蒲鉾」である.これはズワイガニの筋肉のエキス成分から,カニの風味の素となるアミノ酸や核酸のいくつかを選び出し,合成されたそれらの物質や,塩類の比率を微妙に配合してカニ風味を再現し,これをスケトウダラなどのすり身に加えて,カニ肉状に加工したものである.

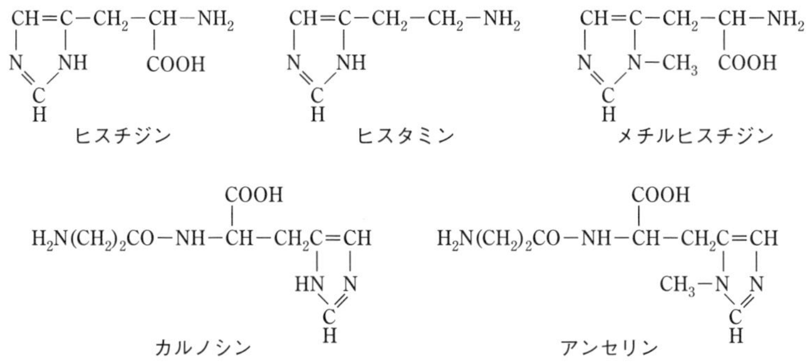

7-1 一時的酸素不足

図7-2 ヒスチジンとその誘導体(イミダゾール化合物).

られていた.

しかし，マグロやカツオなどの普通筋になぜ高濃度のヒスチジンなどが存在するのか，その生理的な意義を最初に明らかにしたのは，残念ながら日本の研究者ではなく，California大学のソメロ教授たちのグループである.

b. 緩衝能

ソメロたちは[175]，さまざまな魚類や，哺乳類の筋肉の一定量を0.9% NaClとともにホモジェネートした後，その溶液を0.2 M程度の薄い水酸化ナトリウム溶液で滴定し，各筋肉のβ値を求めた．β値(μmol/g-筋肉)というのは，筋肉1 gのホモジェネートをpH 6付近からpHを1上昇させるのに要する水酸化ナトリウムのmol数のことである.

このようにして，さまざまな魚のβ値を求めると，普通筋のβ値は，表7-2のように大きく3グループに分けられる[175].

表7-2 普通筋のβ値の比較[175].

高速遊泳内温魚	β値	表・中層遊泳外温魚	β値	底生魚・深海魚	β値
カツオ	136	クロカジキ	96	フサカサゴの一種	52
ソウダガツオ	109	マサバ	81	ネズミダラ	46
スマ(ボニート)	102	カタクチイワシ	71	その他7種	45
ビンナガ	107	オニカマス	63		
キハダ	105	その他9種	62		

まず，第1は β 値が最も高いグループで，マグロ類やカツオなど高速遊泳内温魚がこれに属する．第2のグループは，オニカマス，カタクチイワシ，マサバなど表・中層を活発に遊泳する外温魚で，これらの β 値は，第1のグループに次いで高い．第3は β 値が最も低いグループで，動きの鈍い底生魚のフサカサゴの仲間や，深海魚のネズミダラなどである．

また，各魚の普通筋の乳酸脱水素酵素 (LDH : lactate dehydrogenase) の活性を比較すると，第1グループの活性値が最も高く，第2, 第3グループの β 値とほぼ相関して，LDH の活性値も低下する．

これらの結果から，ソメロたちは，マグロやカツオなどの魚は，時速100 km ものスピードを生み出す筋肉の嫌気代謝を円滑に進めるために，高い緩衝能を発達させたのだと考えている．

これと反対に，底魚や深海魚のように，獲物がすぐ近くまできたときにのみ，瞬発的に襲うタイプの魚では，嫌気代謝から持続してエネルギーを引き出す筋肉を発達させておらず，そのために筋肉の緩衝能も低い．そして，マグロたちほど強力ではないにしろ，やはり活発な捕食者である外温魚のサバやオニカマスなどは，マグロ類と底魚との中間タイプの筋肉と緩衝能を備えている．

ソメロたちは，魚と同様な測定を，哺乳類や鳥類の筋肉を用いても行っている．これによると，イルカやペンギンなど潜水動物の筋肉では，β 値とともに LDH 活性が高い．一方，ブタのようにあまり活動的でない動物の筋肉では，β 値とともに LDH 活性も低くなる傾向が，魚類ほど顕著ではないが見られる[175]．

カツオやマグロ類の普通筋は赤いが，これは筋肉細胞内に酸素保持能力のあるミオグロビンを多く含有しているからである．これに対して，底魚のヒラメ，マダイなどの普通筋には，ミオグロビンが痕跡程度しか存在しない．一方，やはり活発な遊泳魚であるサバ，ブリ，アジなどの普通筋には，カツオほどではないがミオグロビンが存在している．

ミオグロビンは一時的な酸素の貯蔵のほかに，組織内での酸素の拡散を促進させる働きがある．そのために，長期間の潜水が可能な，鯨

類などの筋肉のミオグロビン濃度は，非常に高く，これらの筋肉は，赤色というよりも黒色に近い．

ソメロたちはミオグロビンの濃度の高い筋肉ほど，緩衝能も高くなることから，ミオグロビンは緩衝能を高めるうえでも重要な役割を果たしていると考えている[175]．

c. ヒスチジンの役割

ソメロたちは，筋肉のβ値に影響を与える物質として，ミオグロビン以外の物質を測定していないが，ヒスチジンの解離定数(pK)は中性付近にあるので，ヒスチジンやその誘導体(イミダゾール化合物)の含有量の多い筋肉ほど，β値は当然，大きくなる．例えば，血合筋では，ヘモグロビンやミオグロビン濃度が非常に高いが，ヒスチジンやその誘導体の含有量が普通筋に比べて著しく低いので(表7-1 B)，そのβ値はマグロ類であっても普通筋の1/2ほどでしかない．

実際，クロカジキの普通筋(β値=96.4)を用いて，これに含まれる各物質がβ値にどのように寄与するかを調べた結果がある[176]．それによると，イミダゾール化合物の寄与率は62%で，残りが無機リン酸塩やタンパク質などとなっており，筋肉の緩衝能を高めるうえでヒスチジンやその誘導体の果たす役割は大きい．

カツオの筋肉に多量に蓄積されているヒスチジンは，24℃の水温下では36時間ほどでその半量が入れ替わる[174]．また，筋肉のヒスチジン量は，5日間の絶食でほぼ半減するが，ヒスチジンにカルノシンやアンセリンを合わせた総イミダゾール量は，絶食前の70%程度にとどまる．

これらの結果から，カツオなどの高速遊泳魚は，主として餌から摂取されるヒスチジンを筋肉に積極的に蓄える．そして，このヒスチジンを材料にカルノシンやアンセリンのような緩衝能がより高く，より安定な物質を筋肉内で合成・蓄積して，細胞内が酸性に傾くのを防ぎ，強力な筋肉の活動を支えていると考えられている[174]．ただし，カツオなどの筋肉が，血液中のヒスチジンをどのようにして積極的に自己の細胞に取り込み蓄積するのか，その機構についてはまだよくわかっていない．

7-2 長期的酸素不足

全速力で一定の距離を走った後，しばらく息が上がることを経験したと思うが，全速力で走っている間は，筋肉に十分な酸素が行きわたらず，発生するエネルギーの大部分は，嫌気代謝によってまかなわれる．その直後の酸素消費量の増加は，走っている間に筋肉内に蓄積された乳酸などの処理に必要な酸素の増分である．これを酸素の収支として見ると，運動中には「酸素負債」が生じ，運動後に，その「償却」が起こると言い換えることができる．

図7-3Aは，マスを30分ほど，低酸素の水中に置いてから，正常な酸素分圧に戻したときの酸素消費速度の変化を示したもので[177]，通常，酸素負債量とその償却量は等しくなる．第1章で述べた，オオトビハゼのように空気呼吸への依存度の高い魚では，激しい運動後の酸素の完全な償却は，空気中でのみ可能である[15]．

ヨーロッパなどの高緯度地方の池や小さな浅い湖では，冬期に全面結氷した上に雪が降り積もると，空気から完全に遮断されるうえに，光が全く届かなくなる．このために植物プランクトンなどの光合成による酸素の供給が停止する．一方，有機物の分解は進行するので，水中の溶存酸素濃度は低下し続け，やがて全くの無酸素となる．このような状態になると，酸素要求量の高いマス類などは，春の雪解けが始まるまでに死滅する．しかし，このような状況を経た後も，生き残る魚がいる．それはフナで，0℃近くの水温では，5ヶ月間も無酸素状態に耐えると言われている[177]．

7-2-1 脂肪酸生成説

チェコのブラシュカ (P. Blažka) は，ヨーロッパブナ (*Carassius carassius*) が，なぜ無酸素の池中でも生存が可能なのかを明らかにするための一連の実験を行っている[177]．まずは，酸素負債とその償却である．

窒素を通気し，無酸素にした水中にフナを20℃では6時間，5℃では10時間放置した．その後，魚を正常な酸素分圧の水に戻したところ，ブラウントラウト (*Salmo trutta*) で見られるような酸素償却が，全

7-2 長期的酸素不足

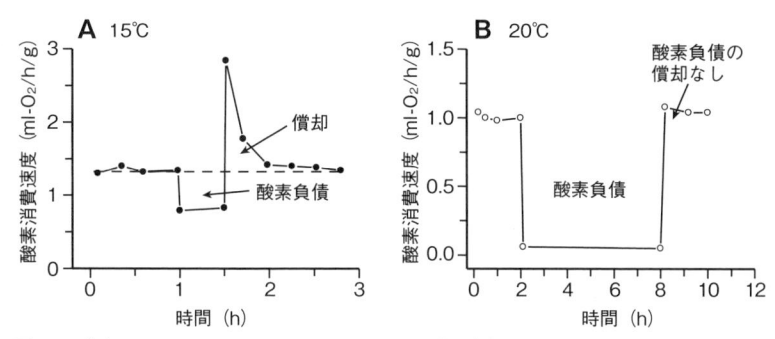

図 7-3 (A) ブラウントラウト (*Salmo trutta*) と (B) ヨーロッパブナ (*Carassius carassius*) の酸素負債とその償却. 図 A の破線は好気的条件下での酸素消費速度の平均値を示す (文献 177 を改変して引用).

く生じなかった (図 7-3 A, B).

また，20℃で 8 時間，無酸素状態に置いたフナの組織中に含まれる乳酸を調べても，乳酸の蓄積はほとんど見られず，魚を入れた容器の水にも，乳酸は検出されなかった．しかし，通常の解糖では生じないはずの二酸化炭素 (CO_2) が，200 μmol/h/100 g ほどの速度で排出されていることがわかった．

これらの実験結果と，無酸素状態の池中で越冬したフナの脂肪量が越冬前よりも確実に増えるという事実から，ブラシュカは，「無酸素下において，フナは乳酸のような有害な物質を蓄積することなく，糖から無害な脂肪酸を生成する」とする仮説を提唱した[177].

7-2-2 ティラルトたちの検証

ブラシュカの仮説は，1958 年に発表された後，誰にも顧みられることはなかったが，20 年後に，オランダ，Leiden 大学のファン・デン・ティラルト (Van Den Thillart) たちによって，フナの嫌気代謝に関する研究が再開された．ただし，ティラルトたちは材料としてヨーロッパブナではなく，キンギョ (*Carassius auratus*) を用いて実験を行っている．

ティラルトたちは，まず，無酸素下でキンギョが排出する CO_2 は，その全てではないが，糖の分解により生じることや，その排出速度は，ブラシュカの報告どおり約 200〜300 μmol/h/100 g であることを明ら

かにした[178]．また，キンギョ (約 100 g) を 20℃で 10 時間，無酸素状態に置くと，ブラシュカの結果とは少し違い，魚体内に乳酸が蓄積する．しかし，その量は無酸素下で消費されたグリコーゲン量から推定される値の 1/2 にすぎなかった[178]．

　ティラルトたちは，さらに，もう一つ興味深い現象を発見している．それは，キンギョを無酸素下に置いても，アンモニアが 12～17 μmol-N/h/100 g と，ほぼ一定の速度で排出されることである．ティラルトの論文には，私が測定したフナ幼魚 (C. cuvieri) の絶食下におけるアンモニア排出速度が，傍証として引用されているのだが[179]，無酸素下でのキンギョのアンモニア排出速度は，フナ幼魚の排出速度にほぼ等しい．

　私の測定は好気的条件下で行ったので，キンギョのアンモニア排出速度は，無酸素下でも，好気的条件下でも変化がないことになる (表 2-1 参照)．なお，これと同様な結果は，イギリスのジョンストン (I.A. Johnston) たちによる，ヨーロッパブナを用いた実験でも確かめられている[180]．

　ティラルトたちは，これらの結果から，キンギョは無酸素状態で，解糖とアミノ酸 (タンパク質) 代謝を連動させて，エネルギーを得ているのではないかと考えた．このティラルトたちの仮説については，後で詳しく検討することにして先に進もう．

7-2-3　アルコールの生成とその経路

　カナダ，British Columbia 大学のホチャチカ (P.W. Hochachka；1937-2002) 教授たちは，キンギョが無酸素下で CO_2 を排出していること，また，乳酸の蓄積量が，実際の糖の分解量より，はるかに少ないことに注目して，無酸素状態でのキンギョは，解糖により生じた乳酸をさらに代謝しているのではないか，という仮説を立て実験を行った[181]．

　まず，ホチャチカたちは実験を始める前に，キンギョを 3 時間，一酸化炭素 (CO) 中に曝し，酸素の輸送系や，チトクロームオキシダーゼの働きを，完全にブロックした．その後，無酸素 4℃の水中に魚を 12 時間放置して，その間に魚が排出した物質と，魚体内に蓄積される物質を測定した．

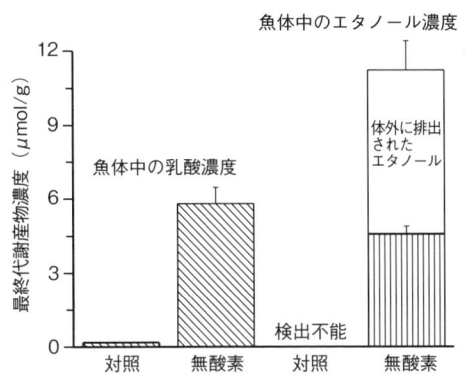

図 7-4 無酸素下で 12 時間放置したキンギョの乳酸とエタノール生成 (文献 181 のデータに基づき著者作図).

　その結果，無酸素下におけるキンギョの最終代謝産物は，乳酸とエタノールであること．そして，生成されたエタノールの大部分 (60%) は体外に排出されることが明らかになった (図 7-4)．なお，ホチャチカたちは，鰓がエタノールの主要な排出部位であると推測している．

　また，この実験でホチャチカたちは，炭素の全てが ^{14}C で標識された乳酸 (U-^{14}C-乳酸) およびブドウ糖 (U-^{14}C-ブドウ糖) を魚の腹腔内にそれぞれ注射して，無酸素下で生成されるエタノールがどちらの基質から多く生成されるかを調べている．それによると，乳酸からのエタ

Box 10　血中アルコール濃度

　道路交通法では，血液中のアルコール濃度が 0.03% を超えると酒気帯び運転となり，罰則が科せられるが，キンギョを 5℃ の無酸素下で 2 日間おくと，血液中のアルコール濃度は 0.05% ほどとなり，酒気帯び運転の基準を十分超える．また，低温下で 120 日間，無酸素状態に置いたキンギョの血中アルコール濃度の最高値は 0.1% にも達する[185]．これはほろ酔い極期に相当し，日本酒で 2〜3 合飲んだときの値である．もし私がキンギョなら，1 日に何回も長く息を止めたり，急に猛烈にダッシュしたくなるに違いない．

ノール生成量は，糖からより 3～4 倍も多くなることがわかった[181]．このキンギョと同様な反応は，ヨーロッパブナでも確かめられている[180]．このようにキンギョ (フナ) は，無酸素下で解糖により多量に生成される乳酸をエタノールに変え，その大部分を体外に排出していたのだ．

生成経路

無酸素状態でのキンギョの主な代謝産物が，エタノールであることを初めて明らかにしたのは，ホチャチカたちであるが，彼らよりも 4 年も前に，ドイツ，Münster 大学のヴィルプス (H. Wilps) たちは，ユスリカ (*Chironomus thummi*) 幼虫が無酸素下でグリコーゲンをエタノールにし，それを外界に排出することをすでに明らかにしている[182]．

また，ヴィルプスたちは，ユスリカ幼虫のエタノールの生成が，酵母のアルコール発酵とは異なり，解糖とクエン酸 (TCA) サイクルを結ぶ，要の酵素であるピルビン酸脱水素酵素複合体 (PDH 複合体： pyruvate dehydrogenase complex) が関与する反応であることを指摘している[183]．

その 2 年後に，キンギョもユスリカ幼虫と同じ反応様式で，エタノールを生成することが，オランダの研究者たちによって明らかにされた[184]．図 7-5 には，キンギョによるエタノール生成経路を示したが，これについて少し説明しておこう．

酵母などでは，アルコール発酵の第一段階を担う酵素，ピルビン酸脱カルボキシル酵素が細胞質に存在し，これが解糖により生じたピルビン酸をアセトアルデヒドと二酸化炭素に分解する．

しかし，動物にはピルビン酸脱カルボキシル酵素が存在せず，ピルビン酸の脱炭酸を担っているのは，ミトコンドリア内にある PDH 複合体の一つの酵素である．しかし，この酵素は，PDH 複合体の他の酵素と機能的にしっかりと結びついており，この酵素によってピルビン酸が脱炭酸されても，生じたアセチル基は，通常，アセチル CoA になるまで，PDH 複合体から離れることはない．

ところが，キンギョ (フナ) やユスリカ幼虫では，ピルビン酸の脱炭酸の結果生じたアセチル基の一部が，無酸素状態において PDH 複合体から離脱し，アセトアルデヒドとなってミトコンドリア外に出て，直ちにアルコール脱水素酵素 (ADH： alcohol dehydrogenase) により，

7-2 長期的酸素不足　　　179

```
グリコーゲン
    ↓
グリセルアルデヒド-3-リン酸
    a ↓ NAD⁺
      ↘ NADH+H⁺
1,3-ビスホスホグリセリン酸
    ATP↙
      ↓
    PEP
    ATP↙
      ↓
  ピルビン酸
```

a: グリセルアルデヒド-3-リン酸脱水素酵素
b: 乳酸脱水素酵素
c: ピルビン酸脱水素酵素
d: アルコール脱水素酵素
e: アルデヒド脱水素酵素

ピルビン酸 ⇌(b: NADH+H⁺ / NAD⁺)⇌ 乳酸

ピルビン酸 → PDH(c) → アセトアルデヒド ⇌(d: NADH+H⁺ / NAD⁺)⇌ エタノール（大部分は体外に排出）
　　　　　　　↓CO₂　　　　　　　　　　　↓e: NAD⁺/NADH+H⁺
　　　　　　　　　　　　　　　　　　　　　酢酸（×）
(ミトコンドリア)

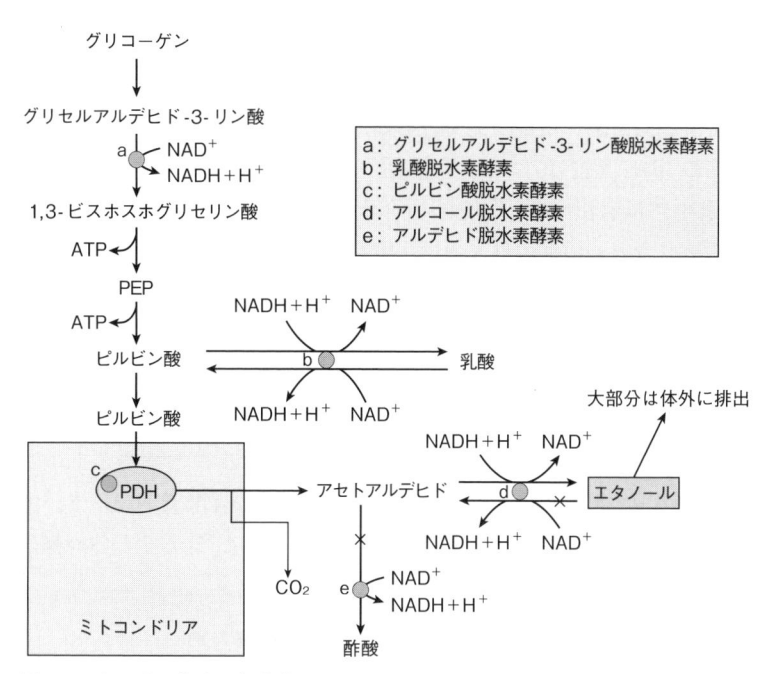

図 7-5 キンギョ筋肉の無酸素下におけるエタノール生成経路．×：生成されたエタノールは酢酸へと酸化されない (本文参照)．

エタノールに変えられる (図 7-5)．

このように無酸素状態でフナやユスリカ幼虫の PDH 複合体は，まるで酵母のピルビン酸脱カルボキシル酵素のように振る舞う．なお，フナでは激しい運動後にエタノールが筋肉内で生成されることが知られており，細胞内の一時的な pH の低下を防止するためにも，エタノールが用いられている．

7-2-4　フナの筋肉の特異性

a. アルコール脱水素酵素 ADH

エタノールの生成部位を特定するために，フナのアルコール脱水素酵素 (ADH) の活性を各組織で調べると，図 7-6 に示すように，この酵素は，フナの筋肉にのみ強く発現しており，肝臓や心臓など他の組織

の活性は著しく低い[186]．また，筋肉では，血合筋の活性が，普通筋の約3倍高い．一方，コイやニジマスの筋肉にはADH活性がほとんどなく，肝臓と腸に活性が見られるが，キンギョやヨーロッパブナの血合筋のADH活性は，コイの肝臓活性の約10倍も高い．ヒトの肝臓のADH活性は哺乳類のなかで高い部類に属する．しかし，25℃で測定したフナ血合筋の活性の最大値は，37℃で測定されたヒトの肝臓活性に匹敵するほどである[186]．

b. アルデヒド脱水素酵素 ALDH

ヒトの肝臓に存在するADHの役割は，飲酒などにより体内に入ったエタノールを，図7-5のようにアルデヒド脱水素酵素(ALDH : aldehyde dehydrogenase)と共同して，酢酸に変えることである．エタノールから酢酸への反応では，2分子の酸化型の補酵素NAD^+が，酢酸1分子生成されるたびに還元され，2分子のNADHが生じる．無酸

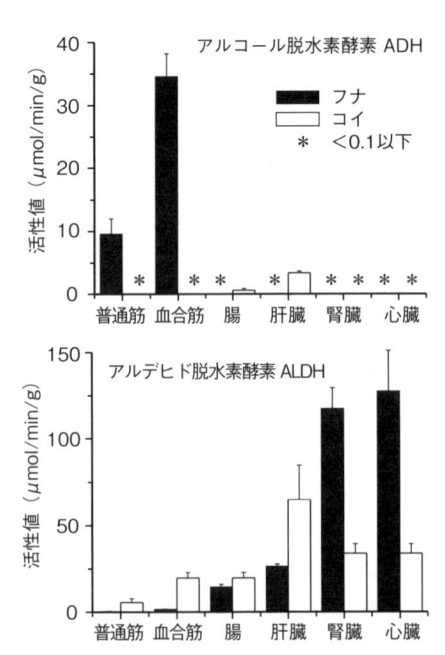

図7-6 フナ(ヨーロッパブナ)およびコイの各組織のADHおよびALDH活性の比較(文献186を改変して引用)．

素状態では，細胞内が還元的な状態となっており，エタノールが酢酸にまで酸化されると，ただでさえ不足している NAD$^+$ がますます少なくなり，細胞内の酸化還元バランスが壊れ，嫌気的代謝の続行が不可能となる．

これを避けるため，興味深いことに，フナの筋肉では，血合筋，普通筋ともに高い ADH とは逆に，図 7-6 のように ALDH 活性が非常に低くなっている[186]．また，フナの筋肉に存在する，ADH のエタノールに対する親和性が低い (K_m 値が高い) ことに加えて，筋肉内のエタノールは拡散して血液に入り，鰓から外界へと排出される関係で，組織内濃度は常に低く保たれている．そのために，図 7-5 の×印で示したように，フナの筋肉でエタノールが酢酸に酸化されるようなことは，まず起こらない．

c. ピルビン酸脱水素酵素複合体 (PDH 複合体)

フナでは，おそらく筋肉の PDH 複合体に変異が生じ，無酸素下でピルビン酸脱カルボキシル酵素のように振る舞う機能を獲得した．それに伴って，3 章および 4 章に記した尿素合成と同様，最終代謝産物の蓄積と合成に適した筋肉に，ADH が集中して発現するようになり，筋肉が乳酸をエタノールに変換する専門部位に変わった．この結果，脳や肝臓など他の組織では，解糖により生じた乳酸を，血液を介して筋肉に運び，乳酸の過剰な蓄積を防ぐという機能分化が生じたと思われる．今のところ，フナのような変異が生じた魚は，タナゴの一種 (*Rhodeus amarus*) でのみ知られている．

このようにフナは，嫌気代謝の結果生じた乳酸を中性のエタノールに変換し，これを排出することで，無酸素という過酷な環境を乗り切っている．ただし，この代謝様式は，いわば 39 万円の実質価値のある在庫商品を，緊急事態だからといって 3 万円ほどで叩き売るようなもので，きわめて不経済である．しかし，越冬時のフナのように捕食者もなく，食物も乏しい状況では動き回る必要がなく，多量の乳酸の蓄積による早急な死を選ぶより，たとえ不経済であっても，少しでも長く耐え，環境が好転する，春を待つほうが得策である．

これと関連して，キンギョやフナの筋肉に含まれるグリコーゲン量

は冬季に最も高くなるが，そのレベルはブルーギルやマス類の7〜10倍にも達する．また，これと同時に，冬期には筋肉のADH活性も高くなる[187]．

7-2-5 無酸素下でのアンモニア生成

ホチャチカたちの研究により[181]，「なぜ，フナは無酸素状態においても乳酸を蓄積しないのか」というブラシュカやティラルトたちの提示した疑問が見事に解決されてしまった．ティラルトたちLeiden大学の研究者は，この問題の解決に，一歩手前まで迫りながら，ホチャチカたちに先を越されたわけで，ずいぶんと悔しい思いをしたに違いない．しかし，ホチャチカたちが提唱した経路では，ティラルトたちが明らかにした「なぜ，フナのアンモニア排出が，無酸素下でも好気的環境と変わりなく続くのか」という問題を明らかにしていない．

a．GDHと連鎖した脱アミノ化

2章でも述べたように，アンモニアは魚類の場合，主に「GDHと連鎖した脱アミノ化」によって生成される．これは種々のアミノ酸が，さまざまなアミノ基転移反応を経てグルタミン酸に集約し，生じたグルタミン酸が，グルタミン酸脱水素酵素(GDH)により，アンモニアとα-ケトグルタル酸に分解される反応である．この反応で，酸化型補酵素$NAD^+(NADP^+)$が，$NADH (NADPH)$に還元される．

無酸素状態では最終水素(電子)受容体である酸素が利用できないので，ミトコンドリア内は酸化型補酵素が欠乏し，過剰の還元型補酵素が存在するきわめて還元的な状態となっており，GDHがアンモニア生成の方向に反応しなくなる．そのために，魚を低酸素環境に置くと，アンモニア排出が低下するのが一般である．なぜ，フナではそうならないのだろうか．

無酸素下に20℃，12時間，放置したキンギョの肝臓，血合筋および普通筋のミトコンドリア内の酸化・還元バランス($NAD^+/NADH$)を調べると，肝臓では，一般の魚と同様，無酸素下では還元的な状態となるが，筋肉，特に血合筋では，無酸素下でも好気的条件下と有意差は見られない[188]．このことから，キンギョの筋肉では肝臓と違って，無

酸素下においても，GDHと連鎖した脱アミノ化によるアンモニア生成が続行すると考えられている．

また，20℃，12時間，無酸素下に置いたキンギョのエネルギー充足率，アデニレートエネルギーチャージ [EC = (ATP + (1/2)ADP)/(ATP + ADP + AMP)] を調べたところ，肝臓でのエネルギー充足率は，好気的条件下の52%にまで低下するのに対して，筋肉では，普通筋，血合筋ともにほとんど変化が見られなかった[189]．この結果は，無酸素状態においても筋肉内では，何らかの方法でATP (エネルギー) の生成が続いていることを示唆している．

b. プリンヌクレオチドサイクル

筋肉のアンモニア生成では，GDHと連鎖した脱アミノ化に加えて，プリンヌクレオチドサイクルによる生成も考慮する必要がある．

プリンヌクレオチドサイクルは2章でも述べたが，以下の (1)〜(3) の反応が連続して起こり，AMPデアミナーゼにより，AMPからアンモニアが離脱する反応である．

$$AMP + H_2O \longrightarrow IMP + NH_3 \tag{1}$$

$$IMP + GTP + アスパラギン酸 (Asp)$$
$$\longrightarrow アデニロコハク酸 + GDP \tag{2}$$

$$アデニロコハク酸 \longrightarrow AMP + フマル酸 (Fum) \tag{3}$$

この (1)〜(3) の正味の反応は，結局，以下のようになる．

$$Asp + GTP + H_2O \longrightarrow NH_3 + Fum + GDP$$

それゆえ，この反応はAspが脱アミノされる反応とも言える．血合筋から単離したミトコンドリアに，グルタミン酸 (Glu) を加えて恒温下で反応させると，好気的な条件では，Aspのほかにアンモニアが生じる．しかし，無酸素下ではAspのみが生成することが知られており[190]，この反応に必要なAspは，Gluなどから十分供給される．また，この反応には，GTPが必須であるが，筋肉のエネルギーレベルは上に述べたように高いので，反応に必要なGTPの供給は十分可能である．

プリンヌクレオチドサイクルで生成するアンモニアは，細胞内のpHの低下を防ぐとともに，解糖を促進させる働きがある．また，反応で生じたフマル酸がミトコンドリアに入り，コハク酸脱水素酵素によりコ

ハク酸に還元されると，還元型補酵素 FADH$_2$ が酸化型 FAD$^+$ となるので，ミトコンドリアの酸化・還元バランスの維持には都合がよい．キンギョの無酸素下でのアンモニア生成の50％ほどが，このプリンヌクレオチドサイクルによると推定されている[190]．

7-2-6　解糖とアミノ酸代謝の連関

ティラルトの共同研究者であるファン・ワァールデ (Van Waarde) は，キンギョの筋肉のグルタミン酸，アラニン，アスパラギン酸，α-ケトグルタル酸，オキサロ酢酸，コハク酸，アンモニアなどの各濃度が，好気的および無酸素条件下で，どのように変化するかを詳しく調べ，これらの物質相互の質量作用比の変化から，各物質が無酸素下で，どのように反応するかを推定している．また，この推定と，ホ

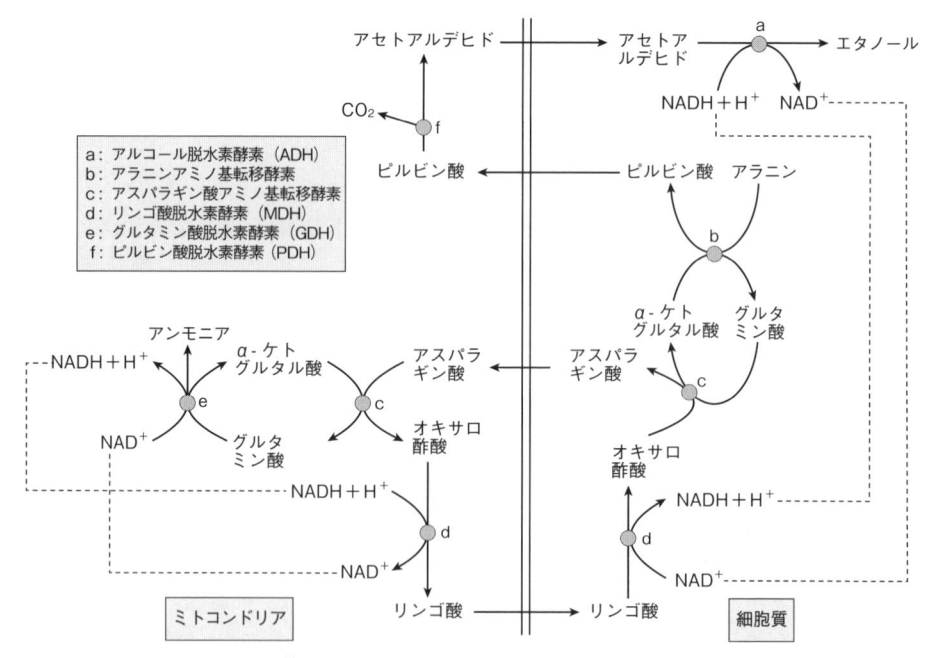

図 7-7　キンギョ筋肉の無酸素下におけるアンモニア生成経路[191] (CBP の許可を得て掲載)．

チャチカたちが提唱した，ピルビン酸のエタノールへの反応を融合させて，図 7-7 に示すような，筋肉の無酸素下でのアンモニア生成に関わる代謝経路を提案している[191]．この代謝経路では確かに，GDH によるアンモニアの離脱が生じ，ミトコンドリアおよび細胞質ともに酸化・還元バランスがとれるので，アラニンの供給が続く限り，アンモニアが生成されることになる．

無酸素下で実際に排出される CO_2 量は，この間に，消費されたグリコーゲン量から推定される CO_2 生成量よりも多い．これは図 7-7 のように，アラニンがタンパク質などから供給され，エタノールになるとすれば，ある程度説明がつく．しかし，問題は，図 7-7 の経路で反応の連鎖が続くと，確かにアンモニアは生成されるが，細胞にエネルギー的な恩恵をもたらさないことである．

7-2-7 無酸素下でのクエン酸 (TCA) サイクルの回転

ティラルトたちは，フナの無酸素下での代謝が，図 7-5 に示したような，エタノールを最終代謝産物とする経路のみではないことを証明するために，1-^{14}C-酢酸，3-^{14}C-乳酸，3,4-^{14}C-グルタミン酸など，特定部位の炭素を ^{14}C で標識した基質を無酸素下のキンギョの腹腔内に注射し，これらの物質からの $^{14}CO_2$ 生成量を測定している[192]．

この結果，いずれの物質を用いても，少量ではあるが $^{14}CO_2$ が生成される．1-^{14}C-酢酸と 3-^{14}C-乳酸の場合では，これらの標識炭素が CO_2 となるには，アセチル CoA にまで代謝された後，TCA サイクルに入り，さらに，代謝される必要がある．また，これと同様に，グルタミン酸の場合にも，α-ケトグルタル酸へと脱アミノされた後，TCA サイクルに入らないと標識された炭素が CO_2 にならない．

また，ティラルトたちは，この実験で，U-^{14}C-ブドウ糖や U-^{14}C-乳酸の全てがエタノールになるのであれば，放射活性をもつ全生成物質に占める CO_2 の放射活性の割合は，33％となるはずであるが (炭素の比：CO_2-C/(エタノール-2C + CO_2-C)，実測された比率は 40％近くになる．これらの結果から，ティラルトたちは，ブドウ糖や乳酸の炭素の 80％はエタノールと CO_2 に代謝されるが，残りの 20％は TCA サイ

186　　　　　　　　　　　　　　　　　　　　　7　酸素不足に対する闘い

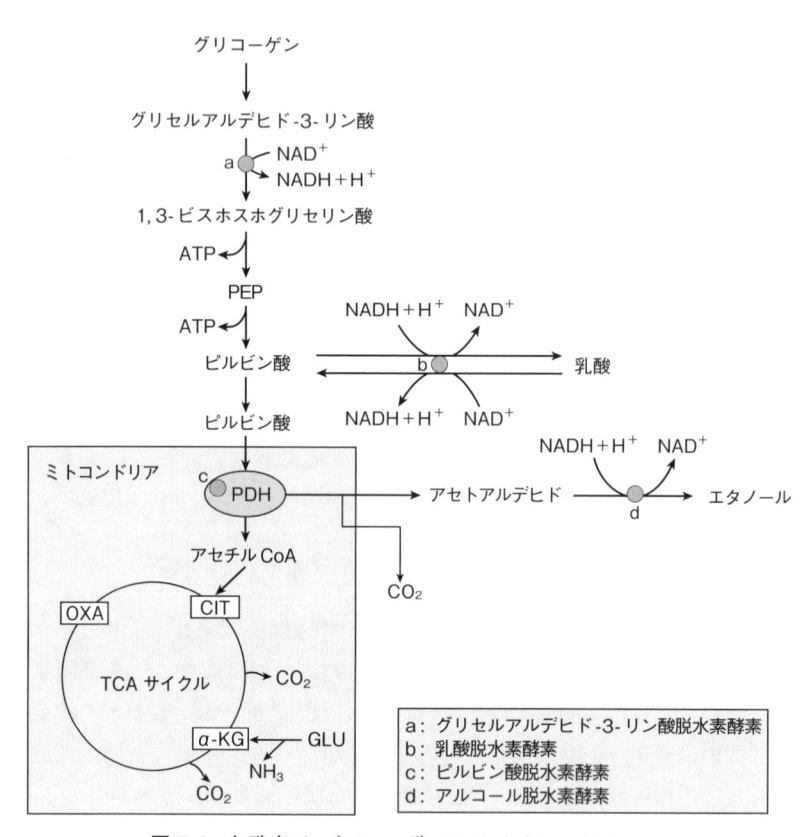

```
                    グリコーゲン
                         ↓
              グリセルアルデヒド-3-リン酸
                       a ↓  NAD⁺
                          ↘ NADH＋H⁺
              1,3-ビスホスホグリセリン酸
                   ATP ↙↓
                       PEP         NADH＋H⁺  NAD⁺
                   ATP ↙↓              ↘  ↗
                     ピルビン酸  ←――――― b ―――――→ 乳酸
                          ↓              ↗  ↘
                     ピルビン酸        NADH＋H⁺  NAD⁺
```

図 7-8　無酸素下でもクエン酸 (TCA) サイクルは回る！

（図中の凡例）
a：グリセルアルデヒド-3-リン酸脱水素酵素
b：乳酸脱水素酵素
c：ピルビン酸脱水素酵素
d：アルコール脱水素酵素

ミトコンドリア内：PDH → アセチルCoA → TCAサイクル（OXA, CIT, α-KG ← GLU → NH₃）→ CO₂
アセトアルデヒド → d （NADH＋H⁺ → NAD⁺）→ エタノール

クルを通じて代謝されると結論している[192].

　このように無酸素下においても，TCAサイクルがゆっくり回転しているとすると，回転ごとに何らかのエネルギーが生成されるはずである．キンギョの筋肉のエネルギーレベルが長期の無酸素状態の後も，正常レベルを維持し続けるのは，解糖によるエネルギーだけでなく，このような経路から供給されるエネルギーも，これに関与している可能性が高い (図 7-8).

　図 7-8のように，TCAサイクルが無酸素下でも回転すると，タンパク質の分解によって供給されるアミノ酸がGDHと連鎖して脱アミノ

化され，アンモニアが生じる．また，その炭素骨格がTCAサイクルを通じて分解されると，エネルギーが生まれるので，アンモニアが無酸素下での最終代謝産物の一つとなる理由も無理なく説明できる．ただし，TCAサイクルが無酸素下で回転するには，還元型補酵素を酸化型に戻す何らかの水素(電子)受容体が必要である．しかし，これが何であるかについては，いまだ解明されていない．

7-2-8 無酸素下での水素(電子)受容体

ホチャチカは，無酸素下での水素受容体の有力候補として，以下のAに示したような脂肪酸の炭素鎖の伸長 (β酸化の逆反応，反応ごとに炭素が二つずつ伸長する)，もしくはBの不飽和脂肪酸の飽和化(還元)をあげている[194]．これらの反応は，熱力学的に反応の進行が可能で，いずれの反応においても，還元型の補酵素NADPH (NADH) が，酸化型NADP$^+$(NAD$^+$) に変わる．

実際，ウサギの心筋ミトコンドリアを用いた実験で，無酸素下では，脂肪酸の炭素鎖の伸長が起こることが確認されている．もし，この反応が，フナでも起こるのであれば，ブラシュカの指摘は間違っていな

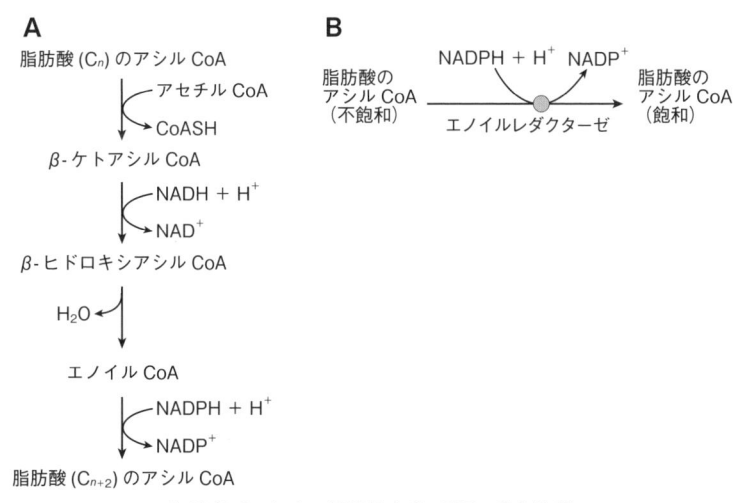

A

脂肪酸 (C$_n$) のアシルCoA
↓ ← アセチルCoA
↓ → CoASH
β-ケトアシルCoA
↓ ← NADH + H$^+$
↓ → NAD$^+$
β-ヒドロキシアシルCoA
↓ ← H$_2$O
エノイルCoA
↓ ← NADPH + H$^+$
↓ → NADP$^+$
脂肪酸 (C$_{n+2}$) のアシルCoA

B

脂肪酸のアシルCoA (不飽和) —エノイルレダクターゼ→ 脂肪酸のアシルCoA (飽和)
NADPH + H$^+$ → NADP$^+$

無酸素下における仮想的水素(電子)受容体[194]

かったことになる．確かに，嫌気状態の最終代謝産物が脂肪酸ならば，細胞内に多量に蓄積しても問題がないうえに，季節が好転すれば，蓄積した脂肪を燃焼し，多大のエネルギーを獲得できるのだ！

あとがき

　私が窒素代謝に興味をもったのは，大学3年生の頃，E. ボードウィン著の『比較生化学入門』を読み，この分野に心惹かれたことに始まります．たぶん，この本の影響でしょう，動物の生理・生態的な研究に興味をもつようになりました．しかし，大学院に入って，いざ自分で研究を始めようとすると何をどうすればよいかわからず，いろいろと悩みました．

　このようなとき，京都大学理学部附属大津臨湖実験所で，助手をしておられた故鈴木紀雄さん (元滋賀大学名誉教授) から「生理をやるんだったら，魚の窒素代謝やりなさいよ，このテーマだけで一冊の本が書けますよ」と助言をいただいたことが，この道に入る直接のきっかけとなりました．

　このことを指導教授である森主一さんに伝えると，その当時の先生のご専門 (陸水生態学) とかなり離れた分野であるにもかかわらず，反対はなさらなかったが，「君のやろうとしている分野は研究者が少ないから，みんなと違うことをすると苦労するよ」とだけおっしゃいました．数日後，三浦泰蔵さん (当時，京都大学助教授) が「おい岩田，魚の窒素代謝をやるそうやな．それならこれを読め」とブルーギルの窒素収支に関する一連の論文のコピーをドサッとプレゼントしてくださいました．

　このような二人の先生の薦めもあって，魚の窒素代謝に関する最初の研究 (琵琶湖の固有種ゲンゴロウブナの一品種であるカワチブナ (ヘラブナ) の窒素平衡) に着手することになりました．

　研究を開始してからしばらくして，私が非常勤講師にとリクエストした，東京大学海洋研究所の内田清一郎教授が臨湖実験所に来られ，2日間にわたり魚類の浸透調節についての集中講義をしてくださいま

した．また，私が窒素代謝の研究を始めたと知ると，講義の最後に，魚類の窒素代謝に関する特別講義までしてくださり「日本ではこの分野の研究者は少ないが，非常に面白い分野なのでがんばりなさい」，「私も窒素代謝に興味をもっているが，この分野は東京より，京都ですべき研究だと思っている」とおっしゃいました．もちろん，この励ましの言葉は，私を魚の窒素代謝の研究へと向かわせる，さらに大きな力となりました．

あんなこんなで，臨湖実験所でのフナの生理・生態についての研究に，一応のめどがつきかけた頃，幸い，和歌山大学に職を得ることができ，本書の「はじめに」に述べましたようにトビハゼの窒素代謝に関する研究に着手しました．和歌山では，学生たちがトビハゼに興味をもってくれて，非常に熱心に実験や観察に取り組んでくれました．そのお陰で，トビハゼについて数々の興味深い事実を見つけることができました．

ただ，このような研究結果を学会で発表しても，それらに興味をもつ人が多いとは，あまり感じられませんでした．「動物の窒素代謝の研究者は，日本では非常に少ない」と，二人の著名な先生から釘を刺されたにもかかわらず，この分野を選択したのですから，当然といえば当然ですが，やはり，同業者が非常に少ないことを痛感しました．それでもしつこく，トビハゼを研究し続けていると，国際比較生理・生化学学会において，フランスのP. デジュールとJ. トゥルショが主催するシンポジウムに招かれ，発表することもできました．

悲しいことに，国の施策がめまぐるしく変化した結果，私の所属していた教育学部では，大学での年数を経るごとに忙しさが加速し，やがて，実験を自ら行うことなど，遠くに見える白い峰という存在となってしまいました．そのようのなかでバタバタと過ごすうちに，あっという間に定年となり，退職しました．

退職後，捨てきれずにもち帰った古いノートや文献コピーなどの山を前にして，ふと，上に述べました鈴木紀雄さんの言われた本のことを思い出しました．そして，今なら何が書けるだろうか，とりあえず，長年つきあってきたトビハゼから始めてみようかと，パソコンに向

あとがき

かったのが本書の出発点です．そして，一直線とはまいりませんでしたが，当初からゴールと決めていた箇所まで，何とかたどり着くことができました．ただ，本書の書名が冒頭の著名なボードウィンの本と，その内容や格調の高さに雲泥の差があるにもかかわらず似ていることについて，おこがましさと面映ゆさを感じています．

　本書の内容は，かつて鈴木紀雄さんが想定された方向とは少し違った位置にあると思います．しかし，それでもまあ，私なりに魚の窒素代謝にこだわって本書を書いたつもりです．それゆえに本書を，まず故鈴木紀雄さんおよび故三浦泰蔵さんに捧げます．

　文中ではほんの一部の名前しか挙げられなかったのですが，本書は和歌山大学の学生・院生諸氏の情熱的な研究に負うところが大きく，ここで改めてみなさんに感謝いたします．また，本書の出版を思い立ったとき，親切に相談に乗ってくださり，さらには貴重な時間を割いて一次原稿に目を通し，適切なコメントをしてくださるなど，数々のご支援をいただいた京都大学教授，沼田英治さんに深く感謝いたします．本書のために多くの文献を取り寄せていただいた和歌山大学准教授，梶村麻紀子さんにも感謝いたします．最後になりましたが，本書が完成するまで，いろいろとお世話いただいた海游舎の本間陽子さんにお礼申し上げます．

2013 年 11 月

岩田勝哉

引用文献

第1章
1. Niedźwiedzki, G., P. Szrek, K. Narkiewics, M. Narkiewics and P.E. Ahlberg (2010) : Tetrapod trackways from the early middle Devonian period of Poland. Nature, **463**, 43-48.
2. Graham, J.B. (1997) : Air-breathing fishes. Evolution and diversity and adaptation. Academic Press, San Diego.
3. コルバート, E.H. (1984) : 新版 脊椎動物の進化 (上), 田隅本生訳, 築地書館, 東京.
4. Munshi, J.S.D. and G.M. Hughes (1992) : Air-breathing fishes of India. Their structure, function and life history. A.A. Balkema, Rotterdam.
5. Romer, A.S. and T.S. Parsons (1977) : The vertebrate body. 5th ed. Saunders, Philadelphia.
6. Randall, D.J., W.W. Burggaren, A.P. Farrell and M.S. Haswell (1981) : The evolution of air breathing in vertebrates. Cambridge university press, Cambridge.
7. Helfman, G.S., B.B. Collette and D. E. Facy (1997) : The diversity of fishes. Blackwell science, Massachusetts.
8. 瀬能宏 監修 (2004) : 日本のハゼ. 平凡社, 東京.
9. Murdy, E.O. (1989) : A taxonomic revision and cladistic analysis of the oxdercinae gobies (Gobiidae: Oxdercinae). Records of the Australian museum, supplement, **11**, 1-93.
10. 小林知吉, 道津喜衛, 田北徹 (1971) : 有明海産トビハゼの巣について. 長崎大学水産学部研究報告, **32**, 27-40.
11. 的場実, 道津喜衛 (1977) : トビハゼの産卵前行動. 長崎大学水産学部研究報告, **43**, 23-33.
12. Ishimatsu, A., Y. Yoshida, N. Itoki, T. Takeda, H.J. Lee and J.B. Graham (2007) : Mudskippers brood their eggs in air but submerge them for hatching. Journal of Experimental Biology, **210**, 3946-3954.
13. Berg, T. and J.B. Steen (1965) : Physiological mechanisms for aerial respiration in the eel. Comparative Biochemistry and Physiology, **15**, 469-484.
14. Tamura, S.O., H. Morii and M. Yuzuriha (1976) : Respiration of the amphibious fishes *Periophthalmus cantonensis* and *Boleophthalmus chinensis* in water and on land. Journal of Experimental Biology, **65**, 97-107.
15. Takeda, T., A. Ishimatsu, S. Oikawa, T. Kanda, Y. Hishida and K.H. Khoo (1999) : Mudskipper *Periophthalmodon schlosseri* can repay oxygen debts in air but not in water. Journal of Experimental Zoology, **284**, 265-270.
16. Ishimatsu, A., T. Takeda, S. Oikawa, T. Kanda, K. Iwata, Y. Hishida and K.H. Khoo (1996) : Respiratory physiology and anatomy, and nitrogen metabolism in a mudskipper, *Periophthalmodon schlosseri*. 平成6・7年度, 科学研究費補助金 (国際学術研究・学術調査), 研究成果報告書 (課題番号 06041085), (研究代表. 夏苅豊).
17. Hyde, D.A. and S.F. Perry (1987) : Acid-base and ionic regulation in the American eel (*Anguilla rostrata*) during and after prolonged aerial exposure: branchial and renal adjustments. Journal of Experimental Biology, **133**, 429-447.
18. Ishimatsu, A., N.M. Aguilar, K. Ogawa, Y. Hishida, T. Takeda, S. Oikawa, T. Kanda and

K.H. Khoo (1999) : Arterial blood gas levels and cardiovascular function during varying environmental conditions in a mudskipper, *Periophthalmodon schlosseri*. Journal of Experimental Biology, 202, 1753-1762.
19. 山家祐子 (1981) : 種々の環境に生息する各種ハゼ科魚類の皮膚の形態とその呼吸機能について. 和歌山大学教育学部, 卒業論文 (自然科学, 生物学部門).
19a. 林博之. 岩田勝哉 (1994) : トビハゼの年齢構成と成長の雌雄差. 南紀生物, 36, 21-25.
20. C.R. Bridges (1988) : Respiratory adaptations in intertidal fish. American Zoology, 28, 79-96.
21. Martin, K.L.M. (1995) : Time and tide wait for no fish: intertidal fishes out of water. Environmental Biology of Fishes, 44, 165-181.
22. McMahon, B.R. and W.W. Burggaren (1987) : Respiratory physiology of intestinal air breathing in the teleost fish *Misgurunus anguillicaudatus*. Journal of Experimental Biology, 133, 371-393.
23. Suzuki, N. (1992) : Fine structure of the epidermis of the mudskipper, *Periophthalmus modestus* (Gobiidae). Japanese Journal of Ichthyology, 38, 1-27.
24. Bently, P.J. (1971) : Endocrine and osmoregulation, A comparative account of the regulation of water and salt in vertebrates. *In* Zoophysiology and ecology. Vol.I. (W.S. Hoar, J, Jacobs, H. Langer and M. Lindauer. Eds.). Springer-Verlag, Berlin.
25. Yokota, S., K. Iwata, Y. Fujii and M. Ando (1997) : Ion transport across the skin of the mudskipper *Periophthalmus modestus*. Comparative Biochemistry and Physiology, 118A, 903-910.
26. Garey, W.F. (1962) : Cardiac responses of fishes in asphyxic environments. Biological Bulletin, 122, 362-368.
27. Prosser, C.L. and F.A. Brown Jr. (1965) : Oxygen: respiration and metabolism. *In* Comparative animal physiology, 2nd. Edition, Saunders, Philadelphia.
28. Graham, J.B., N.C. Lai, D. Chiller and J.L. Roberts (1995) : The transition to air breathing in fishes. V. Comparative aspects of cardio respiratory regulation in *Synbranchus marmoratus* and *Monopterus albus* (Synbranchidae). Journal of Experimental Biology, 198, 1455-1467.
29. Johansen, K. (1966) : Air breathing in the teleost *Synbranchus marmoratus*. Comparative Biochemistry and Physiology, 18, 383-395.

第2章

30. Campbell, J.W. (1973) : Nitrogen excretion. *In* Comparative animal physiology 3rd ed. (C.L. Prosser, Ed.). Saunders, Philadelphia.
31. Smith, H.W. (1929) : The excretion of ammonia and urea by the gills of fish. Journal of Biological Chemistry, 81, 727-742.
32. Wood, C.M. (1993) : Ammonia and urea metabolism and excretion. *In* The physiology of fishes (D.H. Evans, Ed.) , CRC press, Boca Raton FL.
33. Sayer,M.D.J. and J. Davenport (1987) : The relative importance of the gills to ammonia and urea excretion in five seawater and one freshwater teleost species. Journal of Fish Biology, 31, 561-566.
34. Goldstein, L. and R.P. Forster (1961) : Source of ammonia excreted by the gills of the marine teleost, *Myoxocephalus scorpius*. American Journal of Physiology, 200, 1116-1118.
35. Goldstein, L., R.P. Forster and G.M. Fanelli (1964) : Gill blood flow and ammonia excretion in the marine teleost, *Myoxocephalus scorpius*. Comparative Biochemistry and Physiology, 12, 489-499.
36. Pequin, L. and A. Serfaty (1963) : L'excretion ammoniacale chez un teleosteen dulcicole:

Cyprinus carpio L. Comparative Biochemistry and Physiology, **10**, 315-324.
37. Pequin, L., J.P. Parent and F. Vellas (1970) : La Glutamate dehydrogenase chez la Carpe (*Cyprinus carpio* L.) −Distribution et role dans L'ammoniagenese. Archives des Sciences Physiologique, **24**, 315-322.
38. Romeu, F.G. and J. Maetz (1964) : The mechanism of sodium and chloride uptake by the gills of a fresh water fish, *Carassius auratus*. I. Evidence for an independent uptake of sodium and chloride ions. Journal of General Physiology, **47**, 1195-1207.
39. Krough, A. (1937) : Osmotic regulation in fresh water fishes by active absorption of chloride ions. Zeitchrift für Vergleichende Physiologie, **24**, 656-666.
40. Weihrauch, D., M.P. Wilkie and P.J. Walsh (2009) : Ammonia and urea transporters in gills of fish and aquatic crustaceans. Journal of Experimental Biology, **212**, 1716-1730.
41. Bucking, C. and C.M. Wood (2008) : The alkaline tide and ammonia excretion after voluntary feeding in freshwater rainbow trout. Journal of Experimental Biology, **211**, 2533-2541.
42. Wilkie, M.P. and C.M. Wood (1991) : Nitrogenous waste excretion, acid-base regulation and ionoregulation in rainbow trout (*Onchorhynchus mykiss*) exposed to extremely alkaline water. Physiological Zoology, **64**, 1069-1086.
43. Evans, D.H., P.M. Piermarini and W.T.W. Potts (1999) : Ionic transport in the fish gill epithelium. Journal of Experimental Zoology, **283**, 641-652.
44. Marini, A.M., S. Vissers, A. Urrestarazu and B. Andre (1994) : Cloning and expression of the *MEP1* gene encoding an ammonium transporter in *Saccharomyces cerevisiae*. The EMBO Jouranl, **13**, 3456-3463.
45. Marini, A.M., G. Matassi, V. Raynal, B. Andre, J.P. Carton and B. Cherif-Zahar (2000) : The human rhesus-associated RhAG protein and a kidney homologue promote ammonia transport in yeast. Nature Genetics, **26**, 258-259.
46. Wright, P.A. and C.M. Wood (2009) : A new paradigm for ammonia excretion in aquatic animals: a role of Rhesus (Rh) glycoproteins. Journal of Experimental Biology, **212**, 2303-2312.
47. Braun, M.H., S.L. Steele, M. Ekker and S.F. Perry (2009) : Nitrogen excretion in developing zebrafish (*Danio rerio*) : a role for Rh proteins and urea transporter. American Journal of Physiology, **296**, F994-F1005.
48. Tsui, T.K.N., C.Y.C. Hung, C.M. Nawata, J.M. Wilsom, P.A. Wright and C.M. Wood (2009) : Ammonia transport in cultured gill epithelium of freshwater rainbow trout: the importance of rhesus glycoproteins and the presence of an apical Na^+/NH_4^+ exchange complex. Journal of Experimental Biology, **212**, 878-892.
49. Nawata, C.M., C.C.Y. Hung, T.K.N. Tsui, J.M. Wilson, P.A. Wright and C.M. Wood (2007) : Ammonia excretion in rainbow trout (*Oncorhynchus mykiss*) : evidence for Rh glycoprotein and H^+-ATPase involvement. Physiological Genomics, **31**, 463-474.
50. Nawata, C.M. and C.M. Wood (2008) : The effects of CO_2 and external buffering on ammonia excretion and Rhesus glycoprotein mRNA expression in rainbow trout. Journal of Experimental Biology, **211**, 3226-3236.
51. Shin, T.H., J.L. Horng, P.P. Hwang and L.Y. Lin (2008) : Ammonia excretion by the skin of zebrafish (*Danio rerio*) larvae. American Journal of Physiology, **295**, C1625-C1632.
52. Ogata, H. (1985) : Post-feeding changes in distribution of free amino acids and ammonia in plasma and erythrocytes of carp. Bulletin of the Japanese Society for Science of Fish, **51**, 1705-1711.

第3章

53. Smith, H.W. (1936) : The retention and physiological role of urea in the elasmobranchii. Biological Review, 11, 49-82.
54. Baldwin, E. (1960) : Ureogenesis in elasmobranch fishes. Comparative Biochemistry and Physiology, 1, 24-32.
55. Anderson, P.M. (1981) : Purification and properties of the glutamine and N-acetyl- L-glutamate dependent carbamoyl phosphate synthetase from liver of *Squalus acanthias*. Journal of Biological Chemistry, 256, 12228-12238.
56. Anderson, P.M. (2001) : Urea and glutamine synthesis: Environmental influences on nitrogen excretion. *In* Nitrogen excretion (P. Wright and P.M. Anderson, Eds.), Academic Press, New York.
57. Kajimura, M., P.J. Walsh, T.P. Mommsen and C.M. Wood (2006) : The dogfish (*Squalus acanthias*) increases both hepatic and extra-hepatic ornithine-urea cycle enzyme activities for nitrogen conservation after feeding. Physiological and Biochemical Zoology, 79, 602-613.
58. Wood, C.M., P. Part and P.A.Wright (1993) : Ammonia and urea metabolism in relation to gill function and acid-base balance in a marine elasmobranch, the spiny dogfish (*Squalus acanthias*). Journal of Experimental Biolology, 198, 1545-1558.
59. 大江翔 (2010) : トラザメの初期発生段階における尿素合成能について. 和歌山大学教育学部, 卒業論文 (自然科学, 生物学部門).
60. Tam, W.L., W.P. Wong, A.M. Loong, K.C. Hong, S.F. Chew, J.S. Ballattyne and Y.K. Ip (2003) : The osmotic response of the Asian freshwater stingray (*Himantura signifier)* to increased salinity: a comparison with marine (*Taeniura lymma*) and amazon freshwater (*Potamotrygon motoro*) stingrays. Journal of Experimental Biolology, 206, 2931-2940.
61. You, G., C.P. Smith, Y. Kanai, W.S. Lee, M. Stelzner and M.A. Hediger (1993) : Cloning and characterization of the vasopressin-regulated urea transporter. Nature, 365, 844-847.
62. Smith, C.P. and P.A. Wright (1999) : Molecular characterization of an elasmobranch urea transporeter. American Journal of Physiology, 276, R622-R626.
63. Hyodo, S., F. Katoh, T. Kaneko and Y. Takei (2004) : A facilitative urea transporter is localized in the renal collecting tubule of the dogfish, *Triakis scyllia*. Journal of Experimental Biolology, 207, 347-356.
64. Fines, G.A., J.S. Ballantyne and P.A. Wright (2001) : Active urea transport and an unusual basolateral membrane composition in the gills of a marine elasmobranch. American Journal of Physiology, 280, R16-R24.
65. Pärt, P., P.A. Wright and C.M. Wood (1998) : Urea and water permeability in dogfish (*Squalus acanthias*) gills. Comparative Biochemistry and Physiology, 119A, 117-123.
66. Pickford, G.E. and F.B. Grant (1967) : Serum osmolarity in the coelacanth, *Latimeria chalumnae*: urea retention and ion regulation. Science, 155, 568-570.
67. Brown, G.W. and S.G. Brown (1967) : Urea and its formation in coelacanth liver. Science, 155, 570-573.
68. Mommsen, T.P. and P.J. Walsh (1989) : Evolution of urea synthesis in vertebrates: the piscine connection. Science, 243, 72-75.
69. Meyer, A. (1995) : Molecular evidence on the origin of tetrapods and the relationships of the coelacanth. Tree, 10, 111-116.
70. Hochachka, P.W. and M. Guppy (1987) : Metabolic arrest and the control of biological time. Harvard University Press, Cambridge.
71. Fukhouser, D., L. Goldstein and R.P. Forster (1972) : Urea biosynthesis in the South American lungfish, *Lepidosiren paradoxia*: relation to its ecology. Comparative Biochem-

istry and Physiology, **41A**, 439-443.
72. Smith, H.W. (1930) : Metabolism of the lungfish (*Protopterus aethiopicus*). Journal of Biological Chemistry, **88**, 97-130.
73. Janssen, P.A. and P.P. Cohen (1968) : Biosynthesis of urea in the estivating African lungfish and in *Xenopus laevis* under conditions of water-shortage. Comparative Biochemistry and Physiology, **24**, 887-898.
74. Chew, S.F., N. K. Y. Chan, A.M. Loong, K.C. Hiong, W. L. Tam and Y. K. Ip (2004) : Nitrogen metabolism in the African lungfish (*Protopterus dolloi*) aestivating in a mucus cocoon on land. Journal of Experimental Biology, **207**, 777-786.
75. Wilkie, M.P., T.P. Morgan, F. Galvez, R.W. Smith, M. Kajimura, Y.K. Ip and C.M. Wood (2007) : The African lungfish (*Protopterus dolloi*): Ionoregulation and osmoregulataion in a fish out of water. Physiological and Biochemical Zoology, **80**, 99-112.
76. Hung, C.Y.C., F. Galvez, Y.K. Ip and C.M. Wood (2009) : Increased gene expression of a facilitated diffusion urea transporter in the skin of the African lungfish (*Protopterus annectens*) during massively elevated post-terrestrialization urea excretion. Journal of Experimental Biolology, **212**, 1202-1211.
77. Konno, N., S. Hyodo, K. Matsuda and M. Uchiyama (2006) : Effects of osmotic stress on expression of a putative facilitative urea transporter in the kidney and urinary bladder of the marine toad, *Bufo marinus*. Journal of Experimental Biolology, **209**, 1207-1216.

第4章

78. Brown, G.W., W.R. Brown and P.P. Cohen (1959) : Levels of urea cycle enzymes in metamorphosing *Rana catesbiana* tadpoles. Journal of Biological Chemistry, **234**, 1775-1780.
79. Brown, G.W. and P.P. Cohen (1960) : Comparative biochemistry of urea synthesis. III. Activities of urea cycle enzymes in various higher and lower vertebrates. Biochemical Journal, **75**, 82-91.
80. Huggins, A.K., G. Skutsch and E. Baldwin (1969) : Ornithine urea cycle enzymes in teleostean fish. Comparative Biochemistry and Physiology, **28**, 587-602.
81. Dèpêche, J., R. Gill, S. Daufresne and H. Chapello (1979) : Urea content and urea production *via* the ornithine urea cycle pathway during the ontogenic development of two teleost fishes. Comparative Biochemistry and Physiology, **63A**, 51-56.
82. Korte, J.J., W. L. Salo, V.M. Cabrera, P.A. Wright, A.K. Felskie and P.M. Anderson (1997) : Expression of carbamoyl phosphate synthetase III mRNA during the early stages of development and in muscle of adult rainbow trout (*Oncorhynchus mykiss*). Journal of Biological Chemistry, **272**, 6270-6277.
83. Wright, P.A., A. Felskie and P.M. Anderson (1995) : Induction of ornithine urea cycle enzymes and nitrogen metabolism and excretion in rainbow trout (*Onchorhynchus mykiss*) during early life stages. Journal of Experimental Biolology, **198**, 127-135.
84. Wright, P.A. and H.J. Fyhn (2001) : Ontogeny of nitrogen metabolism and excretion. *In* Nitrogen excretion (P. Wright and P.M. Anderson Eds.) , Academic Press, New York.
85. Anderson, P.M. (1995) : Urea cycle in fish: Molecular and mitochondrial studies. *In* Fish physiology, Vol. 14, Cellular and molecular approaches to fish ionic regulation. (C.M. Wood and T.J. Shuttleworth, Eds.) Academic Press, New York.
86. Gordon, M.S., I. Boetius, D.H. Evans, R. McCarthy and L.C. Ogloby (1969) : Aspects of the physiology of terrestrial life in amphibious fishes-I. The mudskipper, *Periophthalmus sorbinus*. Journal of Experimental Biolology, **50**, 141-149.
87. Gordon, M.S., W.W.S. Ng and A.Y.W. Yip (1978) : Aspects of the physiology of terrestrial life in amphibious fishes-III. The Chinese mudskipper, *Periophthalmus cantonensis*.

Journal of Experimental Biolology, **72**, 57-75.
88. Iwata, K, I. Kakuta, M. Ikeda, M. kimoto and N. Wada (1981) : Nitrogen metabolism in the mudskipper, *Periophthalmus cantonensis*: A role of free amino acids in detoxification of ammonia produced during its terrestrial life. Comparative Biochemistry and Physiology, **68A**, 589-596.
89. Iwata, K. (1988) : Nitrogen metabolism in the mudskipper, *Periophthalmus cantonensis*: Changes in free amino acids and related compounds in various tissues under conditions of ammonia loading, with special reference to its high ammonia tolerance. Comparative Biochemistry and Physiology, **91A**, 499-508.
90. Iwata, K. and M. Deguchi (1995) : Metabolic fate and distribution of ^{15}N-ammonia in an ammonotelic amphibious fish, *Periophthalmus modestus*, following immersion in ^{15}N-ammonia sulfate: a long term experiment. Zoological Science, **12**, 175-184.
91. Ishimatsu, A., Y. Hishida, T. Takita, T. Kanda, S. Oikawa, T. Takeda and K.H. Khoo. (1998) : Mudskippers store air in their burrows. Nature, **391**, 237-238.
92. Randall, D.J., J.M. Wilson, K.W. Peng, T.W.K. Kok, S.S.I. Kuah, S.F. Chew, T.J. Lam and Y.K. Ip (1999) : The mudskipper, *Periophthalmodon schlosseri*, actively transport NH$_4^+$ against a concentration gradient. American Journal of Physioloilogy, **46**, R1562-1567.
93. Lim, C.B., S.F. Chew, P.M. Anderson and Y.K. Ip (2001) : Reduction in the rates of protein and amino acid catabolism to slow down the accumulation of endogenous ammonia: A strategy potentially adopted by mudskippers (*Periophthalmodon schlosseri* and *Boleophthalmus boddarti*) during aerial exposure in constant darkness. Journal of Experimental Biology, **204**, 1605-1614.
94. Peng, K.W., S.F. Chew, C.B. Lim, S.S.L. Kuah, W.K. Kok and Y.K. Ip (1998) : The mudskipper *Periophthalmodon schlosseri* and *Boleophthalmus boddarti* can tolerate environmental NH$_3$ concentration of 446 and 36 μM, respectively. Fish Physiology and. Biochemistry, **19**, 59-69.
95. Wilson, J.M., D.J. Randall, M. Donowitz, A.W. Vogl and A.K. Ip (2000) : Immuno- localization of ion-transport proteins to branchial epithelium mitochondria-rich cells in the mudskipper (*Periophthalmodon schlosseri*). Journal of Experimental Biology, **203**, 2297-2310.
96. 団野真理子 (1999): 泥性干潟に生息するハゼ科魚類のアンモニア処理機構に関する比較研究. 和歌山大学教育学部. 修士論文 (自然科学, 生物学部門).
97. Saha, N. and B.K. Ratha (1989) : Comparative study of ureogenesis in freshwater, air breathing teleosts. Journal of Experimental Zoology, **252**, 1-8.
98. Tay, Y.L., A.M. Loong, K.C. Hiong, S.J. Lee, Y.Y.M. Tng, N.L.J. Wee, S.M.L. Lee, W.P. Wong, S.F. Chew, J.M. Wilson and Y.K. Ip (2006) : Active ammonia transport and excretory nitrogen metabolism in the climbing perch, *Anabas testudineus*, during 4 days of emersion or 10 minutes of forced exercise on land. Journal of Experimental Biology, **209**, 4475-4489.
99. Frick, N.T. and P.A. Wright (2002) : Nitrogen metabolism and excretion in the mangrove killifish *Rivulus marmoratus*. I. The influence of environmental salinity and external ammonia. Journal of Experimental Biology, **205**, 79-89.
100. Frick, N.T. and P.A. Wright (2002) : Nitrogen metabolism and excretion in the mangrove killifish *Rivulus marmoratus*. II. Significant ammonia volatilization in a teleost during air-exposure. Journal of Experimental Biology, **205**, 91-100.
101. Tui. T.K.N., D.J. Randall, S.F. Chew, Y. Jin, J.M. Wilson and Y.K. Ip (2002) : Accumulation of ammonia in the body and NH$_3$ volatilization from alkaline regions of the body surface during ammonia loading and exposure to air in the weather loach, *Misgurnus anguillicaudatus*. Journal of Experimental Biology, **205**, 651-659.
102. Litwiller, S.L., M.J. O'Donell and P.A. Wright (2006) : Rapid increase in the partial pres-

sure of NH_3 on the cutaneous surface of air-exposed mangrove killifish, *Rivulus maramoratus*. Journal of Experimental Biology, **209**, 1737-1745.
103. Hung, C.Y.C., K.N.T. Tui, J.M. Wilson, C.M. Nawata, C.M. Wood and P.A. Wright (2007) : Rhesus glycoprotein gene expression in the mangrove killifish *Kryptolebias marmoratus* exposed to elevated environmental ammonia levels and air. Journal of Experimental Biology, **210**, 2419-2429.
104. Khademi, S., J. O'Connell, J. Remis, Y. Robles-Colmenares, I.J.W. Miercke and R.M. Stroud (2004) : Mechanism of ammonia transport by Am/MEP/Rh: structure of AmtB at 1.35 Å. Science, **305**, 1587-1594.
105. Varley, D.G. and P. Greenaway (1994) : Nitrogen excretion in the terrestrial carnivorous crab, *Geograpsus grayi*: site and mechanism of excretion. Journal of Experimental Biology, **190**, 179-193.
106. 松本清二, 永井伸夫, 今西塩一, 蓮池宏一, 幸田正典 (1998) : 奈良県及びその周辺域での移入魚タウナギの分布拡大. 日本生態学会誌, **48**, 107-116.
107. 団野真理子 (1996) : 休眠中のタウナギの窒素代謝について. 和歌山大学教育学部, 卒業論文 (自然科学, 生物学部門).
108. 高瀬一郎 (1999) : 休眠中のタウナギの代謝機構について. 和歌山大学教育学部, 修士論文 (自然科学, 生物学部門).
109. Randall, D.J., C.M. Wood, S.F. Perry, H.Bergman, G.M.O. Maloiy, T.P. Mommsen and P.A. Wright (1989) : Urea excretion as a strategy for survival in a fish living in a very alkaline environment. Nature, **337**, 165-166.
110. Wood, C.M., S.F. Perry, P.A. Wright, H. Bergman and D.J. Randall (1989) : Ammonia and urea dynamics in the Lake Magadi tilapia, a ureotelic teleost fish adapted to an extremely alkaline environment. Respiratory Physiology, **77**, 1-20.
110a. Wood, C.M., H.L. Bergman, P. Laurent, J.N.Maina, A. Narahara and P.J. Walsh (1994) : Urea production, acid-base regulation and their interaction in the lake magadi tilapia, a unique teleost adapted to a highly alkaline environment. Journal of Experimental Biology, **189**, 13-36.
111. Lindley, T.E., C.L. Scheiderer, P.J. Walsh, C.M. Wood, H.L. Bergman, A.N. Bergman, P. Laurent, P. Wilson and P.M. Anderson (1999) : Muscle as a primary site of urea cycle enzyme activity in an alkaline lake adapted tilapia, *Oreochromis alcalicus grahami*. Journal of Biological Chemistry, **274**, 29858-29861.
112. Wood, C.M., P. Wilson, H.L. Bergman, A.N. Bergman, P. Laurent, G. Otiang'a-Owiti and P.J. Walsh (2002) : Obligatory urea production and the cost of living in the Magadi tilapia revealed by acclimation to reduced salinity and alkalinity. Physiological and Biochemical Zoology, **75**, 111-122.
113. Iwata, K., M. Kajimura and T. Sakamoto (2000) : Functional ureogenesis in the gobiid fish, *Mugilogobius abei*. Journal of Experimental Biology, **203**, 3703-3713.
114. Iwata, K., T. Sakamoto, I. Iwata, E. Nishiguchi and M. Kajimura (2005) : High ambient ammonia promotes growth in a ureogenic goby, *Mugilogobius abei*. Journal of Comparative Physiology, **175**, 395-404.
115. 斉藤俊郎, 堀口新吾, 斉藤寛, 舞田正志 (2002) : フグ毒がトラフグの噛み合いに及ぼす影響について. 東海大学紀要海洋学部, **55**, 79-87.
116. Mukai, T., M. Kajimura and K. Iwata (1996) : Evolution of a ureogenic ability of Japanese *Mugilogobius species* (Pisces: Gobiidae). Zoological Science, **17**, 549-557.
117. Read, L.J. (1971) : The presence of high ornithine-urea cycle enzyme activity in the teleost *Opsanus tau*. Comparative Biochemistry and Physiology, **39B**, 409-413.
118. Anderson, P.M. and P.J. Walsh (1995) : Subcellular localization and biochemical properties of the enzymes of carbamoyyl phosphate and urea synthesis in the batrachoid fishes

Opsanus beta, Opsanus tau and *Porichthys notatus*. Journal of Experimental Biology, **198**, 755-766.
119. Walsh, P.J., E. Danulat and T.P. Mommsen (1990) : Variation in urea excretion in the gulf toadfish *Opsanus beta*. Marine Biology, **106**, 323-328.
120. Walsh, P.J. and C.L. Milligan (1995) : Effects of feeding and confinement on nitrogen metabolism and excretion in the gulf toadfish, *Opsanus beta*. Journal of Experimental Biology, **198**, 1559-1566.
120a. Hopkins, T.E., C.M. Wood and P.J. Walsh (1995): Interaction of cortisol and nitrogen metabolism in the ureogenic gulf toadfish *Opsanus beta*. Journal of Experimental Biology, **198**, 2229-2235
121. Kong, H., N. Kahatapiyiya, K. Kingsley, W.M.L. Salo, P.M. Anderson, Y. Wang and P.J. Walsh (2000) : Induction of carbamoyl phosphate synthetase III and glutamine synthetase mRNA during confinement stress in gulf toadfish (*Opsanus beta*). Journal of Experimental Biology, **203**, 311-320.
122. Barimo, J.F., S.L. Steel, P.A. Wright and P.J. Walsh (2004) : Dogmas and controversies in the handling of nitrogenous wastes: Ureotely and ammonia tolerance in early life stages of the gulf toadfish, *Opsanus beta*. Journal of Experimental Biology, **207**, 2011-2020.
123. Saha, N. and B.K. Ratha (1989) : Ureogenesis in Indian air-breathing teleosts: adaptation to environmental constrains. Comparative Biochemistry and Physiology, **120A**, 195-208.
124. Saha, N., J. Dkhar and B.K. Ratha (1995) : Induction of ureogenensis in perfused liver of a freshwater teleost, *Heteropneustes fossilis*, infused with different concentrations of ammonia chloride. Comparative Biochemistry and Physiology, **112B**, 733-741.
124a. Saha, N and B.K. Ratha (1994) : Induction of ornithine-urea cycle in a freshwater teleost, *Heteropneustes fossilis*, exposed to high concentration of ammonia chloride. Comparative Biochemistry and Physiology, **108B**, 315-325.
125. Saha, N., L. Das, S. Dutta, U.C. Goswami (2001) : Role of ureogenesis in the mud-dwelled singhi catfish (*Heteropneustes fossilis*) under condition of water shortage. Comparative Biochemistry and Physiology, **128A**, 137-146.
126. Saha, N., L. Das and S. Dutta (1999) : Types of carbamyl phosphate synthetase and subcellular localization of urea cycle and related enzymes in air-breathing walking catfish, *Clarias batrachus*. Journal of Experimental Zoology, **283**, 121-130.
127. Saha, N., S. Dutta and A. Bhattacharjee (2002) : Role of amino acid metabolism in an air-breathing catfish, *Clarias batrachus* in response to exposure to a high concentration of exogenous ammonia. Comparative Biochemistry and Physiology, **133B**, 235-250.
128. Saha, N., Z.Y. Kharbull, A. Bhattacharjee, C. Goswami and D. Häussinger (2003) : Effect of alkalinity (pH 10) on ureogenesis in the air-breathing walking catfish, *Clarias batrachus*. Comparative Biochemistry and Physiology, **132A**, 353-364.
129. Saha, N., S. Dutta and D. Häussinger (2000) : Changes in free amino acid synthesis in the perfused liver of an air-breathing walking catfish, *Clarias batrachus* infused with ammonium chloride: a strategy to adapt under hyperammonia stress. Journal of Experimental Zoology, **286**, 13-23.
130. Saha, N. and L. Das (1999) : Stimulation of ureogenesis in the perfused liver of an Indian air-breathing catfish, *Clarias batrachus*, infused with different concentrations of ammonium chloride. Fish Physiology and Biochemistry, **21**, 303-311.
131. Ip, Y.K., R.M. Zubaidah, P.C. Liew, A.M. Loong, K.C. Hiong, W.P. Wong and S.F. Chew (2004) : African sharptooth catfish *Clarias gaiepinus* does not detoxify ammonia to urea or amino acids but actively excretes ammonia during exposure to environmental ammonia. Physiological and Biochemical Zoology, **77**, 242-254.

第 5 章

132. Kajimura, M., K. Iwata and H. Numata (2002) : Diurnal nitrogen excretion rhythm of the functionally ureogenic gobiid fish, *Mugilogobius abei*. Comparative Biochemistry and Physiology, **131B**, 227-239.
133. Rodela, T.M. and P.A. Wright (2006) : Characterization of diurnal urea excretion in the mangrove killifish, *Rivulus marmoratus*. Journal of Experimental Biology, **209**, 2696-2703.
134. Dosdat, A., R. Metailler, N. Tetu, F. Servais, H. Chartois, C. Huelvan and E. Desbruyeres (1995) : Nitrogenous excretion in juvenile turbot, *Scopththalmus maximus* (L), under controlled conditions. Aquaculture Research, **26**, 639-650.
135. McDonald, M.D. and C.P. Smith and P.J. Walsh (2006) : The physiology and evolution of urea transport in fishes. Journal of Membrane Biology, **212**, 93-107.
136. Mistry, A.C., S. Honda, T. Harata, A. Kato and S. Hirose (2001) : Eel urea transporter is localized to chloride cells and is salinity dependent. American Journal of Physiology, **281**, R1594-R1604.
137. Mistry, A.C., G. Chen, A. Kato, K. Nag, J.M. Sands and S. Hirose (2005) : A novel type of urea transporter, UT-C, is highly expressed in proximal tubule of seawater eel kidney. American Journal of Physiology, **288**, F455-F465.
138. Braun, M.H., S.L. Steele and S.F. Perry (2009) : The responses of zebrafish (*Danio reio*) to high external ammonia and urea transporter inhibition: nitrogen excretion and expression of rhesus glycoproteins and urea transporter proteins. Journal of Experimental Biology, **212**, 3846-3856.
139. Walsh, P.J., M. Grovel, G.G. Goss, H.L. Bergman, A.N. Bergman, P. Wilson, P. Laurent, S.L. Alder, C.P. Smith, C. Kaunda and C.M. Wood (2001) : Physiological and molecular characterization of urea transport by the gills of the Lake Magadi tilapia (*Alcolapia grahami*). Journal of Experimental Biology, **204**, 509-520.
140. Wood, C.M., T.E. Hopkins and P.J. Walsh (1997) : Pulsatile urea excretion in the toadfish (*Opsanus beta*) is due to a pulsatile excretion mechanism, not a pulsatile production mechanism. Journal of Experimental Biology, **200**, 1039-1046.
141. Wood, C.M., K.M. Gilmour, S.F. Perry, P. Laurent and P.J. Walsh (1998) : Pulsatile urea excretion in gulf toadfish (*Opsanus beta*) : Evidence for activation of a specific facilitated diffusion transport system. Journal of Experimental Biology, **201**, 805-817.
142. Walsh, P.J., M.J. Heitz, C.E. Campbell, G.J. Cooper, M. Medina, Y.S. Wang, G.G. Goss, V. Vincek, C.M. Wood and C.P. Smith (2000) : Molecular characterization of a urea transporter in the gill of the gulf toadfish (*Opsanus beta*). Journal of Experimental Biology, **203**, 2357-2364.
143. Wood, C.M., J.M. Warne, Y. Wang, M.D. McDonald, R.J. Balment, P. Laurent and P.J. Walsh (2001) : Do circulating plasma AVT and/or cortisol levels control pulsatile urea excretion in the gulf toadfish (*Opsanus beta*). Comparative Biochemistry and Physiology, **129A**, 859-872.
144. McDonald, M.D. and P.J. Walsh (2004) : Dogma and controversies in the handling of nitrogenous wastes: 5-HT$_2$-like receptors are involved in triggering pulsatile urea excretion in the gulf toadfish, *Opsanus beta*. Journal of Experimental Biology, **207**, 2003-2010.
145. Brimo, J.F. and P.J. Walsh (2006) : Use of urea as a chemosensory cloaking molecule by a bony fish. Journal of Experimental Biology, **209**, 4254-4261.

第6章

146. Smith, H.W. (1932) : Water regulation and its evolution in fishes. Quarterly Review of Biology, **7**, 1-26.
147. Griffth, R.W. (1987) : Freshwater or marine origin of the vertebrates. Comparative Biochemistry and Physiology, **87A**, 523-531.
148. Cholette, C., A. Gagnon and P. Geramain (1970) : Isosmotic adaptation in *Myxine glutinosa* L. I. Variations of some parameters and role of the amino acid pool of the muscle cell. Comparative Biochemistry and Physiology, **33**, 333-346.
149. Cholette, C. and A. Gagnon (1973) : Isosmotic adaptation in *Myxine glutinosa* L. II. Variations of the free amino acids, TMAO and potassium of the blood and muscle cells. Comparative Biochemistry and Physiology, **45A**, 1009-1021
150. Prosser, C.L. (1973) : Inorganic ions. *In* Comparative animal physiology 3rd ed. (C.L. Prosser, Ed.). Saunders, Philadelphia.
151. Griffith, R.W. (1980) : Chemistry of the body fluids of the coelacanth, *Latimeria chalumnae*. Proceedings of the Royal Society of London, **B208**, 320-347.
152. 岩田勝哉 (2006)：海産魚類における TMAO と尿素の役割．日本海水学会誌, **60**, 324-334.
153. Lange, R. and K. Fugelli (1965) : The osmotic adjustment in the euryhaline teleosts the flounder, *Pleuronectes flesus* L. and the three-spined stickleback, *Gasterosteus aculeatus* L. Comparative Biochemistry and Physiology, **15**, 283-292.
154. 内田清一郎, 菅原浩 (1977)：適応の生物学．講談社, 東京.
155. Kirschner, L.B. (1991) : Water and ion. *In* Comparative animal physiology, 4th ed. (C.L. Prosser, Ed.) Wiley-Liss, New York.
156. Hochachka, P.W. and G.N. Somero (1984) : Biochemical adaptation. Princeton University Press. Princeton.
157. Murray, R.W. and T.W. Potts (1960) : The composition of the endlymph, perilymph and other body fluids of elasmobranchs. Comparative Biochemistry and Physiology, **2**, 65-75.
158. Lovejoy, N.R., E. Birmingham and A.P. Martin (1998) : Marine incursion into South America. Nature, **396**, 421-422.
159. Compagno, L.J.V. and T.R. Roberts (1982) : Freshwater stingrays (*Dasyatidae*) of south Asia and New Guinea, with description of a new species of *Himantura* and reports of unidentified species. Environmental Biology of Fishes, **7**, 321-339.
160. Gordon, M.S., K. Schmidt-Nielsen and H.M.Kelly (1961) : Osmotic regulation in the crab-eating frog (*Rana cancrivora*). Journal of Experimental Biology, **38**, 659-678.
161. Gordon, M.S. and V.A. Tucker (1965) : Osmotic regulation in the tadpoles of the crab-eating frog (*Rana cancrivora*). Journal of Experimental Biology, **42**, 437-445.
162. Yancey, P.H. (1988) : Osmotic effectors in kidneys of xeric and mesic rodents: corticomedullary distributions and changes with availability. Journal of Comparative Physiology, **B158**, 369-380.
163. MacMillan, R.E. and A.K. Lee (1967) : Australian desert mice: Independence of exogenous water. Science, **158**, 383-385.
164. Niizeki, N., T. Dikoku, T. Hirata, I. El-Shourbagy, X. Song and M. Sakaguchi (2002) : Mechanism of biosynthesis of TMAO from choline in the teleost tilapia, *Oreochromis niloticus*, under freshwater conditions. Comparative Biochemistry and Physiology, **131B**, 371-386.
165. 大黒トシ子 (1995)：魚の環境適応．海青社, 大津.
166. Raymond, J.A. and A.L. DeVries (1998) : Elevated concentrations and synthesis pathways of trimethylamine oxide and urea in some teleost fishes of McMurd sound, Antarctica.

Fish Physiology and Biochemistry, **18**, 387-398.
167. O'Grady, S.M. and A.L. DeVries (1982) : Osmotic and ionic regulation in polar fishes. Journal of Experimental Marine Biology and Ecology, **57**, 219-228.
168. Yancey, P.H., M.D. Rhea, K.M. Kemp and D.M. Bailey (2004) : Trimethylamine oxide, betaine and other osmolytes in deep-sea animals: Depth trends and effects of enzymes under hydrostatic pressure. Cell and Molecular Biology, **50**, 371-376.
169. Raymond, J.A. (1998) : Trimethylamine oxide and urea synthesis in rainbow smelt and some other northern fishes. Physiological Zoology, **71**, 515-523.

第7章

170. Carey F.G. and J.M. Teal (1966) : Heat conservation in tuna fish muscle. Proceedings of the National Academy of Sciences of the United States of America, **56**, 1464-1469.
171. 阿部宏 (2009)：カツオ・マグロのひみつ．恒星社厚生閣，東京．
172. 山中英明 (1988)：糖および有機酸，魚介類のエキス成分 (坂口守彦編)，水産学シリーズ 72，恒星社厚生閣，東京．
173. 藤田眞夫 (1988)：脊椎動物の含窒素化合物，魚介類のエキス成分 (坂口守彦編)，水産学シリーズ 72，恒星社厚生閣，東京．
174. 阿部宏 (1988)：イミダゾール化合物，魚介類のエキス成分 (坂口守彦編)，水産学シリーズ 72，恒星社厚生閣，東京．
175. Castellini, M.A. and G.N. Somero (1981) : Buffering capacity of vertebrates muscle; Correlations with potentials for anaerobic function. Journal of Comparative Physiology, **143**, 191-198.
176. Abe, H., G.P. Dobson, U. Hoeger and W.S. Parkhouse (1985) : Role of histidine-related compounds to intracellular buffering in fish skeletal muscle. American Journal of Physiology, **249**, R449-R445.
177. Blazka, P. (1958) : The anaerobic metabolism of fish. Physiological Zoology, **31**, 117-128.
178. Van Den Thillart and F. Kesbeke (1978) : Anaerobic production of CO_2 and NH_3 by goldfish, *Carassius auratus* (L.). Comparative Biochemistry and Physiology, **59A**, 393-400.
179. Iwata, K. (1970) : Relationship between food and growth in young crucian carps, *Carassius auratus cuvieri*, as determined by the nitrogen balance. Japanese Journal of Limnology, **31**, 129-151.
180. Johnston, I.A. and L.M. Bernard (1983) : Utilization of the ethanol pathway in carp following exposure to anoxia. Jouranl of Experimental Biology, **104**, 73-78.
181. Shoubrdge, E.A. and P.W. Hochachka (1980) : Ethanol: Novel end product of vertebrate anaerobic metabolism. Science, **209**, 308-309.
182. Wilps, H. and E. Zebe (1976) : The end products of anaerobic carbohydrate metabolism in the larvae of *Chironomus thummi thummi*. Journal of Comparative Physiology, **112**, 263-272
183. Wilps, H. and U. Schottler (1980) : *In vitro*-studies on the anaerobic formation of ethanol by the larvae of *Chironomus thummi thummi* (Diptera). Comparative Biochemistry and Physiology, **67B**, 239-242.
184. Mourik, J., P. Raeven, K. Steur and A.D.F. Addink (1982) : Anaerobic metabolism of red skeletal muscle of goldfish, *Carassius auratus* (L.). FEBES Letters, **137**, 111-114.
185. Holopainen, I.J., H. Hyvarinen and J. Piilonen (1986) : Anaerobic wintering of crucian carp (*Carassius carassius* L.).–II. Metabolic products. Comparative Biochemistry and Physiology, **83A**, 239-242.
186. Nilsson, G. E. (1988) : A comparative study of aldehyde dehydrogenase and alcohol dehydrogenase activities in crucian carp and three other vertebrates: apparent adapta-

tions to ethanol production. Journal of Comparative Physiology, **B158**, 479-485.
187. Hyvarinen, H., I.J. Holopainen and J. Piilonen (1985) : Anaerobic wintering of crucian carp (*Carassius carassius* L.).–I. Annual dynamics of glycogen reserves in nature. Comparative Biochemistry and Physiology, **82A**, 797-804.
188. Van Den Thillart, G., A. Van Waarde, F. Dobbe and F. Kesbeke (1982) : Anaerobic energy metabolism of goldfish, *Carassius auratus* (L.). Effect of anoxia on the measured and calculated $NAD^+/NADH$ rations in muscle and liver. Journal of Comparative Physiology, **146**, 41-49.
189. Van Den Thillart, G., F. Kesbeke and A. Van Waarde (1980) : Anaerobic energy metabolism of goldfish, *Carassius auratus* (L.). Influence of hypoxia and anoxia on phosphorylated compounds and glycogen. Journal of Comparative Physiology, **136**, 45-52.
190. Van Waarde, A. and M.W. Van Berge Henegouwen (1982) : Nitrogen metabolism in goldfish, *Carassius auratus* (L.). Pathway of aerobic and anaerobic glutamate oxidation in goldfish liver and muscle mitochondria. Comparative Biochemistry and Physiology, **72B**, 133-136.
191. Van Waarde, A. (1983) : Aerobic and anaerobic ammonia production by fish. Comparative Biochemistry and Physiology, **74B**, 675-684.
192. Van Den Thillart, G. and R. Verbeek (1982) : Substrates for anaerobic CO_2 production by the goldfish, *Carassius auratus* (L.). Decarboxylation of ^{14}C-labelled metabolites. Journal of Comparative Physiology, **149**, 75-81.
193. Block, B.A. (1986) : Structure of the brain and eye tissues in marlins, sailfish and spearfishes. Journal of Morphology, **190**, 169-189.
194. Hochachka, P.W. (1980) : Living without oxygen. Harvard University Press, Cambridge.

索引

ADH [alcohol dehydrogenase] → アルコール脱水素酵素　178-182, 184, 186
N-AGA [N-acetylglutamic acid] → N-アセチルグルタミン酸　63, 124
Ala [alanine] → アラニン　169
ALDH [aldehyde dehydrogenase] → アルデヒド脱水素酵素　179-181
ARG [arginase] → アルギナーゼ　59, 60, 64, 65, 71, 73, 106, 107, 109, 126, 127, 130, 163
ASL [argininosuccinate lyase] → アルギニノコハク酸リアーゼ　59, 60, 106
Asp [aspartic acid] → アスパラギン酸　183
ASS [argininosuccinate synthetase] → アルギニノコハク酸合成酵素　59, 60, 71, 73, 80, 106, 107, 109, 128, 130
CA [carbonic anhydrase] → 炭酸脱水酵素　25, 47, 57
CPS [carbamoylphosphate synthetase] → カルバモイルリン酸合成酵素　59, 60, 62, 63
CPS I → カルバモイルリン酸合成酵素 I　60, 63-65, 69, 71, 73, 76, 91, 126, 127, 129
CPS II → カルバモイルリン酸合成酵素 II　60, 63, 64, 81
CPS III → カルバモイルリン酸合成酵素 III　60, 63-65, 67, 69, 70, 73, 79-81, 84, 91, 94, 106, 115, 123-128, 130, 132
FAA [free amino acids] → 遊離アミノ酸　83-85, 94, 130, 147, 148, 169, 170
Gase [glutaminase] → グルタミナーゼ　40, 43
GDH [glutamate dehydrogenase] → グルタミン酸脱水素酵素　40, 85, 86, 89, 90, 182, 184-186
GDH・GS　86, 90
GS [glutamine synthetase] → グルタミン合成酵素　40, 60, 64, 65, 67, 74, 80, 85, 86, 89, 90, 106, 107, 109, 115, 123-125, 127, 128, 130, 131
LDH [lactate dehydrogenase] → 乳酸脱水素酵素　172, 179, 186
NHE → Na$^+$/H$^+$ 交換輸送体　47, 52, 53
OCT [ornithine carbamoyltransferase] → オルニチンカルバモイルトランスフェラーゼ　59, 60, 65, 71, 73, 74, 80, 106, 109
O-UC [ornithine-urea cycle] → 尿素サイクル　60-62
RER → 呼吸交換比　25, 26
RQ → 呼吸商　25, 26
RT-PCR　57
TMA → トリメチルアミン　147, 148, 158-160
TMAO → トリメチルアミンオキシド　147-149, 151-154, 156-163
UCP [uncoupling protein] → 脱共役タンパク質　167
UT [urea transporter] → 尿素輸送体　67
VP [vasopressin] → バソプレッシン　143
VT [vasotocin] → バソトシン　142, 143

■ あ 行

明仁天皇　16
アゴハゼ　85, 137, 138
アジア淡水エイ Himantura signifer　67, 149, 154
アスパラギン酸 [Asp]　41, 60, 114, 130, 183, 184
N-アセチルグルタミン酸 [N-AGA]　63, 124
アセトアルデヒド　173, 179, 184, 186
アデニレートエネルギーチャージ (エネルギー充足率)　183
atom% (同位体存在比) (濃度)　84, 113, 114
アブラツノザメ　2, 62, 65-67, 149, 156, 157
アフリカ産ハイギョ Protopterus aethiopicus　2, 12-14, 70-73, 102
アフリカツメガエル Xenopus leavis　73
アフリカンクララ Clarias gariepinus　109, 129, 131, 132
アベハゼ Mugilogobius abei　35-38, 89, 109-122, 134-137, 141-143, 163
アミノ基転移酵素 (トランスアミナーゼ)　40, 184

アミノ酸配列　63
アミロライド　88
アユ　38, 169
アラニン [Ala]　43, 84, 130, 152, 169, 184, 185
Rh 遺伝子　53-56
Rh タンパク質　53-55
アルギナーゼ [ARG]　59, 60, 64, 65, 71, 73, 106, 107, 109, 126, 127, 130, 163
アルギニノコハク酸合成酵素 [ASS]　59, 60, 71, 73, 80, 106, 107, 109, 128, 130
アルギニノコハク酸リアーゼ [ASL]　59, 60, 106
アルギニンの分解　60, 93, 163
アルコール脱水素酵素 [ADH]　178-182, 184, 186
アルコール発酵　178
アルデヒド脱水素酵素 [ALDH]　179-181
アンセリン　169-171, 173
アンダーソン (P. Anderson)　62, 63, 79, 81, 91, 115
安藤正昭　30
アンモニア
　　ガス (NH$_3$)　47, 48, 51-54, 58, 97, 98, 105
　　気化　95-98, 103
　　生成　41, 80, 87, 93, 101, 102, 182-185
　　生成経路　40, 184
　　耐性　88, 103, 104, 126
　　毒性　39, 43, 86, 89, 93, 120, 121
　　排出　46, 49-58, 66, 67, 75, 87, 88, 95-97, 102, 103, 123, 154
　　排出機構　47, 48, 51, 52, 88
　　排出性 (ammonotelic)　67, 71, 78, 81, 101, 103, 109, 113, 124, 130, 134, 137, 145, 146, 153
　　排出速度　42, 46, 51, 55, 66, 88, 91-94, 131, 176
　　無酸素下での生成　176, 182
　　輸送体　47-49, 52-56, 58, 97, 98
アンモニア-N　43
イオン透過性　48, 49, 53
石松　淳　19, 20, 25
イズミハゼ　89, 90, 120
イップ (Y.K. Ip)　73, 74, 91-93, 96, 128-132
遺伝子欠失説　76, 77
遺伝子の発現　56, 57, 79
イミダゾール化合物　170, 171, 173
咽頭　5, 8-10, 102
ヴィルプス (H. Wilps)　178
ウォルシュ (P.J. Walsh)　116, 123, 124, 134, 144, 145
鰾　3, 4, 7, 8, 11-13, 75
ウシガエル *Rana catesbiana*　64, 71, 76

ウッド (C.M. Wood)　66, 105, 106, 116, 142
ウナギ　12, 13, 22, 24, 25, 28, 32, 33, 141, 149, 159, 160, 163, 169
ウリカーゼ　60, 61
鱗　3, 14, 23, 26, 29, 30, 37, 38, 75
ウワバイン (ouabain)　68, 88
エキス成分　169, 170
エタノール　170, 177-181, 184-186
エタノール生成経路　178, 179
N/O$_2$ 比　109
エネルギー充足率 (アデニレートエネルギーチャージ)　183
MR 細胞　30, 50, 51, 88
鰓　5-10, 14, 36, 41-44, 54, 57, 97, 163, 165
　　アベハゼ　114, 115, 121, 122, 141, 144
　　海水魚　43, 51-53
　　ガマアンコウ　142, 144
　　境界層　49, 50, 56, 58, 104, 105
　　キンギョ (フナ)　177, 189
　　空気呼吸魚　14, 17, 21, 22, 24, 25, 88, 102, 132
　　淡水魚　45-49, 55, 56
　　軟骨魚　65-69, 153
　　表面積　22
　　マガディティラピア　105-107, 141
鰓蓋　5, 8, 12, 17, 18, 22, 42, 90, 91
円口綱　2
塩類細胞　30, 31, 50-53, 141, 163
オイスタークラッカー *Opsanus tau*, Oyster toadfish　78, 109, 122, 123
オオクチバス　62, 63, 80, 81
オオトビハゼ *Periophthalmodon*　23-25, 28, 32, 33, 36, 53, 87-89, 91, 95, 132, 174
オクスデルクス亜科　16, 37, 86, 139
オーストラリア産ハイギョ *Neoceratodus forsteri*　12, 13, 70, 71
オズモライト (細胞内浸透調節物質)　62, 147, 148, 152, 155, 162
オスモル (osmole)　148
O-UC 機能　67, 75-77, 80, 82, 121, 126, 134, 137, 154, 158, 162
O-UC 酵素　62, 65, 69, 77-81, 106, 114, 124
O-UC 酵素活性　65, 69-71, 73, 76-81, 88, 90, 93, 94, 106, 107, 109, 115, 122-124, 127, 128, 130, 132, 154
オルニチン　60, 65, 81, 123, 126, 130
オルニチンカルバモイルトランスフェラーゼ [OCT]　59, 60, 65, 71, 73, 74, 80, 106, 109

索 引

207

温血動物　166

■ か 行 ■

外温魚　171, 172
外温動物 (ectotherm)　166
海産無脊椎動物　147, 148, 162
概日リズム　134
海水魚　30, 48, 51, 89, 112, 160-163
解糖　41, 168, 175-178, 181-184, 186
解離定数 (pK)　49, 173
拡散型輸送体　142
仮想的水素 (電子) 受容体　187
カツオ　41, 165-173
褐色脂肪組織　167
活動 (量)　118
カニクイガエル *Rana cancrivora*　78, 86, 149, 150, 154, 157
ガマアンコウ *Opsanus beta*, Gulf toadfish　78, 80, 109, 117, 122-127, 134-137, 142-146
夏眠　70-74, 99
カルノシン　169-173
カルバモイルリン酸合成酵素 (carbamoylphosphate synthetase) → CPS I, II, III　59, 60, 62, 63
カルバモイルリン酸合成酵素 I [CPS I]　60, 63-65, 69, 71, 73, 76, 91, 126, 127, 129
カルバモイルリン酸合成酵素 II [CPS II]　60, 63, 64, 81
カルバモイルリン酸合成酵素 III [CPS III]　60, 63-65, 67, 69, 70, 73, 74, 79-81, 84, 91, 94, 106, 115, 123-128, 130, 132
ガーレイ (W.F. Garey)　31-33
カワヨシノボリ　38, 138, 139, 158
還元型補酵素　182, 184, 187
緩衝能　170-173
肝臓　40, 43, 44, 63, 69, 76-79, 81, 85, 88, 90, 91, 159, 160, 162, 179, 182
　　　ガマアンコウ　109, 122-125
　　　クララ　109, 130-132
　　　サメ　62, 65, 68
　　　淡水エイ　67, 154
　　　ハイギョ　71, 73, 74
　　　マガディティラピア　106, 107, 109
　　　レッドキャット　109, 126-128
灌流実験　126, 128, 131
気道　8, 12, 13
気嚢　11, 12

機能的尿素合成能 (性) (functionally ureogenic)　78, 114, 123, 154
キノボリウオ *Anabas testudineus*　9-12, 90-93, 97, 128, 130, 132
奇網 (熱交換装置)　166, 167
休眠　94, 98-103, 109, 127, 128
キュウリウオ *Osmerus mordax*　149, 162
Q_{10}　108
強アルカリ (環境)　50, 51, 104, 105, 109, 130
局所異温性内温動物 (regional heterothermic endotherm)　166
キンギョ (フナ)　42, 46, 81, 160, 175-180, 182-186
筋肉　74, 79-81, 83, 86, 102, 103, 106, 115, 116, 149
　　　カツオ・マグロ類　165-168, 170-173
　　　キンギョ (フナ)　179-186
　　　シーラカンス　70
　　　TMAO　149, 152, 156, 158-161
　　　軟骨魚　65, 154
　　　尿素　149, 154, 156, 162
空気呼吸　8-11, 22, 26, 31, 33, 37, 174
　　　器官　7, 8, 11, 13, 21, 90, 97, 126
　　　機能　13, 22, 29, 36, 82
空気呼吸魚　8-10, 12, 15, 16, 33, 90, 91
クエン酸 (TCA) サイクル　40, 178, 185, 186
グッピー　79, 160
クモハゼ　35, 37, 38, 79
グラハム (J.B. Graham)　8
クララ *Clarias batrachus*　10, 11, 90, 109, 126, 129-132
グリコーゲン　102, 103, 168, 176, 178, 179, 181, 185
グリフィス (R.W. Griffith)　150
グルタミナーゼ [Gase]　40, 43
グルタミン　40-44, 60-66, 74, 81, 84-86, 90, 93, 100, 106, 107, 113, 114, 123-125, 126, 130
グルタミン合成酵素 [GS]　40, 60, 64, 81, 85, 106, 107, 114, 123, 124
グルタミン酸　40, 60, 63, 84-86, 90, 93, 114, 130, 182-185
グルタミン酸脱水素酵素 [GDH]　40, 85, 86, 89, 182, 184
クロカジキ　169, 171, 172
クローグ (A. Krogh)　44-46, 155
クローグの仮説　45, 46
クローグの実験原則 (Krogh's principle)　44, 82
K_m 値 (ミカエリス・メンテンの定数)　156, 181
血液組成　148

血液 (中) のアンモニア濃度　44, 50, 66, 81, 85, 91, 100, 102, 127, 132
血液 (中) の尿素濃度　142, 154, 161, 162, 164
血液の浸透圧　154, 162, 163
血液の CO_2 濃度 (分圧)　24, 25
血液の pH　24, 49, 51, 58, 105
α-ケトグルタル酸　40, 90, 182, 184, 185
限外濾過　150
嫌気代謝　168, 172, 174, 175, 181
コイ　12, 13, 16, 42, 44, 55, 81, 149, 168, 169, 180
高圧　162
高アンモニア環境　56, 80, 81, 88, 94, 95, 112-114, 117, 118, 123, 127, 132
恒温動物 (homeotherm)　166
口腔　8-10, 17, 21, 22, 24, 25, 36, 37
硬骨魚 (類)　2-5, 13, 62, 75, 76, 157
高速遊泳魚　22, 165, 170-173
酵素と基質　63, 156, 163
コーエン (P.P. Cohen)　73, 76
呼吸交換比 [RER]　25, 26
呼吸商 [RQ]　25, 26
呼吸樹　11, 129
呼吸上皮　4, 8, 11
呼吸速度 → 酸素消費速度　22, 23, 35, 36, 72
ゴクラクハゼ　38, 138, 139, 158
個体発生　76, 79, 80, 121, 122
骨格筋　165, 168
ゴードン (M.S. Gordon)　78, 82-84, 86, 87, 154
コハク酸脱水素酵素　183
コリン　147, 159
ゴールドスタイン (L.Goldstein)　43
コレログラム　138-140

= さ 行 =

鰓弓　5, 6, 8, 11
鰓腔　5, 6, 8, 10, 11, 17-19, 21, 22, 24, 25, 87, 126
鰓孔　17
最終代謝産物　63, 65, 148, 160, 163, 177, 181, 185, 187, 188
鰓弁 (葉) (gill filament)　5, 6, 10, 14, 41, 49, 52
　　二次鰓弁 (secondary lamella)　5, 6, 10, 12, 24, 51, 52
鰓弁組織　51, 52
細胞質　28, 63-65, 81, 123, 178, 184, 185
細胞内液　147, 149, 152
細胞内浸透調節物質 (オズモライト)　62, 147, 148, 152, 155, 162
細胞膜　40, 48, 49, 53, 67-69, 141
坂口守彦　159, 160
坂本竜也　115
酢酸　179-181, 185
サハ (N. Saha)　90, 91, 93, 126-129, 130-132
サーモジェニン　167
酸化型補酵素　182
酸化還元バランス　181
酸素　4, 7
　　拡散速度　4, 8, 21
　　消費速度 (呼吸速度)　22, 101, 107-109, 118, 174, 175
　　取り込み速度 (呼吸速度)　22-24, 26, 33
　　濃度 (分圧)　4, 6-8, 14, 15, 19, 20, 34-36, 74, 103, 174
　　負債・償却　174, 175
Grh 遺伝子 (成長ホルモン遺伝子)　117
GS mRNA　124
時間異温性内温動物 (temporal heterothermic endotherm)　167
糸球体　150, 152
四肢動物　2, 12, 13, 70
質量分析機　113
GDH と連鎖した脱アミノ化 (トランスデアミネーション)　40, 44, 75, 182, 183, 186
シトルリン　60, 81, 114, 123
CPS の基質　63
CPS III 遺伝子　79, 80, 114, 115, 121, 122
CPS III mRNA　79, 115, 124
CPS III 活性　65, 67, 70, 74, 79, 80, 81, 88, 91, 106, 107, 115, 125, 127, 128, 131, 162
脂肪酸　175, 187, 188
シマヨシノボリ　35, 50, 85, 138, 139, 158
巡航速度　165
条鰭類 (亜綱)　2, 3, 14, 76, 77
条件的尿素排出性 (facultatively ureotelic)　78, 109
上鰓器官 (suprabranchial organ)　11
上鰓腔 (suprabranchial chamber)　8-11
上鰓内器官　11, 12
漿膜側 (側底部)　46
ジョンストン (I.A. Johnston)　176
シーラカンス　2, 3, 59, 62, 63, 69, 70, 149, 151, 154, 156-158
深海魚　162, 166, 171, 172
真骨魚 (類)　3, 5, 6, 8, 42, 47, 52, 61, 62, 75-82, 87,

索 引

93, 104, 109, 121, 122
腎臓　42, 53, 54, 66, 74, 90, 126, 128, 130, 141, 150-154, 159, 160, 163, 180
　　集合管　67, 68, 142
　　腎髄質　67, 155, 157
　　腎乳頭　155
　　ヘンレループ (尿の濃縮装置)　155, 156
心電図　34
浸透圧　105, 147-156, 161
浸透順応型 [osmoconformer]　152
浸透調節型 [osmoregulator]　153
真軟頭類 (亜綱)　2, 4, 153
心拍除脈 (brady cardia)　32
親和性　48, 156, 163, 181
水生空気呼吸魚 (aquatic air breather)　8, 9
　　条件的空気呼吸魚 (facultative air breather)　35-37, 70
　　絶対空気呼吸魚 (obligate air breather)　8, 13
水素 (電子) 受容体 (最終)　182, 187
水中呼吸　23, 24
スケールポケット (scale pocket)　29, 30, 37, 38
ストレス　87, 109, 117-120, 123-125, 135
スミス (H.W. Smith)　42, 43, 46, 62, 71, 72, 150
成長ホルモン遺伝子 (Grh 遺伝子)　117, 119
成長率　117, 118
赤筋　165-168
絶対水生呼吸魚　35-37
ゼブラフィッシュ Danio reio　55, 57, 80, 140, 141
セロトニン (5-ヒドロキシトリプタミン, 5-HT)　142-144, 146
潜空反射　33, 35, 36
潜水動物　32, 172
潜水反射　32, 33
促進拡散　55
側底部 (漿膜側)　46-48, 52, 53, 55, 68, 69, 88, 164
ソメロ (G.N. Somero)　156, 171-173

■ た 行 ■

対向流　6, 7, 166
大黒トシ子　160
胎生　66, 79, 157
大卵少産的繁殖様式　157
ダーウイン (C.R. Darwin)　11, 13
タウナギ Monopterus albus　98-103, 128
タウリン　147, 148, 152, 170
脱共役タンパク質 [UCP]　167

田之倉　優　70
タビラクチ　37, 38, 138-141, 145
田村　修　22, 23
炭酸脱水酵素 [CA]　25, 47, 57
短日 [6L18D]　136, 143
単純拡散　55
淡水起源説　150
淡水魚　13, 16, 30, 43, 45-49, 51, 90, 129, 139, 153
タンパク質の高次構造　162
血合筋　167-169, 173, 180-183
チチブ　35-38, 51, 52, 85, 158, 159
窒素
　　供与体　74, 125, 126
　　収支　96, 189
　　代謝　62, 72, 78, 82, 86, 87, 91, 94, 95, 103, 110, 116, 122, 123, 135, 165
　　同位体 (^{15}N) (濃度)　84, 87, 113, 114
　　排出速度　42, 67, 72, 92, 100, 107, 108, 113, 128, 135, 138, 140,
　　排出様式　66, 124
　　老廃物　42, 61, 66, 71, 75-77, 104, 105, 134, 148, 153, 154
腸 (上皮)　8, 14, 15, 26, 43, 63, 68, 124, 130, 159, 160, 180
長日 [18L6D]　136
頂端部 (粘膜側)　46, 47, 52, 53, 55, 68, 69, 88, 97, 98, 143
頂点位相　135-138, 144
鳥類　3, 61, 64, 149, 166, 167, 172
低酸素環境　2, 7, 9, 94, 182
TCA (クエン酸) サイクル　40, 178, 185-187
ティラピア Oreochromis niloticus　159
ティラルト (Van Den Thillart)　175, 176, 182, 184, 185
デザートゴビー Chlamydogobius ereminus　121, 122, 138-140
デペーシュ (J. Depeche)　79, 80
デンキウナギ Electrophorus electricus　9
同調因子　137
トカゲハゼ Scartelaos histophorus　16, 29, 37, 38
閉じ込め　109, 117, 123-125, 135, 137
ドジョウ Misgurunus anguillicaudatus　14, 26, 96, 103
トビウオ　31-33
トビハゼ Periophthalmus modestus　16, 21-25, 31-38, 50, 53, 76, 78, 93, 96, 107-109, 116, 133, 137-139, 141, 145
育卵　19-21

雄　17-21
　　求愛行動　18
　　産 (育) 卵室　18-21
　　窒素代謝　82-87, 89
　　雌　18, 19, 21
トラザメ　66, 67, 157
トラフグ　119, 120
トランスアミナーゼ (アミノ基転移酵素)　40, 182, 184
トランスデアミネーション　40
トリメチルアミン [TMA]　147, 148, 158-160
トリメチルアミンオキシド [TMAO]　147-149, 151-154, 156-163
　　内因説・外因説　158, 159
トロナ (trona)　104, 105

= な 行 =

内温動物 (魚) (endotherm)　166, 167, 171, 172
ナトリウムイオン (Na^+) チャネル　47, 48
$Na^+/2Cl^-/K^+$共輸送体　47, 52, 53
Na^+/K^+-ATPase (ナトリウムポンプ)　47, 52, 53, 57, 68, 88
Na^+/H^+交換輸送体 [NHE]　47, 52, 53
南極　161, 163
南極の真骨魚　149, 161
軟骨魚 (類)　2-5, 59, 62-68, 148, 149, 151, 153, 155-158, 161, 163
南米産ハイギョ Lepidosiren paradoxia　12-14, 70, 71
南米淡水エイ Potamotrygon　67, 149, 150, 153, 154
臭い隠蔽説　145
二酸化炭素 (CO_2)　24, 26, 49
二酸化炭素 (CO_2) の生成　175, 176, 179, 184-186
二酸化炭素 (CO_2) の排出　24-26, 47, 50
ニジマス　42, 49, 51, 55-57, 68, 79-81, 104, 110, 115, 180
肉鰭類 (亜綱)　2, 3, 59, 76, 149
乳酸　33, 41, 168, 174-179, 181, 182, 185, 186
^{14}C-乳酸　177, 185
乳酸脱水素酵素 [LDH]　172, 179, 186
尿, 尿量 (濃度)　42, 43, 67, 156
尿酸　60, 61, 64, 114, 146
尿酸排出性 (uricotelic)　61
尿素
　　合成速度　62, 73, 79, 107, 127
　　合成能　67, 75, 76-79, 81-83, 86, 90-94, 109, 112, 116, 117, 120-123, 125, 128, 129, 131-133, 137, 151, 154, 157, 163
　　合成部位　65, 70, 106, 107, 116
　　サイクル→ O-UC　59, 60
　　生成経路　59, 60
　　窒素同位体 (^{15}N) 濃度　84, 114
　　窒素 (尿素-N) の排出割合　67, 113, 123-125
　　尿素/TMAO 比　156
　　透過性　66, 68, 69, 141, 142, 144, 153
　　排出周期　135-146
　　排出速度　74, 88, 94, 113, 123, 125, 127, 130, 131
尿素 (高濃度の)　68, 74, 112, 151, 153, 156, 157, 162
尿素合成能性 (ureogenic)　78
尿素サイクル [O-UC]　60-62
尿素浸透性 (ureosmosis)　77, 78, 86, 153-155, 157, 158
尿素-N　43
尿素排出性 (ureotelic)　66, 67, 77, 78, 82, 109, 113, 117, 124, 125, 130, 135
尿素輸送体 [UT]
　　サメの尿素輸送体 [shUT]　67, 68
　　真骨魚の尿素輸送体 [UT]　141-146, 153
　　ハイギョの尿素輸送体 [lfUT]　74
　　哺乳類 (腎臓) の尿素輸送体 [UT-A1]　67, 155
尿素輸送体遺伝子 (UT 遺伝子)　141, 142
尿素輸送体の活性化　142, 144
妊娠期間　157, 158
ヌマチチブ　35, 36, 38, 158
ネオテニー (幼形成熟)　121
脳　32, 54, 68, 74, 84-86, 89, 90, 93, 115, 121, 122, 130, 167
濃度勾配　88, 95, 132, 142
ノーザン法 (ノーザンハイブリダイゼーション)　56
ノックダウン　55, 57, 141

= は 行 =

肺　11-14, 27
胚　13, 79, 80, 121, 158
ハイギョの心臓　14
排出部位
　　アンモニアと尿素　41-43, 66-67, 106
　　エタノール　177
ハウスキーピング遺伝子　56, 57, 122
ハギンス (A.K. Huggins)　77, 78
ハゼ (科)　15, 16, 21, 29, 31, 112, 137, 141, 144
バソトシン [VT]　142, 143
バソプレッシン [VP]　143

索引

爬虫類　3, 61
白筋　165, 168
発現量　56, 74, 117, 119, 122, 124, 142, 163
パルス排出　134, 138, 142, 144, 145
板鰓類 (亜綱)　2, 4
被蓋細胞 (pavement cell)　6, 10, 49, 50, 52, 53, 56
ヒスチジン　41, 169-171, 173
ピックフォード (G.E. Picford)　69
PDH 複合体 (pyruvate dehydrogenase complex)
　　178, 179, 181
5-ヒドロキシトリプタミン, 5-HT→ セロトニン　143
皮膚　7, 8, 74, 91, 95, 98, 102, 103, 115, 121, 122, 132
　　角質層　26, 27]
　　基底層　27-30
　　呼吸　17, 21-25
　　上皮　27-30
　　上皮内血管　27-30
　　真皮　25-30
　　組織　25-31, 38
　　中層細胞 (大型細胞)　27-30
　　粘液細胞　28-30, 38
　　ハゼ (トビハゼなど)　17, 18, 25-31, 37, 38
　　表皮細胞　27-30
　　リッジ (微小隆起)　27, 28, 49, 50
兵頭　晋　141
ピラルク *Arapaima gigas*　11, 13, 14
ピルビン酸脱カルボキシル酵素 (pyruvate decarboxylase)　178
ピルビン酸脱水素酵素複合体 (PDH 複合体)　178, 179, 181, 184, 186
孵化　10, 15, 19-21, 79, 87, 94, 121, 125, 157
孵化期間　158
フグ　55, 80, 119, 120
付属細胞　52, 53
普通筋　168-173, 180-183
不凍剤　161, 163
ブラウン (G.W. Brown)　69, 76, 77, 91
ブラウントラウト *Salmo trutta*　174, 175
ブラシュカ (P. Blažka)　174-176, 182, 187
ブラックバーン (F.H. Blackburn)　45
プリン塩基の分解　60, 61, 146
プリンヌクレオチドサイクル　41, 183, 184
プロトン (H^+)　24, 47, 49, 57, 105
H^+-ATPase　47, 57
フロレチン (phloretin)　68
分担率　24, 25

ペカン (L.Pequin)　44
壁柱細胞 (pillar cell)　6, 10, 52
ベタイン　147, 152, 157, 161
β 値　171-173
変温動物 (poikilotherm)　166
ボウズハゼ　31, 35, 37, 38
ホソヌタウナギ *Myxine glutinosa*　2, 148-152
ホチャチカ (P.W. Hochachka)　70, 176-178, 182, 184, 187
ボーディル・シュミット-ニールセン (Bodil Schmidt-Nielsen)　155
哺乳類　3, 40, 43, 59, 61, 65, 103, 109, 124-126, 142, 149, 156, 180

ま 行

マガディ (Magadi) 湖　104, 105
マガディティラピア *Alcolapia grahami*　64, 104-109, 127, 141, 146
マグロ類　165, 167-169, 172, 173
マッドスッキパー　16, 89, 90
マーディ (E.O. Murdy)　86
マハゼ　35-38, 85, 89, 137, 138, 141, 145
繭　70-74
マリーニ (A.M. Marini)　53, 54
マングローブ　93, 120, 121
マングローブメダカ *Kryptolebias marmoratus*　55, 93-98, 137
ミオグロビン　172, 173
ミカエリス・メンテンの定数 (K_m 値)　156, 181
ミトコンドリア　30, 40, 51, 60, 63-65, 81, 88, 123, 126, 130, 165, 167, 178, 179, 182-187
ミトコンドリア DNA　70, 120
ミナミトビハゼ *Periophthalmus argentilineatus*　16, 25, 86, 89, 137, 138
向井貴彦　120
無顎類　1, 3, 148-152
無機イオン濃度　148-151, 153
無酸素 (状態)　19, 34, 35, 87, 120, 174-180, 182-187
ムツゴロウ *Boleophthalmus pectinirostris*　16, 17, 22, 23, 29-31, 37, 38, 89
無日周性　140, 144
明暗サイクル (明暗条件)　135, 136, 138, 143
　　短日 [6L18D]　136, 143
　　長日 [18L6D]　136
迷路器官　9, 11, 12, 90, 91
メチルアミン類　156, 157, 162

メッツ (J. Maetz)　45-48
毛細血管網　11, 13, 14, 21, 26
戻し輸送 (back-transport)　66, 68, 164
モノオキシゲナーゼ (mono-oxygenase)　159, 160
モル濃度　24

■ や　行 ■

遊離アミノ酸 [FAA]　83-85, 94, 130, 147, 148, 169, 170
U-^{14}C-ブドウ糖　177, 185
ユスリカ (*Chirnomus thummi*) 幼虫　178
UT 遺伝子 (尿素輸送体遺伝子)　141
幼形成熟 (ネオテニー)　121
溶存酸素　4, 15, 174
ヨーロッパブナ *Carassius carassius*　174-178, 180

■ ら　行 ■

ライト (P.A. Wright)　79, 80, 94-96
ラティマー (M. C. Latimer)　69
ラム換水　165
卵生　66, 79, 157
ランドール (D.J. Randall)　50, 104-106, 110
律速酵素　65, 71, 73
リード (L.J. Read)　122, 123
両生空気呼吸魚 (amphibious air breather)　8, 9, 33, 36
　　残留型 (stranded type)　9, 70
　　自発型 (volitional type)　9, 16
両生魚　9, 16, 37, 70, 82
両生類　3, 59, 63-65, 70, 71, 127, 149
冷血動物　166
レッドキャット *Heteropneustes fossilis*　10-12, 90, 109, 126-130, 132, 138
ローマー (A.S. Romer)　12

■ わ　行 ■

ワァールデ (Van Waarde)　184
和歌山大学　83, 110, 112, 134
ワラスボ *Odonntamblyops rubicundus*　89, 141

■**著者紹介**

岩田　勝哉（いわた　かつや）理学博士
　1942 年　大阪府に生まれる
　1973 年　京都大学大学院理学研究科博士課程単位取得退学
　1985 年　和歌山大学教育学部教授
　1992 年　上海水産大学客座教授
　1992 - 1993 年　ブリティッシュコロンビア (UBC) 大学 (カナダ) 客員教授
　1985 - 1987 年　文部省海外学術調査 (中国，武漢)
　1988 - 1992 年　文部省海外学術調査 (中国，上海)
　1992 - 1993 年　文部省長期在外研究員 (カナダ)
　1996 年　日本学術振興会東南アジア諸国派遣研究員 (マレーシア)
　現　在　和歌山大学名誉教授

　研究テーマ　植物食性コイ科魚類による持続的環境利用，
　　　　　　魚の窒素代謝，空気呼吸魚をめぐる生物学

魚類比較生理学入門
空気の世界に挑戦する魚たち

2014 年 3 月 10 日　初 版 発 行

著　者　　岩田勝哉

発行者　　本間喜一郎

発行所　　株式会社 海游舎
　　　　　〒151-0061 東京都渋谷区初台 1-23-6-110
　　　　　電話 03 (3375) 8567　　FAX 03 (3375) 0922
　　　　　http://kaiyusha.wordpress.com/

印刷・製本　凸版印刷（株）

© 岩田勝哉 2014

本書の内容の一部あるいは全部を無断で複写複製すること
は，著作権および出版権の侵害となることがありますので
ご注意ください。

ISBN978-4-905930-16-7　　PRINTED IN JAPAN

出版案内

2025

海底のミステリーサークル。アマミホシゾラフグの雄がつくった「産卵床」(『予備校講師の野生生物を巡る旅Ⅲ』より。©海游舎)

海游舎

植物生態学

大原 雅 著

A5 判・352 頁・定価 4,180 円
978-4-905930-22-8　C3045

植物生態学は，生物学のなかでも非常に大きな学問分野であるとともに，多彩な研究分野の融合の場でもある。植物には大きな特徴が二つある。「動物のような移動能力がないこと」と「無機物から生物のエネルギー源となる有機物を合成すること」である。この特徴を背景として植物たちは地球上の多様な環境に適応し，生態系の基礎を作り上げている。本書は，植物に関わる「生態学の概念」，「種の分化と適応」，「形態と機能」，「個体群生態学」，「繁殖生態学」，「群集生態学」，「生物多様性と保全」などが 14 章にわたり紹介されている。本書により，「植物生態学」が基礎から応用までの幅広い研究分野を網羅した複合的学問であることが，実感できるであろう。大学生，大学院生必読の書です。

植物の生活史と繁殖生態学

大原 雅 著

A5 判・208 頁・定価 3,080 円
978-4-905930-42-6　C3045

分子遺伝マーカーの進歩により，急速に進化した植物の繁殖生態学。しかし，植物の生き方の全貌を明らかにするためには，より多面的研究が必要である。本書は，植物の生活史を解き明かすための，繁殖生態学，個体群生態学，生態遺伝学的アプローチを具体的に紹介するとともに，近年，注目される環境保全や環境教育にも踏み込んで書かれている。

世界のエンレイソウ
―その生活史と進化を探る―

河野昭一 編

A4 変型判・96 頁・定価 3,080 円
978-4-905930-40-2　C3045

春の林床を鮮やかに飾るエンレイソウの仲間は，世界中に 40 数種。これらの地理的分布・生育環境・生活史・進化などを，カラー生態写真と豊富な図版を用いて簡潔に解説した，植物モノグラフの決定版。

環境変動と生物集団

河野昭一・井村 治 共編

A5 判・296 頁・定価 3,300 円
978-4-905930-44-0　C3045

私たちの周囲では，地球環境だけでなく様々な環境変化が進行している。こうした環境変化が生物集団の生態・進化にどのような影響を与えるか。微生物，雑草，樹木，プランクトン，昆虫，魚類などについて，集団内の遺伝変異，個体群や群集・生態系，また理論・基礎から作物や雑草・害虫の管理といった応用面や研究の方法論まで，幅広くまとめた。

野生生物保全技術 第二版

新里達也・佐藤正孝 共編

A5判・448頁・定価5,060円
978-4-905930-49-5　C3045

野生生物保全の実態と先端技術を紹介した初版が刊行されてから3年あまりが過ぎた。この間に，野生生物をめぐる環境行政と保全事業は変革と大きな進展を遂げている。第二版では，法律や制度，統計資料などをすべて最新の情報に改訂するとともに，環境アセスメントの生態系評価や外来生物の問題などをテーマに，新たに5つの章を加えた。

ファイトテルマータ
－生物多様性を支える小さなすみ場所－

茂木幹義 著

A5判・220頁・定価2,640円
978-4-905930-32-7　C3045

葉腋・樹洞・切り株・竹節・落ち葉など，植物上に保持される小さな水たまりの中に，ボウフラやオタマジャクシなど，多様な生物がすんでいる。小さな空間，少ない餌，蓄積する有機物，そうしたすみ場所で多様な生物が共存できるのは何故か。生物多様性の紹介と，競争・捕食・助け合いなど，驚きに満ちたドラマを紹介。

マラリア・蚊・水田
－病気を減らし，生物多様性を守る開発を考える－

茂木幹義 著

B6判・280頁・定価2,200円
978-4-905930-08-2　C3045

生物多様性と環境の保全機能が高い評価を受ける水田は，病気を媒介する蚊や病気の原因になる寄生虫のすみ場所でもある。世界の多くの地域では，水田開発や稲作は，病気の問題と闘いながら続けられてきた。病気をなくすため，稲作が禁止されたこともある。本書は，こうした水田の知られざる一面，忘れられた一面に焦点をあてた。

性フェロモンと農薬
－湯嶋健の歩んだ道－

伊藤嘉昭・平野千里・玉木佳男 共編

B6判・288頁・定価2,860円
978-4-905930-35-8　C3045

親しかった9人の研究者が，湯嶋健氏の「生きざま」を紹介した。農薬乱用批判，昆虫生化学とフェロモン研究の出発点になった論文15篇を再録した。このうち8篇の欧文論文については和訳して掲載した。湯嶋昆虫学の真髄を読みとってほしい。巻末には著書・論文目録を収録。官庁科学者の壮絶な生き方に感奮するだろう。

天敵と農薬 第二版
－ミカン地帯の11年－

大串龍一 著

日本図書館協会選定図書

A5判・256頁・定価3,080円
978-4-905930-28-0　C3045

農薬が人の健康や自然環境に及ぼす害が知られてから久しいが，現在でもその使用はあまり減っていない。天敵の研究者として出発した著者が，農薬を主とした病害虫防除に携わりながら農作物の病害虫とどう向きあったかを語っている。農業に直接関わっていないが，生活環境・食品安全に関心をもつ人にも薦めたい。

生態学者・伊藤嘉昭伝 **もっとも基礎的なことがもっとも役に立つ** 辻 和希 編集 A5 判・432 頁・定価 5,060 円 978-4-905930-10-5　C3045	生態学界の「革命児」伊藤嘉昭の 55 人の証言による伝記。本書一冊で戦後日本の生態学の表裏の歴史がわかる。農林省入省直後の 1952 年にメーデー事件の被告となり 17 年間公職休職となるも不屈の精神で，個体群生態学，脱農薬依存害虫防除，社会生物学，山原自然保護と新時代の研究潮流を創り続けた。その背中は激しく明るく楽しく悲しい。
坂上昭一の **昆虫比較社会学** 山根爽一・松村 雄・ 生方秀紀 共編 A5 判・352 頁・定価 5,060 円 978-4-905930-88-4　C3045	坂上昭一の，ハナバチ類の社会性を軸とした 1960〜1990 年の幅広い研究は，国際的にも高い評価をうけてきた。本書は坂上門下生を中心に 27 名が，坂上の研究手法や研究哲学を分析・評価し，各人の体験したエピソードをまじえて観察のポイント，指導法などを振り返る。昆虫をはじめ，さまざまな動物の社会性・社会行動に関心をもつ人々に薦めたい。
社会性昆虫の 進化生態学 松本忠夫・東 正剛 共編 A5 判・400 頁・定価 5,500 円 978-4-905930-30-3　C3045	アシナガバチ，ミツバチ，アリ，シロアリ，ハダニ類などの研究で活躍している著者らが，これら社会性昆虫の学問成果をまとめ，進化生態学の全貌とその基礎的研究法を詳しく紹介した，わが国初の総説集。各章末の引用文献は充実している。昆虫学・行動生態学・社会生物学などに関係する研究者・学生の必備書である。
社会性昆虫の 進化生物学 東 正剛・辻 和希 共編 A5 判・496 頁・定価 6,600 円 978-4-905930-29-7　C3045	アシナガバチは人間と同じように顔で相手を見分けている。兵隊アブラムシは掃除や育児にも精を出す正真正銘のワーカーだ。アリは脳に頼らず，反射で巣仲間を認識する。ヤマトシロアリの女王は単為生殖で新しい女王を産む。ミツバチで性決定遺伝子が見つかった。エボデボ革命が社会性昆虫の世界にも押し寄せてきた。最新の話題を満載した待望の書。
パワー・エコロジー 佐藤宏明・村上貴弘 共編 A5 判・480 頁・定価 3,960 円 978-4-905930-47-1　C3045	「生態学は体力と気合いだ」「頭はついてりゃいい，中身はあとからついてくる」に感化された教え子たちの，力業による生態学の実践記録。研究対象の選択基準は好奇心だけ。調査地は世界各地，扱う生き物は藻類から哺乳類に至り，仮説検証型研究を突き抜けた現場発見型研究の数々。一研究室の足跡が生態学の魅力を存分に伝える破格の書。

交尾行動の新しい理解
－理論と実証－

粕谷英一・工藤慎一 共編

A5 判・200 頁・定価 3,300 円
978-4-905930-69-3　C3045

これからの交尾行動の研究で注目される問題点を探る。まずオスやメスに関わる性的役割の分化，近親交配について，従来の理論の不十分な点を検討。次いで，多くの理論モデル間の関係を明快に整理し，理論の統一的な理解をまとめた。グッピーとマメゾウムシをモデル生物とした研究の具体例も紹介。生物学，特に行動生態学を専攻する学生の必読書。

擬態の進化
－ダーウィンも誤解した
　150 年の謎を解く－

大崎直太 著

A5 判・288 頁・定価 3,300 円
978-4-905930-25-9　C3045

本書の前半は，アマゾンで発見されたチョウの擬態がもたらした進化生態学の発展史で，時代背景や研究者の辿った人生を通して描かれている。後半は著者の研究の紹介で，定説への疑問，ボルネオやケニアの熱帯林での調査，日本での実験，論文投稿時の編集者とのやりとりなどを紹介し，ダーウィンも誤解した 150 年の擬態進化の謎を紐解いている。

理論生物学の基礎

関村利朗・山村則男 共編

A5 判・400 頁・定価 5,720 円
978-4-905930-24-2　C3045

理論生物学の考え方や数理モデルの構築法とその解析法を幅広くまとめ，多くの実例をあげて基礎から応用までを分かりやすく解説。

［目次］1. 生物の個体数変動論　2. 空間構造をもつ集団の確率モデル　3. 生化学反応論　4. 生物の形態とパターン形成　5. 適応戦略の数理　6. 遺伝の数理　7. 医学領域の数理　8. バイオインフォマティクス　付録/プログラム集

チョウの斑紋多様性と進化
－統合的アプローチ－

関村利朗・藤原晴彦・
大瀧丈二 監修

A5 判・408 頁・定価 4,840 円
978-4-905930-59-4　C3045

シロオビアゲハ，ドクチョウの翅パターンに関する遺伝的研究から，適応について何が分かるか。目玉模様の数と位置はどう決まるか。斑紋多様性解明の鍵となる諸分野（遺伝子，発生，形態，進化，理論モデル）について，国内外の最新の研究成果を紹介。2016 年 8 月に開催された国際シンポジウム報告書の日本語版。カラー口絵 16 頁。

糸の博物誌

齋藤裕・佐原健 共編

日本図書館協会選定図書

A5 判・208 頁・定価 2,860 円
978-4-905930-86-0　C3045

絹糸を紡ぐカイコ以外，ムシが紡ぐ糸は人間にとって些細な厄介事であって，とりたてて問題になるものではない。しかし，糸を使うムシにとっては，それは生活必需品である。本書ではムシが糸で織りなす奇想天外な適応，例えば，獲物の糸を操って身を守る寄生バチの離れ業や，糸で巣の中を掃除する社会性ダニなど，人間顔負けの行動を紹介する。

トンボ博物学 —行動と生態の多様性—
P.S. Corbet "Dragonflies: Behavior and Ecology of Odonata"

椿 宜高・生方秀紀・上田哲行・東 和敬 監訳
B5判・858頁・定価 28,600円　978-4-905930-34-1　C3045

世界各地のトンボ（身近な日本のトンボも含め）の行動と生態についての研究成果を集大成し、体系的に紹介・解説した。動物学研究者・学生、環境保全、自然修復、害虫の生物防除、文化史研究などに携わる人々の必読・必備書。

1 **序章**　幼虫や成虫の形態名称, 生態学の用語を解説。
2 **生息場所選択と産卵**　トンボの成虫が産卵場所を選択する際の多様性を解説。
3 **卵および前幼虫**　卵の季節適応とその多様性を解説。
4 **幼虫：呼吸と採餌**　呼吸に使われる体表面, 葉状尾部付属器, 直腸を解説。
5 **幼虫：生物的環境**　幼虫と他の生物との関係を紹介。
6 **幼虫：物理的環境**　熱帯起源のトンボが寒冷地や高山に適応してきた要因を議論。
7 **成長, 変態, および羽化**　幼虫の発育に伴う形態や生理的な変化について解説。
8 **成虫：一般**　成虫の前生殖期と生殖期について, その変化を形態, 色彩, 行動, 生理によって観察した例を紹介し, 前生殖期のもつ意味とその多様性を議論。
9 **成虫：採餌**　成虫の採餌行動を探索, 捕獲, 処理, 摂食の成分に分別することで, トンボの採餌ニッチの多様性を整理。
10 **飛行による空間移動**　大規模飛行と上昇気流や季節風との関係を解説。
11 **繁殖行動**　繁殖には, 雄と雌が効率よく出会い, 互いに同種であると認識し, 雄が雌に精子を渡し, 雌は幼虫の生存に都合の良い場所に産卵する。
12 **トンボと人間**　トンボに対する人間の感情を, 地域文化との関連において紹介。

用語解説　付表　引用文献　追補文献　生物和名の参考文献　トンボ和名学名対照表　人名索引　トンボ名索引　事項索引

生物にとって自己組織化とは何か
—群れ形成のメカニズム—
S. Camazine et al. "Self-Organization in Biological Systems"

松本忠夫・三中信宏 共訳
A5判・560頁・定価 7,480円
978-4-905930-48-8　C3045

シンクロして光を放つホタル、螺旋を描いて寄り集まる粘菌、一糸乱れぬ動きをする魚群など、生物の自己組織化について分かりやすく解説した。前半は自己組織化の初歩的な概念と道具について、後半は自然界に見られるさまざまな自己組織化の事例を述べた。生命科学の最先端の研究領域である自己組織化と複雑性を学ぶための格好の入門書である。

カミキリ学のすすめ

新里達也・槇原 寛・大林延夫・高桑正敏・露木繁雄 共著

A5判・320頁・定価 3,740円
978-4-905930-26-6　C3045

カミキリムシ研究者5人の珠玉の逸話集。分類や分布、生態などの正統な生物学の分野にとどまらず、「カミキリ屋」と呼ばれる虫を愛する人々の習性にまで言及している。その熱意や意気込みが存分に伝わり、プロ・アマ区別なくカミキリムシを丸ごと楽しめる書。

カトカラの舞う夜更け
新里達也 著

B6判・256頁・定価 2,420円
978-4-905930-64-8　C0045

人と自然の関係のありようを語り、フィールド研究の面白さを描き、虫に生涯を捧げた先人たちの鎮魂歌を綴った。市井の昆虫学者として半生を燃やした著者渾身のエッセー集。

kupu-kupu の楽園
—熱帯の里山とチョウの多様性—
大串龍一 著

A5判・256頁・定価 3,080円
978-4-905930-37-2　C3045

JICAの長期派遣専門家としてインドネシアのパダン市滞在時の研究資料などをもとに「熱帯のチョウ」の生活と行動をまとめた。環境の変化による分布、行動の移り変わりの実態が明らかになった。自然史的調査法の入門書。

ニホンミツバチ
―北限の Apis cerana―

佐々木正己 著

A5 判・192 頁・定価 3,080 円
978-4-905930-57-0　C0045

冬に家庭のベランダでも見かけることがあり森の古木の樹洞を住み家としてきたニホンミツバチは，120 年前に西洋種が導入され絶滅が心配されながらもしたたかに生きてきた。最近では，高度の耐病性と天敵に対する防衛戦略のゆえに，遺伝資源としても注目されている。その知られざる生態の不思議を，美しい写真を多用して分かりやすく紹介した。

但馬・楽音寺の
ウツギヒメハナバチ
―その生態と保護―

前田泰生 著

A5 判・200 頁・定価 3,080 円
978-4-905930-33-4　C3045

兵庫県山東町「楽音寺」境内に，80 数年も続いているウツギヒメハナバチの大営巣集団。その生態とウツギとのかかわりを詳細に述べ，保護の考え方と方策，さらに生きた生物教材としての活用を提案している。毎年 5 月下旬には無数の土盛りが形成され，ハチが空高く飛びかい，生命の息吹を見せる。生物群集や自然保護に関心のある人々に薦める書。

不妊虫放飼法
―侵入害虫根絶の技術―

伊藤嘉昭 編

A5 判・344 頁・定価 4,180 円
978-4-905930-38-9　C3045

ニガウリが日本中で売られるようになったのは，ウリミバエ根絶の成功の結果である。本書は，不妊虫放飼法の歴史と成功例，種々の問題点，農薬を使用しない害虫防除技術の可能性などを詳しく紹介し，成功に不可欠な生態・行動・遺伝学的基礎研究をまとめた。貴重なデータ，文献も網羅されており，昆虫を学ぼうとする学生，研究者に役立つ書。

楽しき 挑戦
―型破り生態学 50 年―

伊藤嘉昭 著

A5 判・400 頁・定価 4,180 円
978-4-905930-36-5　C3045

拘置所に 9 ヵ月，17 年間の休職にもめげず生態学の研究を続け，頑張って生きてきた。その原動力は一体何だったのか。学問に対する熱心さ，権威に対する反抗，多くの人との関わりなどが綴られている，痛快な自伝。

> 若い人たちに是非読んでもらいたい，近ごろは化石のように珍しくなってしまった，一昔前の日本の男の人生である。（長谷川眞理子さん 評）

熱帯のハチ
―多女王制のなぞを探る―

伊藤嘉昭 著

B6 判・216 頁・定価 2,349 円
978-4-905930-31-0　C3045

アシナガバチ類の社会行動はどのように進化してきたか？　この進化の跡を訪ねて，沖縄，パナマ，オーストラリア，ブラジルなど熱帯・亜熱帯地方で行った野外調査の記録を，豊富な写真と現地でのエピソードをまじえて紹介した。昆虫行動学者の暮らしや，実際の調査の仕方がよく分かる。後に続いて研究してみよう。

アフリカ昆虫学
―生物多様性とエスノサイエンス―

田付貞洋・佐藤宏明・
足達太郎 共編

A5 判・336 頁・定価 3,300 円
978-4-905930-65-5　C3045

生物多様性の宝庫であり，人類発祥の地でもあるアフリカ。そこで生活する多種多様な昆虫と人類は，長い歴史のなかで深く関わってきた。そんなアフリカに飛び込んだ若手研究者と，現地調査の経験豊富なベテラン研究者による知的冒険にあふれた書。昆虫愛好家のみならず，将来アフリカでのフィールド研究を志す若い人たちに広く薦めたい。

虫たちがいて、ぼくがいた
―昆虫と甲殻類の行動―

中嶋康裕・沼田英治 共編

A5 判・232 頁・定価 2,090 円
978-4-905930-58-7　C0045

昆虫や甲殻類の「行動の意味や仕組み」について考察したエッセー集。行きつ戻りつの試行錯誤，見込み違い，意外な展開，予想の的中など，研究の過程で起こる様々な出来事に一喜一憂しながらも，ついには説得力があり魅力に富んだストーリーを編み上げていく様子が，いきいきと描かれている。研究テーマ決定のヒントを与えてくれる書。

メジロの眼
―行動・生態・進化のしくみ―

橘川次郎 著

B6 判・328 頁・定価 2,640 円
978-4-905930-82-2　C3045

オーストラリアのメジロを中心に，その行動，生態，進化のしくみを詳説。子供のときから約束された結婚相手，一夫一妻の繁殖形態，子育てと家族生活，寿命と一生に残す子供の数，餌をめぐる競争，渡りの生理，年齢別死亡率とその要因，生物群集の中での役割などについて述べた。巻末の用語解説は英訳付きで，生態・行動を学ぶ人々にも役に立つ。

島の鳥類学
―南西諸島の鳥をめぐる自然史―

水田 拓・高木昌興 共編

沖縄タイムス出版文化賞
(2018 年度) 受賞

A5 判・464 頁・定価 5,280 円
978-4-905930-85-3　C3045

固有の動植物を含む多様な生物が生息する奄美・琉球。その独自の生態系において，鳥類はとりわけ精彩を放つ存在である。この地域の鳥類研究者が一堂に会し，最新の研究成果を報告するとともに，自身の研究哲学や新たな研究の方向性を示す。これは，世界自然遺産登録を目指す奄美・琉球という地域を軸にした，まったく新しい鳥類学の教科書である。

野外鳥類学を楽しむ

上田恵介 編

A5 判・418 頁・定価 4,620 円
978-4-905930-83-9　C3045

上田研に在籍していた 21 人による，鳥類などの野外研究の面白さと，研究への取り組みをまとめた書。研究データだけではなく，研究の苦労話も紹介している。貴重な経験をもとに，新しく考案した捕獲方法や野外実験のデザイン，ちょっとしたアイデアなども盛り込まれており，野外研究を志す多くの若い人々にぜひ読んでほしい 1 冊。

魚類の繁殖戦略 (1, 2)

桑村哲生・中嶋康裕 共編

(1 巻, 2 巻)
A5 判・208 頁・定価 2,365 円
1 巻：978-4-905930-71-6　C3045
2 巻：978-4-905930-72-3　C3045

海や川にすむ魚たちは，どのようにして子孫を残しているのだろうか。配偶システム，性転換，性淘汰と配偶者選択，子の保護の進化など，繁殖戦略のさまざまな側面について，行動生態学の理論に基づいた，日本の若手研究者による最新の研究を紹介した。

[目次] 1 巻　1. 魚類の繁殖戦略入門　2. アユの生活史戦略と繁殖　3. 魚類における性淘汰　4. 非血縁個体による子の保護の進化
2 巻　1. 雌雄同体の進化　2. ハレム魚類の性転換戦術：アカハラヤッコを中心に　3. チョウチョウウオ類の多くはなぜ一夫一妻なのか　4. アミメハギの雌はどのようにして雄を選ぶか？　5. シクリッド魚類の子育て：母性の由来　6. ムギツクの托卵戦略

魚類の社会行動 (1, 2, 3)

(1 巻)
桑村哲生・狩野賢司 共編
A5 判・224 頁・定価 2,860 円
978-4-905930-77-8　C3045

(2 巻)
中嶋康裕・狩野賢司 共編
A5 判・224 頁・定価 2,860 円
978-4-905930-78-5　C3045

(3 巻)
幸田正典・中嶋康裕 共編
A5 判・248 頁・定価 2,860 円
978-4-905930-79-2　C3045

魚類の社会行動・社会関係について進化生物学・行動生態学の視点から解説。理論や事実の解説だけでなく，研究プロセスについても，きっかけ・動機・苦労などを詳細に述べた。

[目次] 1 巻　1. サンゴ礁魚類における精子の節約　2. テングカワハギの配偶システムをめぐる雌雄の駆け引き　3. ミスジチョウチョウウオのパートナー認知とディスプレイ　4. サザナミハゼのペア行動と子育て　5. 口内保育ネンテンジクダイ類の雄による子育てと子殺し
2 巻　1. 雄が小さいコリドラスとその奇妙な受精様式　2. カジカ類の繁殖行動と精子多型　3. フナの有性・無性集団の共存　4. ホンソメワケベラの雌がハレムを離れるとき　5. タカノハダイの重複なわばりと摂餌行動
3 巻　1. カザリキュウセンの性淘汰と性転換　2. なぜシワイカナゴの雄はなわばりを放棄するのか　3. クロヨシノボリの配偶者選択　4. なわばり型ハレムをもつコウライトラギスの性転換　5. サケ科魚類における河川残留型雄の繁殖行動と繁殖形質　6. シベリアの古代湖で見たカジカの卵

水生動物の卵サイズ
―生活史の変異・種分化の生物学―

後藤 晃・井口恵一朗 共編

A5 判・272 頁・定価 3,300 円
978-4-905930-76-1　C3045

卵には子の将来を約束する糧が詰まっている。なぜ動物は異なったサイズの卵を産むのか？サイズの変異の実態と意義，その進化について考える。またサイズの相違が子のサイズや生存率にどのくらい関係し，その後の個体の生活史にどんな影響を与えるかを考察する。生態学的・進化学的たまご論を展開。どこから読んでも面白く，新しい発見がある。

水から出た魚たち
－ムツゴロウと
　　トビハゼの挑戦－

田北 徹・石松 惇 共著

A5 判・176 頁・定価 1,980 円
978-4-905930-17-4　C3045

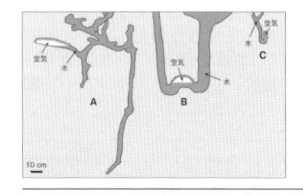

ムツゴロウの分布は九州の有明海と八代海の一部に限られていること，また棲んでいる泥干潟は泥がとても軟らかくて，足を踏み入れにくいなどの理由から，その生態はあまり知られていない。著者たちは長年にわたって日本とアジア・オセアニアのいくつかの国で，ムツゴロウとその仲間たちの研究を行ってきた。本書では，ムツゴロウやトビハゼたちが泥干潟という厳しい環境で生きるために発達させた，行動や生理などについて解明している。

[目次] 1. ムツゴロウって何者？　2. ムツゴロウたちが棲む環境　3. ムツゴロウたちの生活　4. ムツゴロウたちの繁殖と成長　5. ムツゴロウ類の進化は両生類進化の再現　6. ムツゴロウ類の漁業・養殖・料理

左の図は，A. ムツゴロウ，B. シュロセリ，C. トビハゼの産卵用巣孔を示す。

魚類比較生理学入門
－空気の世界に挑戦する魚たち－

岩田勝哉 著

A5 判・224 頁・定価 3,740 円
978-4-905930-16-7　C3045

魚は水中で鰓呼吸をしているが，空気の世界に挑戦している魚もいる。魚が空気中で生活するには，皮膚などを空気呼吸に適するように改変することと，タンパク質代謝の老廃物である有毒なアンモニアの蓄積からどのようにして身を守るかという問題も解決しなければならない。魚たちの空気呼吸や窒素代謝等について分かりやすく解説した。

子育てする魚たち
－性役割の起源を探る－

桑村哲生 著

B6 判・176 頁・定価 1,760 円
978-4-905930-14-3　C3045

魚類ではなぜ父親だけが子育てをするケースが多いのだろうか。進化論に基づく基礎理論によると，雄と雌は子育てをめぐって対立する関係にあると考えられている。本書では雄と雌の関係を中心に，魚類に見られる様々なタイプの社会・配偶システムを紹介し，子育ての方法と性役割にどのように関わっているかを，具体的に述べた。

有明海の生きものたち
－干潟・河口域の生物多様性－

佐藤正典 編

A5 判・400 頁・定価 5,500 円
978-4-905930-05-1　C3045

有明海は，日本最大の干満差と，日本の干潟の 40％にあたる広大な干潟を有する内湾である。本書では，有明海の生物相の特殊性と，主な特産種・準特産種の分布や生態について，最新情報に基づいて解説した。諫早湾干拓事業が及ぼす影響も紹介し，有明海の特異な生物相の危機的な現状とその保全の意義も論じている。

シオマネキ
―求愛とファイティング―

村井 実 著

A5 判・96 頁・定価 1,320 円
978-4-905930-15-0　C3045

シオマネキは大きなハサミを使ってコミュニケーションしている。これらの行動パターンについて、ビデオカメラを用いての観察や実験結果を紹介。シオマネキの生態、習性、食性、繁殖行動、敵対行動、大きいハサミを動かす行動と保持しているだけの行動、発音と再生ハサミなどについてまとめた。小さなカニに興味はつきない。

生態観察ガイド
伊豆の 海水魚

瓜生知史 著

B6 判・256 頁・定価 3,080 円
978-4-905930-13-6　C0645

生態観察に役立つように編集された、斬新な魚類図鑑。約 700 種・1,250 枚の生態写真を、通常の分類体系に準じて掲載。特によく見たい 44 種については、闘争、求愛、産卵などの写真とともに繁殖期、産卵時間、産卵場所などを具体的に解説し、「観察のポイント」をまとめた。写真には「標準和名」「魚の全長」「撮影者名」「撮影水深」「解説」を記した。

モイヤー先生と
のぞいて見よう海の中
―魚の行動ウォッチング―

ジャック T. モイヤー 著
坂井陽一・大嶽知子 訳

B6 判・240 頁・定価 1,980 円
978-4-905930-04-4　C0045

フィッシュウォッチングは、まず魚の名前を覚えることから始まり、生態・行動の観察へと発展する。求愛行動、性転換、雌雄どちらが子育てをするかなど、普通に見られる身近な魚たちの社会生活を詳しく紹介した。生態観察のポイントは何か、何時頃に観察するのがよいかなどを具体的に記した。海への愛情が伝わる 1 冊。

もぐって使える海中図鑑
Fish Watching Guide

益田 一・瀬能 宏 共編

水中でも使えるように「耐水紙」を使用した新しいタイプの図鑑。水中ノート、魚のシルエットメモが付いているので、水辺や水中で観察したことをその場ですぐに記録することができる。

伊豆（バインダー式）　A5 変型判・40 頁・定価 3,300 円　978-4-905930-50-1　C0645
沖縄（バインダー式）　A5 変型判・40 頁・定価 2,200 円　978-4-905930-51-8　C0645
海岸動物（「伊豆」レフィル）　B6 判・16 頁・定価 1,281 円　978-4-905930-52-5　C0645

海中観察指導マニュアル

財団法人海中公園センター編

A5 判・128 頁・定価 2,200 円
978-4-905930-12-9　C0045

「百聞は一見にしかず」。映像や書物で何度見ても、実際に海の中をのぞいて見たときの感動に勝るものはない。スノーケリングによる自然観察会を開催してきた経験をもとに、自然観察・生物観察・危険な生物・安全対策・技術指導・行政との関係・観察会の運営などを、具体的に解説した。どんなことに留意しなければならないかが、よく分かる。

もっと知りたい 魚の世界 -水中カメラマンのフィールドノート- 大方洋二 著 B6判・436頁・定価 2,640 円 978-4-905930-70-9　C3045	クマノミ・ジンベエザメ・ミノアンコウなど100種の魚を紹介。縄張り争いや摂餌などの興味深い生態を、実際の観察体験に基づいて記されている。ジャック T.モイヤー先生の、魚類に関する行動学関連用語の解説付き。
Visual Guide **トウアカクマノミ** 大方洋二 著 A5判・64頁・定価 2,029 円 978-4-905930-53-2　C0045	沖縄・慶良間での8年間の定点観察により、いつ性転換が起こるのか、巣づくり、産卵、卵を守る雄、ふ化などを写真で記録した。フィッシュウォッチングの手軽な入門書。
Visual Guide **デバスズメダイ** 大方洋二 著 A5判・64頁・定価 2,029 円 978-4-905930-54-9　C0045	サンゴ礁の海で宝石のように輝くデバスズメダイ。その住み家、同居魚、敵、シグナルジャンプ、婚姻色、産卵などを、時間をかけて撮影し、あらゆる角度から紹介。
写真集 海底楽園 中村宏治 著 A3変判・132頁・定価 5,339 円 978-4-905930-80-8　C0072	澄んだメタリックブルーのソラスズメダイ、透き通った触手を伸ばして獲物を待つムラサキハナギンチャクなど、海底の住人たちの妖艶さを伝える、愛のまなざしこもる写真集。美と驚きに満ちた別世界の存在を教える。
写真集 おらが海 Yoshi 平田 著 A4変型判・96頁・定価 2,200 円 978-4-905930-90-7　C0072	マレーシアの小さな島マブール島で毎日魚たちと暮らしていたYoshiのユーモアあふれる作品群。表情豊かな写真に、ユーモラスなコメントが添えられている。
写真集 With… Yoshi 平田 著 A4変型判・96頁・定価 4,400 円 978-4-905930-93-8　C0072	海の生きものたちの生態を、やさしい写真、シャープな写真、楽しいコメントとともに紹介。おまけのCD-ROMで音楽を聞きながら頁をめくると、さらに世界は広がる。記念日のプレゼントに最適。

ハシナガイルカの行動と生態

K.S. Norris et al. "The Hawaiian Spinner Dolphin"

日高敏隆 監修／天野雅男・桃木暁子・吉岡基・吉岡都志江 共訳

A5判・488頁・定価6,600円
978-4-905930-75-4　C3045

鯨類研究の世界的権威ノリスが，30年間にわたる科学的な研究を通して野生イルカの生活を詳しく解説した。ハシナガイルカの形態学と分類学の記述から始まり，彼らの社会，視覚，発声，聴力，呼吸，採餌，捕食，群れの統合，群れの動きなどについて比較考察している。科学的洞察に満ちた，これまでにない豊かな資料である。

写真で見る
ブタ胎仔の解剖実習

易勤 監修・木田雅彦 著

A4判・152頁・定価4,400円
978-4-905930-18-1　C3047

実際の解剖過程の記録写真をまとめた書。写真の順に剖出を進めると，初学者にも解剖手順が分かる。ヒトの構造がよく理解できるよう比較解剖学の視点から説明を加え，発生学的または機能的な理解へと導いている。コメディカル分野・獣医解剖学の実習書や比較解剖学研究にも適切な参考書である。解剖用語の索引にラテン語と英語を併記。

脊椎動物デザインの進化

L.B. Radinsky "The Evolution of Vertebrate Design"

山田格 訳

A5判・232頁・定価3,080円
978-4-905930-06-8　C3045

5億年前に地球に誕生した生命は，環境に適応するための小さな変化の積み重ねによって，今日の多様な生物をつくりだしてきた。本書では，そのプロセスを時間を追って機能解剖学的側面から解説している。非生物学専攻の学部学生を対象とした講義ノートから生まれた本書ではあるが，古生物学や脊椎動物形態学を目ざす人々の必読書である。

予備校講師の
野生生物を巡る旅 I, II

汐津美文 著

I：B6判・160頁・定価1,980円
978-4-905930-87-7　C3045
II：B6判・168頁・定価1,980円
978-4-905930-09-9　C3045

「動物たちが暮らす環境と同じ光や風や匂いを感じたい」という思いで，世界の自然保護区を巡り，各巻35章にまとめた。インドのベンガルトラ，東アフリカのチータ，ボルネオのラフラシア，ウガンダのマウンテンゴリラ，フィリピンのジュゴンなど。著者が出会った動物の生態や行動を写真と文によって紹介し，生物の絶滅について考える。

予備校講師の
野生生物を巡る旅 III

汐津美文 著

B6判・204頁・定価2,200円
978-4-905930-10-5　C3045

世界に誇る日本の多様な自然に感動。北海道ではヒグマやオオワシ，ラッコ，シャチなどの行動，奄美大島ではアマミノクロウサギ，ルリカケスや，体長10cmのアマミホシゾラフグがつくる直径2mもある産卵床との出会い，パンタナール湿原でカイマンを狩るジャガー，スマトラ島でショクダイオオコンニャクの開花の観察など，豊富な体験を写真と文で紹介。

物理学
―新世紀を生きる人達のために―

高木隆司 著

A5判・208頁・定価2,200円
978-4-905930-20-4　C3042

物理学の基本概念と発想法を習得することを主眼に執筆された,大学初年級の教科書。数学は必要最小限にとどめ,分かりやすく解説した。

[目次] 1. 物理学への導入　2. 決定論の物理学　3. 確率論の物理学　4. エネルギーとエントロピー　5. 情報とシステム　6. 物理法則の階層性　7. 新世紀に向けて

形の科学
―発想の原点―

高木隆司 著

A5判・220頁・近刊
978-4-905930-23-5　C3042

本書の目的は,形からの発想を助けるための培養土を読者につくってもらう手助けをすることである。興味ある形が現れる現象,形が出来あがる仕組みになど,多くの例を紹介。

[目次] 1. 形の科学とは何か　2. 形の基本性質　3. 形が生まれる仕組み　4. 生き物からものづくりを学ぶ　5. あとがきに代えて

身近な現象の科学 音

鈴木智恵子 著

A5判・112頁・定価1,760円
978-4-905930-21-1　C3042

花火の音や雷鳴から,音の速さは光の速さよりもはるかに遅いことが分かる。では,音を伝える物質によって音の伝わる速さは変わるのだろうか。このような音についての科学を,分かりやすく解説してある。

[目次] 1. 音を作って楽しむ　2. 音波ってどんな波　3. 生物の体と音　4. ヒトに聞こえない音

工学の 基礎化学

小笠原貞夫・鳥居泰男 共著

A5判・240頁・定価2,563円
978-4-905930-60-0　C3043

「読んで理解できる」ようにまとめられた大学初年級の教科書。それぞれの興味や学力に応じて自発的に選択し学べるよう,配慮した。

[目次] 1. 地球と元素　2. 原子の構造　3. 化学結合の仕組み　4. 物質の3態　5. 物質の特異な性質　6. 炭素の化学　7. ケイ素の化学　8. 水溶液　9. 反応の可能性　10. 反応の速さ

人物化学史事典
―化学をひらいた人々―

村上枝彦 著

A5判・296頁・定価3,850円
978-4-905930-61-7　C3043

アボガドロやノーベル,M.キュリー,寺田寅彦,利根川進,ポーリングなど,化学の進歩発展に尽くした科学者379名を紹介。科学者を五十音順に並べ,原綴りと生年月日,生い立ち,研究業績やエピソードなどを時代背景とともに述べている。巻末の詳しい人名索引,事項索引は,検索などに役立つ。

ちょっとアカデミックな お産の話

村上枝彦 著

A5判・152頁・定価1,650円
978-4-905930-62-4　C3040

哺乳動物はどんなふうにして胎盤を作り出したのか,それは生命発生以来5億年といわれる長い歴史のなかで,いつ頃だったのか。母親と胎児の血管はつながっていないのに,どうやって母親の血液で運ばれた酸素が胎児に伝わるのだろうか？　胎盤が秘めている歴史について考察し,簡略に解説した。

性と病気の **遺伝学**

堀 浩 著

A5 判・200 頁・定価 2,420 円
978-4-905930-89-1　C3045

「性はなぜあるのか」,「性はなぜ二つしかないのか」,「性染色体の進化」,「遺伝病の早期発見」など,テーマを示して遺伝学の面白さ・奥深さへと導く。ヒトの遺伝的性異常・同性愛・遺伝と性・遺伝と病気など,生命倫理について考えさせられる内容に満ちている。

学力を高める
総合学習の手引き

品田 穰・海野和男 共著

A5 判・136 頁・定価 2,640 円
978-4-905930-07-5　C3045

学校教育改革の一つとして「総合的な学習の時間」が設定された。その意義・目的・方法と,考える力をつける必要性を述べている。生きものとしてのヒトに戻り,原体験を獲得して,課題を発見し解決し,行動する。そんな力はどうしたら身につくのか。動植物の生態写真を多く使用し,具体例を示している。

動物園と私

浅倉繁春 著

B6 判・204 頁・定価 1,650 円
978-4-905930-01-3　C0045

動物園の役割は,単に動物を見せる場という考え方から,種の保存・教育・研究の場へと大きく変わった。東京都多摩動物公園,上野動物園の園長など,35 年間も動物と関わってきた著者が,パンダの人工授精など多くのエピソードをまじえて紹介。

アシカ語を話せる素質

中村 元 著

B6 判・152 頁・定価 1,335 円
978-4-905930-02-0　C0045

動物たちとのコミュニケーションの方法は？それは,彼らの言葉が何であるかを知ることです。アシカのショートトレーナーから始まった水族館での飼育経験や,海外取材調査中に体験した野生動物との出会いから得た動物たちとの接し方を生き生きと述べた。

プロの写真が自由に楽しめる
ぬり絵スケッチブック

写真　木原 浩
作画　木原いづみ

植物写真家の写真を,画家が下絵に描き起こし彩色した,上級を目ざす大人のぬり絵。自分の使いやすい画材を選び,写真と作画見本を見比べながら下絵に色が塗れます。塗りかたのワンポイントアドバイスが付いています。

〈春〉A4 変型判・56 頁・定価 1,320 円　978-4-905930-97-6　C0071
〈秋〉A4 変型判・56 頁・定価 1,320 円　978-4-905930-96-9　C0071

© 木原 浩　　© 木原いづみ　　© 木原いづみ

セツブンソウ（『ぬり絵スケッチブック〈春〉』より）

蜂からみた花の世界
－四季の蜜源植物と
ミツバチからの贈り物－

佐々木正己 著

B5判・416頁・定価 14,300円
978-4-905930-27-3　C3045

身近な植物や花が，ミツバチにはどのように見え，どのように評価されているのだろうか。第1部では680種の植物について簡明に解き明かしている。蜜・花粉源植物としての評価，花粉ダンゴの色や蜜腺，開花暦の表示など，養蜂生産物に関わる話題を中心にエッセー風に記され，実用的で役立つ。1,600枚の写真は，ミツバチが花を求める世界へ楽しく誘ってくれる。第2部では採餌行動やポリネーション，ハチ蜜，関連する養蜂産物などが分かりやすく簡潔にまとめられている。

多様な蜜源植物とそれらの流蜜特性，蜂の訪花習性などをもっと知ることができ，「ハチ蜜」に親しみが増す書である。

● 680種・1,600枚を収録。それぞれについて「蜜源か花粉源か」を分類し，「蜜・花粉源としての評価」を示した。

● 192種の花粉ダンゴの色をデータベース化して表示した。さまざまな色の花粉ダンゴが，実際に何の花に行っているかを教えてくれる。

● 282種の開花フェノロジーを表示した。これにより，実際に咲いている花とその流蜜状況をより正確に知ることができる。

● 一部の蜜源については，花の香りとハチ蜜の香りの成分を比較して示した。

イチゴの花上でくるくる回りながら受粉するミツバチと，きれいに実ったイチゴ

■ ご注文はお近くの書店にお願い致します。店頭にない場合も，書店から取り寄せてもらうことが出来ます。

■ 直接小社へのご注文は，書名・冊数・ご住所・お名前・お電話番号を明記し，
E-mail: kaiyusha@cup.ocn.ne.jp までお申し込み下さい。

■ 定価は税10％込み価格です。

株式会社 海游舎
〒151-0061 東京都渋谷区初台1-23-6-110
TEL: 03 (3375) 8567　　FAX: 03 (3375) 0922
【URL】https://kaiyusha.wordpress.com/